电气工程新技术丛书

智慧储能
多智能体在储能系统中的应用

李相俊 李 波 刘晓宇 张 震 编著

机械工业出版社

本书围绕多智能体技术在储能领域的应用，采用理论与实践相结合的方式，通过对其技术路径、方法原理、编程环境及实际案例项目的讲解，构筑起一套面向智慧储能的多智能体技术应用体系，帮助广大读者快速掌握多智能体技术，并深刻理解智慧储能相关理论、技术及应用。

本书共 11 章，主要介绍多智能体系统、强化学习算法及其在储能电站管理中的应用。其中，第 1～4 章主要介绍多智能体技术及其编程开发环境；第 5、6 章主要介绍强化学习、多智能体深度强化学习相关算法原理及其应用；第 7～10 章重点介绍多智能体技术在储能领域的相关应用案例；第 11 章总结展望多智能体技术及智慧储能的应用现状与发展趋势。

本书可以作为人工智能、控制工程等相关专业的参考用书，也适合能源控制领域爱好者阅读。

图书在版编目（CIP）数据

智慧储能：多智能体在储能系统中的应用 / 李相俊
等编著． -- 北京：机械工业出版社，2025. 1. --（电
气工程新技术丛书）． -- ISBN 978-7-111-76917-0

Ⅰ．TK02-39
中国国家版本馆 CIP 数据核字第 2024N73M41 号

机械工业出版社（北京市百万庄大街 22 号　邮政编码 100037）
策划编辑：汤　枫　　　　　　责任编辑：汤　枫
责任校对：梁　园　李　婷　　责任印制：张　博
北京雁林吉兆印刷有限公司印刷
2025 年 1 月第 1 版第 1 次印刷
184mm×260mm・16.25 印张・398 千字
标准书号：ISBN 978-7-111-76917-0
定价：99.00 元

电话服务　　　　　　　　　网络服务

客服电话：010-88361066　　机　工　官　网：www.cmpbook.com
　　　　　010-88379833　　机　工　官　博：weibo.com/cmp1952
　　　　　010-68326294　　金　书　网：www.golden-book.com
封底无防伪标均为盗版　机工教育服务网：www.cmpedu.com

序 一

在碳达峰、碳中和大背景下，加快构建新型电力系统，已经成为人类利用能源电力可持续发展的大方向。由于电力系统具有高比例可再生能源和高比例电力电子设备两个重要特征，因此对其灵活性、韧性、稳定性、可靠性、经济性五大方面提出了更高的性能要求。不论是提高系统的灵活性还是韧性，储能都扮演了不可替代的重要角色。我国自 20 世纪 60 年代开始开发建设抽水蓄能电站。2013 年，我在《中国电机工程学报》刊物发文提出"三代电网"概念时，国内储能的发展方兴未艾。短短十余年，以化学电池为主的新型储能装置在电力系统中快速发展，并逐渐与抽水蓄能一起成为应对新能源短周期波动性、间歇性的主要措施。而对风电光伏发电等受异常天气变化影响的中长周期功率和能量波动而言，清洁制氢和储氢是一种经济有效的方式。在可以预见的未来，储能规模还将以指数速度增长。

人工智能是新一轮科技革命和产业变革的核心驱动力。与能源电力技术的阶段性跨越相比，数字化和人工智能技术则是异军突起。自 2022 年底生成式人工智能取得较大发展，各类大模型开始以前所未有的速度和广度，向社会各行业渗透与融合。2024 年，我国《政府工作报告》首次提出开展"人工智能+"行动，要求深化大数据、人工智能等研发应用。针对未来高比例新能源电力系统，更需要充分运用数字化、信息化和智能化手段来推动源网荷储协调发展与一体化控制，以应对新能源发电出力的波动性、间歇性，以及新型电力系统规划设计、调度运行、保护控制等方面的一系列难题。

我多次在学术交流中强调，储能未来的发展方向，将是长时储能以及多能互补应用，这是从储能类型来谈。若从技术手段来看，"人工智能+储能"是毋庸置疑的。作为综合能源系统的重要组成部分，储能是综合能源生产单元的核心环节，可以是实体，也可以是虚拟主体，当然也是多智能体。如何管理、调度运行这些数目众多且位置分散的智能体，既要用到系统论的知识，也要采用还原论的方法。

本书是国内首部系统诠释智慧储能概念及示例的著作。书中以多智能体技术应用于储能发展为主题，聚焦大容量集中式储能电站、新能源配储电站和分布式储能电站三类研究对象，提出基于多智能体的储能电站能量管理、智能控制、协同调度等新理论和新方法，为面向新型电力系统的储能数智化控制与应用提供了理论基础与典型案例，具有较高的学术水平和工程实用价值。同时，书中还展望了多智能体和强化学习等人工智能技术在能源电力领域的发展趋势，对人工智能赋能电力行业做出了有益探索，在能源行业和储能领域具有较好的前瞻性和实用性。

我和本书编著者李相俊相识已有约 15 年的时间，那时候他刚到中国电科院工作，还是一个初出茅庐的年轻人。通过扎根科研一线，孜孜不倦，求索创新，如今的他已经成长为储能学科的中坚力量、储能控制研究方向的开拓者和践行者、智慧储能领域的先行者。他入选中国自动化学会会士、中国电力优秀科技工作者、国家电网公司优秀专家人才、中国电工技术学会青年科技奖、北京市科技新星计划等，受邀在我担任主编的 *CSEE JPES* 国际刊物上发表了高被引论文，受到了行业内广泛关注，并担任刊物新型储能议题的特约主编。他也是一位国际化人才，是英国工程技术学会会士（IET Fellow）、英国皇家工程院创新领军人才（LIF Fellow）、第五届中美工程前沿研讨会储能议题召集人、中欧能源技术创新合作储能领域中方负责人、IEEE PES 中国区（PCCC）青年委员会主席、英国特许工程师（CEng）和 IEEE 的高级会员，牵头发布 IEC 储能安全影响评估国际标准，获 IEEE PES China Satellite Technology Committee 杰出个人贡献奖等，在国内外都有一定的行业认可度。

作为新中国较早一批的电力系统研究者，回首往昔，当年为攻克电力系统仿真分析难题，采用数字仿真计算技术解决的主要是模型、算法和算力问题，人工智能理论和应用尚处于初级阶段。当前及以后，人工智能更多面对的是算理、算法、数据和模型的发展，以及如何赋能包括能源电力在内的"千行百业"的跨领域问题。"百舸争流，奋楫者先"，在此勉励和李相俊一样的中青年学者、学生和专业技术人员，立足本职，自强不息，厚德载物，敢为人先，抓住科技发展的脉搏，勇做时代"弄潮儿"，为科技强国贡献力量。

中国科学院院士、中国电力科学研究院名誉院长　周孝信

序　二

　　多智能体技术作为智能控制方法的重要分支，以其分布、独立、自治、协作等优点，在电力系统、工业制造、机器人、信息通信等领域都得到了广泛且成功的应用。在多智能体系统中，智能体既可以按照预先设定的决策规则，也可以通过自主探索的形式，与外在环境交互，后者往往以强化学习的方式实现。近年来，强化学习作为机器学习的重要分支，伴随着 AlphaGo、ChatGPT 等兴起，得到了极大发展。早期的强化学习算法主要基于查表方式，适用于求解状态动作空间离散且有限的问题，但是随着强化学习在电力、制造、石化各领域的推广应用，出现了很多状态动作空间连续且高维的任务。为了有效解决上述问题，深度强化学习应运而生，其充分融合强化学习的决策优势和深度学习的表征优势，能够有效应对高维离散或连续状态动作空间问题。

　　能源电力行业作为国家经济发展的支柱和动力引擎，源网荷储多要素协同表现出复杂高维、动态非线性等特征，面临广域集群优化能力不足、智能自动化控制水平不高、产业供应链韧性不强等挑战，迫切需要人工智能迎风破局。随着人工智能技术全面体系化赋能工业制造、信息通信、石油化工等各行各业，其势必也将成为能源电力行业数字化、智能化转型的重要支撑，满足新型电力系统清洁低碳、安全充裕、经济高效、供需协同、灵活智能等关键需求。

　　储能作为新型电力系统的重要组成要素，其数字化、智能化赋能势在必行。本书以多智能体技术在储能系统中的应用为主旨，将强化学习、深度强化学习、粒子群寻优等人工智能方法应用于储能系统创新实践，以理论与实践相结合的方式给智慧储能的发展提供了较好应用范式。

　　总之，人工智能科技必将遵循"从数字走向实体"的发展规律，才能真正成为新质生产力的基石。

中国工程院院士、中国科学院沈阳自动化研究所研究员　于海斌

前　言

新型电力系统是新型能源体系的重要载体，储能作为支撑新型电力系统的重要技术和基础装备，在推动能源绿色转型、应对极端事件、保障能源安全、促进能源高质量发展等方面的作用日益突显。近年来，世界各国在储能顶层政策设计、关键技术研究、产业推广应用等方面持续发力，共同推动储能技术由商业化初期探索迈向规模化应用。随着"双碳"战略深入推进，特别是在全球人工智能发展浪潮下，如何促进储能技术及其应用场景的多元化发展，推动储能数字化、智能化转型显得更加迫切。多智能体技术作为重要的智能控制技术，已经在能源行业内得到了应用并取得良好效果，是加速智慧储能转型的重要引擎。

本书以多智能体技术在储能领域的应用为主题，首先介绍了多智能体的基本概念、发展历程、编程环境及应用场景，并与强化学习等人工智能技术的应用发展紧密结合，使读者建立起多智能体技术在储能领域应用的基本理论基础。然后，书中通过介绍 FIPA、JADE 等智能体编程体系、图形化软件框架等，能够帮助读者快速上手搭建多智能体系统。同时，在全球人工智能发展浪潮下，强化学习等人工智能技术给能源电力行业带来显著变革。本书通过介绍强化学习、多智能体强化学习的基本概念、技术原理及应用案例，为解决储能运行控制提供了新思路。特别值得关注的是，本书通过详细阐释基于多智能体系统的光储荷微网控制、大规模电池储能电站多智能体协调控制、基于多智能体的储能电站能量管理及基于多智能体的储能电站集群多维资源协同调度等应用案例的基础理论、系统架构、控制方案及实验结果，将编者长期从事储能运行控制与应用实践的相关经验进行总结提炼，为读者提供翔实可用的经验借鉴。最后，本书通过总结多智能体技术在能源电力、工业制造等细分领域的具体应用，展望了多智能体技术的未来研究方向及发展趋势，为读者留下了广阔的探索空间。

本书共 11 章，第 1、11 章由李相俊、刘晓宇完成；第 2~4 章及第 7 章由李波完成；第 5、6 章由张震完成；第 8、9 章由李相俊完成；第 10 章由刘晓宇、李相俊完成。全书由李相俊负责统稿，刘晓宇协助完成。从绪论的基本概念介绍开始，逐步深入到编程工具使用、技术原理与系统建模、储能系统运行控制等核心内容。本书引入了编者在行业内深耕多年切实经历的实践案例，力求做到将理论知识与实践应用相融合，以帮助读者更好地理解和掌握多智能体技术如何赋能智慧储能。最后，编者期待与广大读者一起探索努力，为促进世界能源绿色低碳转型贡献中国智慧和中国力量。

编　者

目　　录

第1章 绪　　论

多智能体技术经历了漫长的发展演变，在电力、制造、通信等多个领域取得了显著应用成效。近年来，多智能体技术的普及应用和迅猛发展离不开 JADE 平台等多智能体通用图形化开发框架的发展，以及人工智能浪潮下多智能体技术强化学习等新型人工智能方法的融合演进。

1.1　多智能体技术

20 世纪 70 年代，美国科学家 Carl Hewitt、Peter Bishop 等人提出的 Actor 模型能够与外界环境交互信息，利用信息维护、更新自身状态，按照一定的决策规则反作用于外界环境，体现出一定的智能属性，被认为是智能体概念的雏形。20 世纪 80 年代，麻省理工学院的 Marvin Minsky 教授在 *Society of Mind* 中首次提出并定义"智能体（Agent）"，即智能体是一个具有自治能力的软件或硬件实体，其目的在于模仿和学习人类的行为。后来，随着信息技术和人工智能的迅猛发展，智能体技术在工业制造、交通运输、医疗卫生、军事工程等众多领域得到广泛应用。

目前，关于智能体的概念并没有统一的官方定义，学界普遍认为智能体是依赖于某个特定环境的程序或实体，能够感知环境变化，具备与其他智能体的沟通协作能力，可以按照预定规则知识或自主学习的方式完成预定目标。由定义可知，智能体具有以下基本属性：

1）社会性。智能体依赖于环境而存在，具有与其他智能体的沟通协作能力，可以在群体中通过交互达到解决问题的目的。

2）自主性。智能体具有独立的环境感知和知识学习能力，可以根据外界环境变化自动调节内部状态。

3）反应性。智能体能够根据自身决策策略对环境变化做出反应，反作用于环境。

4）进化性。智能体能够从与环境的交互过程中学习经验，进化决策策略以适应环境。

多智能体技术（Multi-agent Technology）作为智能体技术的重要分支，其应用研究起始于 20 世纪 80 年代中期，在近几年得到了快速的发展。多智能体系统（Multi-agent System，MAS）是由多个具有计算、通信和决策能力的智能体组成的集合，其中每个智能体是一个物理的或抽象的实体，能作用于自身和环境，并可与其他智能体通信，其目标是将大的复杂系统分解成小的、彼此相互通信及协调的、易于管理的系统，是研究复杂自适应系统（Complex Adaptive System，CAS）的有效方法。多智能体系统存在于自然、社会生活的方方面面。在自然界中，多智能体系统可以是神经网络、生态系统、新陈代谢系统等；在社会生活中，多智能体系统可以是电力系统、通信系统、交通网络、机器人网络等。

一般来说，多智能体系统由大量个体组成，每个个体都有自己独立的动力学演化方式，并且个体之间通过局部信息交互或者耦合关联而形成复杂系统。在多智能体系统中，每一个智能体可以通过感应器感知周围环境，通过效应器作用于自身，并且能与其他智能体进行通信以达到信息交互的目的。多智能体系统使用邻域规则描述邻居智能体之间信息交互与合作。如果邻居智能体之间的信息交互始终保持不变，用固定拓扑来描述；反之，则用切换拓扑来描述。

多智能体系统主要具有以下的特点：

1）多智能体系统按照面向对象的方法构造多层次、多元化的智能体，将复杂问题分解为相对简单的子问题，降低了系统复杂性和问题求解难度；支持分布式应用，具有良好的模块性、易于扩展性和设计灵活简单的特点，能够克服建设庞大复杂系统所造成的管理和扩展难题，有效降低系统成本。

2）在多智能体系统中，智能体是异质的和分布的，可以是不同的个人或组织，采用不同的设计方法和计算机语言开发而成；每个智能体是独立、自主、自治的，能够自主推理规划并选择适当的策略解决给定的子问题，并以特定的方式影响环境。

3）多智能体系统是一个讲究协调的系统，各智能体之间互相通信，彼此协调，并行求解复杂问题；多智能体系统也是一个集成系统，采用信息集成技术，将各子系统的信息集成在一起，由局部信息复现完整的复杂系统。

4）多智能技术打破了专家系统唯一性的限制，能够协调各领域的不同专家系统求解仅使用某一个专家系统难以解决问题，提高了系统解决问题的能力。

多智能体系统的控制方式可以分为集中式和分布式。其中，集中式控制由中央控制智能体和底层智能体组成，能够从全局角度出发对复杂问题进行求解和优化。但是在实际应用中集中式控制对通信速率、可靠性提出了很高的要求，同时所有的计算都集中在中央控制智能体上，降低了系统鲁棒性低，对于大规模复杂问题需要很长的计算求解时间，且常常难以找到最优解。

相反，分布式控制则采用自治、协作的方法，把整个系统划分为一个个相对独立的智能体，形成多智能体系统。在多智能体系统模式下，将全局复杂问题分解为能够由系统中各个智能体解决的子问题，然后由各智能体联合求解。各个智能体由通信网络互相连接，系统控制功能的实现和全局决策的制定通过智能体之间的协调和协作完成。

1.2　多智能体技术的应用

多智能体技术以其分布、独立、自治、协作等特点，在电力系统、制造系统、机器人系统、通信系统等领域都得到了广泛且成功的应用。

在电力系统中，多智能体技术已在故障诊断、继电保护、配电网优化、储能管理等领域得到了应用。国际电气与电子工程师协会（IEEE）智能系统分会成立了专门的工作组研究多智能体系统技术在电力系统中的推广应用问题。杨廷方等（2018）采用管理控制智能体、分析诊断智能体以及信息感知智能体建立基于多智能体技术的电气设备故障诊断系统框架，在协同工作机制的环境下确定智能体的具体任务，利用电力大数据实现对各个厂站电气设备高效的智能诊断。胡汉梅等（2011）基于配电网自动化的多智能体技术提出含分布式电源的配电网自适应保护方案，提高了配电网继电保护动作的可靠性和分布式电源接入后的配电网继电保护的灵活性。邓清唐等（2022）提出基于多智能体深度强化学习的配电网无功优化策略，利用深度神经网络拟合可投切电容器、有载调压变压器分接头以及分布式电源逆变器的动作函数；利用强化学习算法在线实时决策无功调节设备的调度方案。在百兆瓦级电池储能电站运行控制时，网络结构系统复杂，存在集中式优化控制难以展开的问题。多智能体系统技术匹配了分布式约束优化问题求解机制的大部分特征，可采用多求解器的分布策略，求解过程中，分布式求解器可以自治运行，只需要了解所求解问题的局部知识，就可以开展局部区域自主控制。

制造系统的智能化、柔性化改造，也需要多智能体技术的助力。在制造系统内存在众多物理实体（机械臂、AGV、传送带、机床等）和生产逻辑（订单排布、装配次序、物流程序等），每个物理实体或生产逻辑都可以看作独立的智能体。制造系统内的众多智能体之间存在不同的组织架构，包括集中式组织架构、层次式组织架构、异构式组织架构和混合式组织架构。张泽群等（2021）提出了一种基于多智能体的通用化制造系统架构，包含订单智能体、任务智能体、机床智能体、车间管理智能体、车间管理员等。当系统中有新订单需求时，订单智能体响应订单需求，激活任务智能体，通过制造系统内的通信网络向机床智能体、加工智能体等负责具体生产加工的智能体发送加工信息，负责具体生产加工的智能体根据自己的加工能力排布加工任务。车间管理员，作为最高智慧的智能体，可以认为干预生产过程。最终通过多个智能体之间的协商合作完成订单加工。

多智能体技术在机器人领域也得到了充足的应用。从机器人个体角度出发，每个机器人包括多类子系统，如视觉处理、信息融合、规划决策等。每个子系统都可以视作一个智能体，子系统间相互依赖，信息共享，相互协调来有效地完成个体机器人所担负的任务。上海交通大学自主机器人实验室将机器视觉、伺服控制、路径规划等子系统模块统一协调设计，使得机械臂、轮式小车等多类型机器人自主控制成为可能。从多个机器人组成的群体角度出发，每个机器人可以视为一个智能体，机器人之间都过信息博弈完成特定任务。为解决数千个机器人在不确定性环境下的任务分配、路径规划和局部运动协调问题，Liu 等（2020）提出面向大型机器人系统的高效规划和协调方法。考虑通信约束和机器人故障约束下的移动机器人同步编队问题，Liu 等（2017）提出移动机器人的稳健编队控制策略。

多智能体技术在通信领域同样得到广泛应用。通信系统内存在频谱、功率、计算、存储等多种类型资源，手机、无线传感器等移动终端随时随地产生控制消息、音视频流等不同服务需求的异构数据，资源供给与服务需求之间存在天然的供不应求关系。随着万物互联时代的到来，通信系统内用户数量、数据规模都爆炸型增长，频谱接入、算力分配、基站管理等变得更加复杂。多智能体技术通过将通信过程中涉及的移动终端、边缘计算平台、云平台等视为智能体，通过设计个体资源最优化、全局资源最优化等不同的多智能体博弈策略，实现最大吞吐量、最低时延、最高可靠性等复杂的资源分配问题。

另外，多智能体技术在道路交通、可穿戴设备、医疗诊断、智能家居等方面都有着广阔的应用。

1.3　JADE 简介

JADE 是基于 Java 语言的智能体开发框架，是由 TILAB 开发的开放源代码的自由软件。JADE 是多智能体开发框架，遵循 FIPA（The Foundation for Intelligent Physical Agents）

规范，它提供了基本的命名服务、黄页服务、通信机制等，可以有效地与其他 Java 开发平台和技术集成。JADE 架构适应性很强，不仅可以在受限资源环境中运行，而且与其他复杂架构集成到一起，比如 Net 和 Java EE。JADE 主要由 3 部分组成（见图 1.1）：智能体赖以生存的一个运行时环境；程序员用来开发智能体应用的一个类库；一系列图形工具，帮助用户管理和监控运行时智能体的状态。

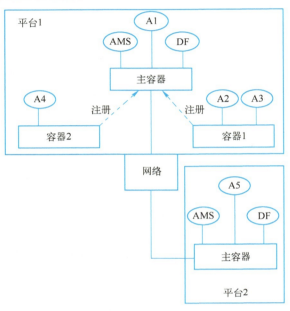

图 1.1　JADE 结构示意图

JADE 主要提供了如下的功能：

1）提供了在固定和移动环境中实施分布式点对点应用的基本服务。

2）允许智能体动态地发现其他智能体以及与其他智能体通信。为了适应复杂对话，JADE 提供了一系列执行特定人物的交互行为的典型框架，比如协商、拍卖、任务代理等（用 Java 抽象类来实现）。消息内容可以在 xml 和 rdf 格式间互相转换。

3）通过认证和为智能体分配权限实现安全机制。

4）简单有效的智能体生命管理周期。

5）灵活性强，用 Java 线程实现多任务。

6）提供命名服务和黄页服务。

7）支持图形化调试和管理/监控工具。

8）整合各种基于 Web 的技术，包括 JSP、Servlets、Applets 和 Web 服务技术等。

1.4　强化学习

智能体既可以按照预先设定的决策规则与环境交互，也可以以自主探索的方式与环境交互，后者往往以强化学习的方式实现。强化学习是机器学习的分支，强调的是智能体通过与环境的不断交互试错获得经验教训，以实现决策能力的自我完善。试错搜索和延迟回报是强化学习的两个最重要的特征。其中，试错搜索是指智能体没有已知的决策规则，通过环境进行交互试错来获得最佳策略；延迟回报是指智能体只有做出动作反作用于环境后才知道获得奖励还是惩罚。

状态、动作、奖励和策略是构成强化学习不可或缺的因素。状态是指智能体从环境中获得的信息；动作是指智能体的行为表征；奖励是指环境对于智能体动作的反馈；策略是指智能体根据动作、奖励进入下一状态的概率。如图 1.2 所示，强化学习的目标是通过在不同状态下执行不同动作来寻找最优策略，使智能体获得尽可能多的奖励。强化学习过程可用马尔可夫决策过程表示，即 MDP(S,A,R,P)。其中，S 表示状态空间，A 表示动作空间，R 表示奖励，P 表示状态转移概率。

图 1.2　强化学习过程示意图

强化学习按照是否完整了解环境的动力学模型，可以划分为基于模型方法和免模型方法。基于模型的方法能够利用环境动力学模型中已知的状态转移概率和奖励函数提前规划所有可能的动作，AlphaGo 和 AlphaZero 就是这种方式的典型应用。但是，基于模型方法的先验假设过强，难以刻画真实环境的动力学模型，导致智能体基于模型学习到的策略存在估计误差。相反，免模型方法不需要完整了解环境的动力学模型，而是智能体直接与环境交互，基于交互获得的经验知识提升决策性能。相比于基于模型方法，免模型方法得到更广泛研究与应用。

在免模型的强化学习方法中，策略的学习优化主要包含 3 类：基于价值的方法、基于策略的方法和基于价值+策略的方法。基于价值的方法通过优化价值函数 $Q^{\pi}(s,a)$ 更新策略，最优策略通过执行具有最大价值函数的动作获得，即 $\pi^* \approx \arg\max_{\pi} Q^{\pi}(s,a)$。基于价值的方法采样效率较高，获得的策略为确定性的，适用于处理离散状态动作空间问题，代表性算法有 Q-learning 及其变体、C51、HER 等。但是，很多现实问题的状态动作空间并不是离散的，而是连续的，例如自动驾驶中的速度、角度控制等。基于价值的方法难以处理连续状态动作空间问题，反之，基于策略的方法将策略参数化，即 $\pi_{\theta}(a|s)$，利用梯度下降 $J(\pi_{\theta})$ 直接优化策略，通过最大化累积奖励获得最优策略 π^*。基于策略的方法由于直接优化策略参数，具有收敛速度快的特点，代表性算法有 PG、TRPO、PPO 等。另外，基于价值+策略的方法结合了两者的优点，利用基于价值的方法学习价值函数来指导基于策略的方法学习策略函数，代表性算法有 actor-critic、soft AC 等。

早期的强化学习算法使用基于查表的方式求解状态动作空间离散且有限的问题，但是随着强化学习在各领域的推广应用，出现了很多状态动作空间连续且高维的任务，例如围棋大约有 10^{170} 的状态数量，继续使用基于查表的方式会使得强化学习求解低效。为了有效解决上述问题，具有极强表征能力的深度学习被引入强化学习领域，组成深度强化学习方法，用于提高强化学习的泛化求解能力。深度强化学习的通用框架如图 1.3 所示，其充分利用强化学习的决策优势和深度学习的表征优势，能够有效应对高维离散或连续状态动作空间问题，具体流程如下：使用强化学习定义优化目标，使用深度学习表征策略或价值函数，并利用反向传播方法优化目标函数。无论是基于价值的、基于策略的或者基于价值+策略的强化学习方法，都能够与深度学习方法结合，代表性算法有 DQN、D3QN、DDPG 等。

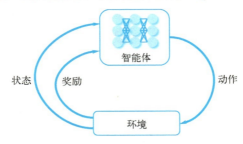

图 1.3　深度强化学习的通用框架

近年来，随着深度强化学习应用领域复杂化，现实场景中通常会存在多智能体的情况。当多个智能体同时与环境交互时，整个多智能体系统或以整体的方式，或以局部个体的方式，遵循最大化累积奖励原则，环境变化和每个智能体的动作息息相关。相比于单智能体强化学习方法，多智能体深度强化学习方法具有以下特征：

1）智能体获取的信息是局部可知的，无法获知系统中其他智能体的信息。

2）环境的变化与全部智能体的动作相关。

3）优化目标可能是多智能体系统的全局最优奖励，也可能是每个智能体的局部最优奖励。

因此，智能体之间的关系可能是完全竞争关系、半竞争半合作关系、完全合作关系。多智能体深度强化学习方法也可以分为基于价值的、基于策略的和基于价值+策略的，代表性算法有 QMIX、COMA、MADDPG。

深度强化学习在棋类游戏、电力系统、智能制造、通信系统等领域获得了广泛且成功的应用。2016 年，在谷歌 DeepMind 设计开发的 AlphaGo 以 1∶4 的战绩战胜世界围棋冠军李世石后，深度强化学习一直维持很高的研究热度。不同于传统的搜索方法只能在局部进行搜索容易陷入局部最优，而且如果计算能力较弱，就会导致无法有效解决庞大状态空间的问题。AlphaGo 使用策略网络和价值网络进行策略学习，其中策略网络根据当前的棋局状态来选择下一步棋的位置，价值网络对当前的棋局进行评估。若评估结果为胜的概率大，则增大该棋步选择的概率，否则降低选择概率。基于策略+价值的方式大大提高了 AlphaGo 学习效率和搜索速度，同时辅助以高速的计算能力，最终促成了 AlphaGo 的成功。

深度强化学习在电力系统中的新能源运行控制、微网管理、负荷管理等方面中有着广泛应用。深度强化学习无须人为表征新能源运行过程的不确定性，通过挖掘历史运行数据即可表征不确定性规律。同时，还可以基于深度强化学习将新能源发电预测与运行决策进行一体化设计，将新能源功率预测与储能系统决策相融合，有效利用预测阶段中的有效决策信息。在微电网中，由于供电测和负荷侧波动明显，需要增加储能系统来平衡系统功率，提高可再生能源的利用率。深度强化学习能够在新能源发电量和用电负荷等多种随机性、波动性特点明显因素干扰下，将微网控制映射为序贯决策问题，通过深度神经网络的特征表征能力和强化学习的决策能力加以解决。

深度强化学习在智能制造中也发挥着重要作用。制造过程的控制器大都是基于模型的，例如 PID 控制器、模型预测控制器等，依赖于严格准确的过程模型。但是过程模型的获取和维护难度大、复杂性高，难以适用于定制化生产趋势。相反，深度强化学习能够与制造环境交互获取状态信息，根据奖励不断提高控制器控制质量，能够在一定程度上弥补基于模型控制器的不足。同时，在生产调度方面，深度强化学习能够弥补专家系统、遗传算法等传统调度方法依赖专家知识、实时性较差的缺点，实时响应资源分配请求和任务调度。

深度强化学习在通信领域也发挥着不可替代的作用。在通信领域内，特别是无线通信，通信质量受到环境条件的严重制约，通信资源与用户需求随时间随机变化导致的资源分配问题一般都是非凸问题，难以使用基于模型的方法求解。深度强化学习能够利用智能体与环境之间的动态交互，无须完整机理模型，可以通过自学习逐渐逼近最优资源分配策略，在频谱资源管理、功率资源分配以及多维资源管理等方面得到了广泛应用。随着万物互联的不断推进，基站与用户数量指数型增加，使得用户接入控制复杂，深度强化学习方法通过在用户与基站间建立自适应的接入关系求解映射，能够获得最优的用户与网络或基站的匹配方式。另外，深度强化学习为网络故障修复、基站管理提供了智能化解决思路。

1.5　本书介绍

本书主要介绍多智能体系统搭配强化学习算法及其在储能电站管理中的应用，可分为如下几个部分：

第 2 章主要介绍多智能体技术，包括多智能体系统及其相关的 FIPA 体系，初步展示出多智能体系统的结构及其服务体系和管理系统。

第 3 章主要介绍 JADE 的平台应用方法，通过一些操作界面与相应组件的介绍，宏观呈现 JADE 平台的工作方式与操作方法，为后续研究奠定平台及软件基础。

第 4 章主要介绍众多智能体系统的开发环境以及编程语言，在介绍完多智能体相关的开发方法后，主要介绍 JADE 平台及其搭配多智能体体系的结构，同时对 JADE 的运行窗口进行了介绍，同样介绍了相关的 JADE 编程基础。

第 5 章主要介绍强化学习的相关算法及其特征，简要描述强化学习算法的特点及其主要形式，构建了简要的强化学习算法框架。通过一些实例介绍，直观描绘了强化学习算法的应用效果。

第 6 章主要介绍多智能体强化学习的相关算法及其一些应用实例，将强化学习算法与多智能体系统相结合进行合理应用。通过多种实例展示，直观展示了多智能体强化学习的作用。

在简要介绍完主要的应用算法、多智能体的相关结构以及所需的开发框架后，第 7～10 章将重点放在了多智能体在储能领域的相关应用，并通过这些相关应用的介绍，将储能领域的多智能体协调控制算法进行较为全面的展示。

第 7 章主要介绍基于多智能体系统的光储荷微网控制，通过基于 MAS 的光储荷微网能量管理系统结构智能体之间协调策略、微网内部智能体之间的协调（MIA Agent）、微网间智能体的协调（GIA Agent）、基于 JADE 的智能体系统实现等方面的介绍以及相关结果的分析，充分展示了多智能体系统在微网调解中的应用。

第 8 章主要介绍大规模电池储能电站多智能体协调控制，通过相应的结构架构、基于多智能体技术的大规模电池储能电站监控系统结构示意以及在整个操作控制过程中的运算方法，全面展示了在大规模储能电站中多智能体协调控制发挥的作用。

第 9 章主要介绍基于多智能体的储能电站能量管理技术，通过储能跟踪计划发电控制方法，以及在整个能量管理技术过程中的运算方法，并通过相应的仿真算例展示，全方位介绍了多智能体的能量管理技术的优势，并为在能源领域的协调控制能量管理方法提供了一种新颖的思路。

第 10 章主要介绍基于多智能体的储能电站集群多维资源协同调度技术。通过构建云边端协同的大规模储能电站协同管控架构，建立关于云侧、边缘侧与电站侧协同的储能电站集群多维资源协同分配的问题原型，然后基于多智能体技术将多维资源协同分配问题转换为马尔可夫博弈模型，再利用基于多智能体深度强化学习求解储能电站集群多维资源协同分配，实现大规模储能电站协同管控。

第 11 章全面总结全书所提的应用及相应方法，并对多智能体应用做出进一步展望。在人工智能发展的大趋势之下，多智能体的相关研究已经渗透到生活的各个领域，也为工业发展、社会进步注入了新的活力，通过本书的介绍及在其他领域的应用，我们相信多智能体技术将会在未来对全社会产生更加深远的影响。

第 2 章　智能体技术概述

智能体技术在基于网络的分布式计算这一当今计算机主流技术领域中发挥着越来越重要的作用。一方面，智能体技术为解决新的分布式应用问题提供了有效途径；另一方面，智能体技术为全面准确地研究分布式计算系统的特点提供了合理的模型概念。为促进基于智能体技术及其与其他技术的互操作性的发展，智能物理智能体基金会（Foundation for Intelligent Physical Agents，FIPA）应运而生，并在智能体抽象体系结构、智能体通信（如内容语言、消息结构、交互协议等）、智能体管理等方面做出了重大贡献。

2.1　关于智能体

2.1.1　智能体和多智能体系统

不同领域智能体的研究者根据其研究兴趣给智能体下了不同的定义。其中 Wooldridge 等人给出的定义以及 FIPA 提出的定义得到广泛的认可。Wooldridge 等人认为：智能体是处在某个环境中的计算机系统，该系统有能力在这个环境中自主行动以实现其设计目标。FIPA 对智能体的定义是：智能体是驻留在环境中的实体，它可以解释环境中所发生事件的数据，并执行对环境产生影响的行为。无论哪个定义均强调了智能体与环境的关系，以及智能体的计算（或解释）能力。遵循这些定义，任何被赋予了计算能力的计算机程序（如管理某个装置的恒温器、影响计算机系统状态的 UNIX 系统守护进程等）都可视为智能体。由此，智能体的这种定义为一些现有的编程技术引入了新的名称，即面向智能体的程序设计（Agent-oriented Programming，AOP）。

智能体具有三个明显的特性：

1）反应性。智能体可以感知它们所处的环境，并对环境的变化做出相应反应。

2）主动性。智能体能够主动地执行任务。

3）社会性。智能体根据用户需求可以和其他智能体进行交互。

智能体根据其承担决策的不同方式，又可以分为如下几种类型：

1）逻辑驱动式智能体。该智能体使用演绎推理过程。

2）反应式智能体。该智能体使用预定义的函数将环境状态映射为相应动作。

3）信念-愿望-意图（Belief-Desire-Intention，BDI）智能体。该智能体操控代表智能体的信念、愿望和意图的数据结构。

实现目标是智能体采取行动的决定性因素。多智能体系统（MAS）是由相互作用的智能体组成的。MAS 具有如下特性：

1）分布性。MAS 易于在分布式系统中实现（如本地集群）。

2）自治性。每个智能体都是独立的个体，它根据对环境状态的观察，以及自身的愿望、目标等独立地做出相应的决策。

3）分权性。由于智能体的自治性，全局控制机制在 MAS 中并不是不可缺少的。

4）信念交流。智能体可以相互通信，以交换它们对环境的认识信息以及它们的行为信息（使用本体描述智能体的世界）。

5）交互性。智能体可以通过使用预定义的协议或标准的通信语言交换信息（如使用 ACL 作为智能体通信语言来交换消息，使用 KQML 作为智能体知识查询和处理语言等）。

6）组织性。分布式环境下的分权和自治的创建需要引入一定数量的智能体，且每个智能体只能感知其部分环境信息（包括与其相邻的部分智能体）。要实现全局目标最优化，显然，智能体之间的组织关系尤为重要。

7）情境性。智能体所处环境设置了智能体可能采取的所有行动和观测的约束。

8）适应性。智能体计算系统是灵活的，甚至是可进化的，可以适应不断变化的环境条件。

9）可访问性。应 AOP 的基本要求，在 AOP 框架下，MAS 容易被描述，并能够适应各种应用程序，支持不同的底层服务，如通信或监控等。

智能体也被应用在计算系统中，以提高上述智能体搜索和优化能力。

2.1.2　基于智能体的计算系统体系结构

从多智能体的角度来看，存在三种基于智能体的计算系统体系结构，它们之间形成一个递进复杂的过程。这些体系结构的主要目的是将计算方法融入协作、自治的智能体实体中。图 2.1 给出了一个模因系统（一种仿生物学的智能优化系统）的例子。系统中每个智能体都代表问题的一个解决方案，智能体使用随机爬山算法，在不断发展的可行空间搜索整个系统的优化方案。这个搜索过程体现了智能体适应特定环境的特性。

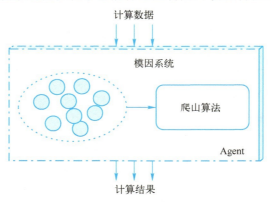

图 2.1　单个智能体计算系统

随着问题规模的扩大，需要增加更多同类型的智能体来处理问题。图 2.2 给出了同质多智能体计算系统结构。每个智能体在系统中进行本地搜索。在这种情况下，演化过程在群体水平上起作用，需要更多的智能体扩大搜索范围，搜索某个问题的解决方案。预定义的分布式选择机制增加了再现智能体的可能性，搜索结果是由参与搜索的单个智能体获得的结果整合而成的。

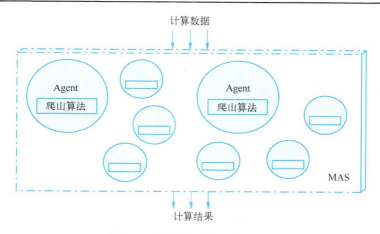

图 2.2　同质多智能体计算系统

随着问题复杂性的增加，可能产生新的问题，就需要出现能够计算新问题的智能体，即需要在智能体群体中增加异构（或异质）的智能体，这种情况也达到了更高的专业化水平。如图 2.3 所示，系统中存在不同的智能体，重点解决不同的问题或实现不同的任务，也包括处理异构智能体之间通信问题等。系统的结果是由智能体之间谈判或协商过程的结果而规定的。许多不同的技术和协议可以用于这个目的。可以说这些多智能体系统与计算机网络下运行的典型多智能体系统密切相关。

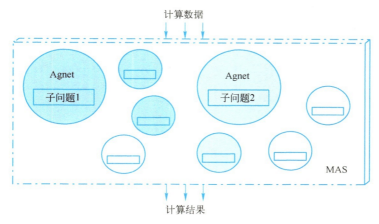

图 2.3　异质多智能体计算系统

2.1.3　基于智能体的计算系统管理

计算系统中的智能体应用是技术层面上的问题。利用智能体的自治性和适应性，MAS可以处理分布式系统的管理，如在调度问题上保持供需平衡等。部署在集群或网络中的系统的分布式管理需要定义节点拓扑、邻居和迁移策略，这些节点受当前节点负载的影响。众所周知，构建多智能体环境标准（如 FIPA）不提供上述智能体在应用层面上的能力；且在许多平台上都缺少一个重要的功能，即智能体之间的距离概念，该度量本应该作为通信吞吐量的一个重要因素来衡量。Grochowski 等提出的智能实体体系结构（见图 2.4），支持这项功能。

　　这种智能实体方法把任务划分为子任务，各子任务委托给智能体自行完成。智能体在这种方法中要实现两个目标：执行任务计算；根据节点负载和吞吐量信息，试图为任务找到一个更好的执行环境（计算节点）。为了能够解决分配的任务，智能体之间需要进行交互。智能体可以采取下列行动：

　　1）执行任务以解决问题，并将结果传达给其他智能体。

　　2）标示（结算）负荷需求。

　　3）根据需求计算智能体的可能迁移能力。

　　4）进一步划分任务，创建子智能体。

　　5）迁移到另一个执行环境去执行任务。

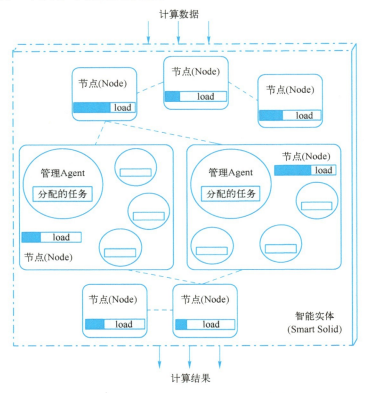

图 2.4　基于智能体的计算系统管理（智能实体）

2.2　关于 FIPA

　　FIPA 是一个国际非营利性组织，其成员来自许多国家和地区，成员之间是开放式合作的关系。FIPA 致力于开发软件智能体及其应用的互操作性规范，以促进智能体产业的发展。FIPA 网站有 FIPA 规范及其现状的完整描述。

2.2.1　术语和定义

　　● 行为（Action）：行为表示智能体可以执行的一些活动的基本构造。通信行为是一种特殊的行为。

- ARB 智能体：该智能体是提供智能体资源代理（Agent Resource Broker，ARB）服务的智能体。在每个智能体平台至少有一个这样的智能体，以实现非智能体服务的共享。
- 智能体：智能体是智能体平台基本的角色。智能体将一个或多个服务功能组合成一个统一的集成化执行模型，它可以访问外部软件和一些通信设备。智能体必须至少有一个所有者（Owner），例如，基于组织关系或人类用户所有权，智能体必须至少支持一种身份概念，这种身份标识就是智能体标识符（Agent Identifier，AID），用于区别于其他智能体。智能体可以在多个传输地址上进行注册。
- ACL：智能体通信语言（Agent Communication Language，ACL），一种具有精确语法、语义和语用定义的语言，是独立设计开发的软件智能体之间通信的基础，也是 FIPA 规范的主题。
- ACC Router：智能体通信通道（Agent Communication Channel，ACC）路由器也是一个智能体，它可以使用智能体管理系统提供的信息完成不同平台内智能体之间信息传送。
- AP：智能体平台（Agent Platform，AP）提供了部署智能体的基本框架。智能体必须在平台上注册才能与平台内的其他智能体或其他平台的智能体进行交互。ACC、AMS 和 DF 三个成员可组成一个 AP。
- AMS：智能体管理系统（Agent Management System，AMS）也是一个智能体，它可以在平台上进行智能体创建、删除、暂停、恢复和迁移等操作，同时为平台上的所有智能体提供"白页"目录服务。AMS 对 AP 的访问和使用进行监督控制，一个 AP 有且仅有一个 AMS。AMS 维护一个 AID 的目录，每个智能体必须向 AMS 注册才能获得有效的 AID。
- CA：通信行为（Communicative Act，CA）是构建智能体之间基本对话行为的特殊类，仅表示智能体使用规范的消息格式向另一个智能体发送消息的行为本身，而与具体的消息内容无关。
- DF：目录服务器（Directory Facilitator，DF）是为智能体提供黄页服务的智能体。它存储了智能体和智能体提供的服务描述。
- MTS：消息传输服务（Message Transport Service，MTS）是智能体管理平台提供给智能体的抽象服务，使消息及时可靠地传递到目的智能体，还提供从智能体逻辑名称到物理传输地址的映射。
- 本体（Ontology）：为了使智能体的消息被另一个智能体正确理解，智能体必须赋予消息中使用的常量以相同的含义。本体即建立了符号或表达式与特定含义之间的映射关系。智能体只有共享本体才能实现消息的正确理解。

2.2.2　FIPA 抽象体系结构

　　FIPA 抽象体系结构的重点是在可能使用的不同消息传输、智能体通信语言或不同内容语言的智能体之间创建语义上有意义的消息交换。这也是 FIPA 互操作性的主要体现，其范围包括：支持多个目录服务表示；支持多种形式的内容语言；支持多种形式的 ACL 表示等。

FIPA 抽象体系结构的整体方法深深根植于面向对象的设计，包括使用设计模式和 UML 建模。针对智能体之间核心的互操作性，FIPA 体系结构管理多个消息传输方案、管理消息编码方案、通过目录服务查找智能体和服务。它在抽象层面上定义了两个智能体，可以通过智能体注册和需要交换的消息注册来相互定位并实现通信。为此，产生了一组结构体系元素及其关系。表 2.1 给出了 FIPA 抽象体系结构元素及相关描述。图 2.5～图 2.10 给出了抽象元素之间的关系。

表 2.1 抽象元素列表

元 素	描 述	完全限定名（为直观计本书将 org.fipa.standard 记为 OFS）	备 注
Action-status	由服务交付的状态指示，显示行动是否成功	OFS.action-status	强制项
agent	实现应用程序的自主计算功能的计算进程	OFS.agent	强制项
Agent-attribute	与智能体相关的属性，包含在智能体-directory-entry 内	OFS.agent.agent-attribute	可选项
Agent-communi-ncation-language	具有精确的语法语义和语用定义的语言，是智能体之间通信的基础	OFS.agent-communication-language	强制项
Agent-directory-entry	智能体目录条目，包含智能体的 name、locator 和 attributes 项的组合体	OFS.service.agent-directory-service.agent-directory-entry.	强制项
Agent-directory-service	提供共享信息存储库的服务，可以存储和查询智能体目录条目	OFS.service.agent-directory-service	强制项
Agent-locator	智能体定位器，由智能体通信时使用的一组传输描述（transport-descriptions）组成	OFS.service.message-transport-service.gent-locator	强制项
Agent-name	标识智能体的不透明的、不可伪造的唯一标记	OFS.agent-name	强制项
Content	消息的一部分，与通信内容相关	OFS.message.content	强制项
Content-language	用于表示通信具体内容的语言	OFS.message.content-language	强制项
Encoding-representation	用特定的具体语法表示抽象语法的一种方式，可能的表示示例如 XML、FIPA 字符串和序列化的 Java 对象	OFS.enconding-service.encoding-representation	强制项
Encoding-sevice	对消息有效载重进行编码的服务	OFS.serviec.encoding-service	强制项
Envelope	Transport-message 的一部分，包含如何将消息发送给预期接收者。可能还包括有关编码、加密等其他信息	OFS.transport-message.envelope	强制项
Explanation	对特定 action-status 原因的编码	OFS.service.explanation	可选项
Message	智能体通信的一个组件。消息通常用智能体-communication-language 来表示，并以 encoding-representation 进行编码	OFS.message	强制项
Message-transport-service	提供智能体传输信息的服务	OFS.service.message-transport-service	强制项
Ontology	涉及主题领域中对象的符号词汇表，以及一些关系符号列表	OFS.message.ontology	可选项
Payload	消息传输中的主要信息	OFS.transport-message.payload	强制项
Service	由智能体和 services 提供的服务	OFS.service	强制项
Service-address	由 service-type 指定的字符串，包含传输地址信息	OFS.service.service-address	强制项
Service-attributes	与 service 相关的属性，被放在 service-directory-entry 中	OFS.service.service-attributes	可选项

（续）

元　素	描　述	完全限定名（为直观计本书将 org.fipa.standard 记为 OFS）	备　注
Service-directory-entry	包含 service-name、service-locator 和 service-type 项的 service 目录条目	OFS.service-service-directory-service.service-directory-entry	强制项
Service-directory-service	用于注册和发现 services 的目录服务	OFS.service-service-directory-service	强制项
Service-name	特定 service 的唯一标识符	OFS.service.service-name	强制项
Service-location-description	由 signature-type、service-signature 和 service-address 组成的 key-value-tuple	OFS.service.service-location-description	强制项
Service-locator	由 service-location-descriptions 组成，用于访问某 service	OFS.service.service-locator	强制项
Service-root	Service-directory-entries 集合	OFS.service.service-root	强制项
Service-signature	Service 绑定签名的标识符	OFS.service.service-type	强制项
Service-type	Service 的类型	OFS.service.service-type	强制项
Signature-type	Service-signature 类型	OFS.service.service-type	强制项
Transport	由 message-transport-service 支持的数据传输服务	OFS.service.message-transport-service.transport	强制项
Transport-description	包含 transport-type、transport-specific-address 和 $N(N=0,1,2,\cdots)$ 个 transport-specific-properties	OFS.service.message-transport-service.transport-description	强制项
Transport-message	智能体之间的传输对象，包括发送者和接收者的传输描述，以及消息的有效载重	OFS.transport-message	强制项
Transport-specific-address	针对某个给定 transport-type 的传输地址	OFS.service.message-transport-service.transport-specific-address	强制项
Transport-specific-property	与 transport-type 相关的属性	OFS.service.message-transport-service.transport-specific-property	可选项
Transport-type	与 transport-specific-address 有关的传输类型的描述	OFS.service.message-transport-service.transport-type	强制项

图 2.5 概述了智能体与 FIPA 体系机构关键要素之间的基本关系。

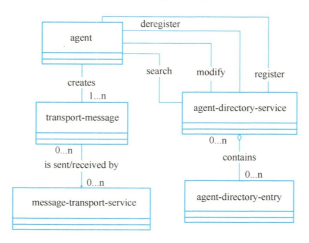

图 2.5　智能体与 FIPA 体系机构关键要素关系图

　　传输消息是智能体和智能体之间的输送对象，包括用于发送者和接收者的传输描述，以及消息的有效载重（payload）。与消息传输相关的元素之间的关系如图 2.6 所示。

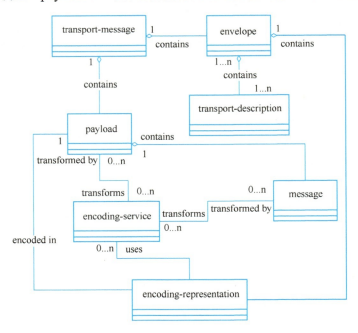

图 2.6　传输消息关系图

　　智能体目录条目包括 agent-name、agent-locator 和 agent-attributes 项，其中 agent-locator 提供了给智能体发送消息的方法，也可用于修改 transport 请求。智能体目录条目和智能体定位之间的关系如图 2.7 所示。

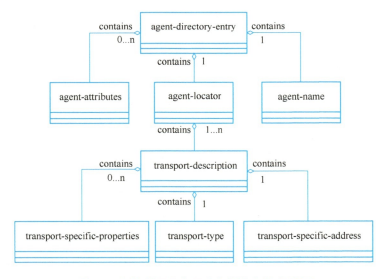

图 2.7　智能体目录条目和智能体定位关系图

图 2.8 给出了 service-directory-entry 的框架结构，包括 service-name（service-id）、service-type 和 service-locator 项。service-locator 包含一个或多个 service-location-description，提供了联系和使用 service 的方法。每个服务定位描述包括 service-signature、service-address 和 signature-type 三项。

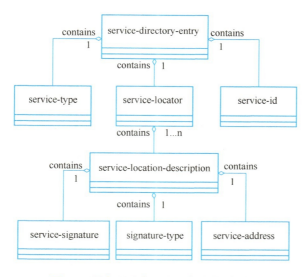

图 2.8　服务目录条目和服务定位关系图

图 2.9 给出了 message 中的元素。当发送消息时，message 就存在于 transport-message 中，图中的 ontology 包含多种本体。

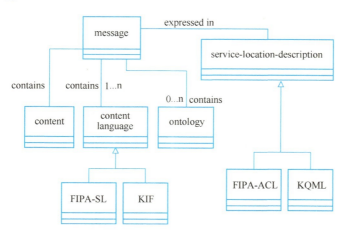

图 2.9　message 元素

图 2.10 给出了 message-transport 中的元素。message-transport-service 可以在智能体之间传输消息。

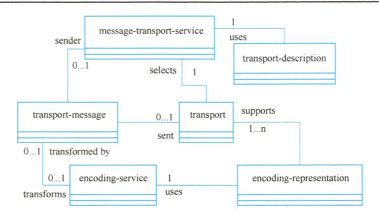

图 2.10　message-transport 元素

2.2.3　智能体管理规范

FIPA 智能体管理规范涉及平台内部和跨平台的智能体控制和管理。智能体管理提供了智能体存在和运作的规范框架。它提供了智能体创建、注册、定位、通信、迁移和终止的逻辑参考模型，如图 2.11 所示。

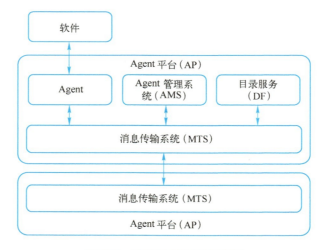

图 2.11　智能体管理参考模型

智能体管理参考模型由智能体、AMS、DF、MTS 和 AP 组成。此外，它还包含了"软件"部分，"软件"描述了通过智能体可访问的所有非智能体、可执行的指令集合。智能体可以访问软件，例如添加新服务，获取新的通信协议、安全协议/算法、协商协议，访问支持迁移的工具等。

（1）智能体命名

FIPA 智能体命名参考模型通过可扩展的参数-值（称为智能体标识符，AID）集合来识别智能体。扩展 AID 的目的是适应其他要求，如添加社交名称、昵称、角色等，然后附加到 AP 的服务。智能体命名参考模型有三个参数：name、addresses 和 resolvers。

1）name 参数是一个全局唯一标识符，可作为智能体的唯一指称表达式，构建 name 最简单有效的方式是：智能体实际名称@智能体驻留的平台（Home Agent Platform，HAP）地址。

2）addresses 参数是消息传输地址列表。传输地址是指可以联系智能体的物理地址，通常是与消息传输协议（Message Transport Protocol，MTP）相对应的。给定的智能体支持多种通信方法，可以将多个传输地址值放在 AID 的地址参数中。

3）resolvers 参数是解析服务地址列表。名称解析是由 AMS 通过搜索功能提供的服务。AID 的 resolvers 参数包含一系列 AID，智能体的 AID 最终解析为一个或一组传输地址。

关于名称解析示例：Agent-a 希望发送一条消息给 Agent-b，b 的 AID 如下：

```
(agent-identifier
    :name agent-b@bar.com
    :resolvers (sequence
        (agent-identifier
            :name ams@foo.com
            :addresses (sequenc iiop://foo.com/acc) ) ) )
```

若 Agent-a 希望获取 b 的附加传输地址，Agent-a 可以发送 search 请求给 AMS（注意：AMS 通常是 resolvers 参数中指定的第一个智能体），本例中 AMS 位于 foo.com。收到 result 消息后，Agent-a 可以提取 ams-Agent-description 的 Agent-identifier 参数，再进一步提取 addresses 参数以确定 Agent-b 的传输地址。至此，Agent-a 可以通过在 Agent-b 的 AID 中插入 addresses 参数的方式发送消息给 Agent-b。

（2）智能体管理服务

智能体管理服务涉及 DF、AMS 和 MTS。

DF 是向智能体提供黄页目录服务的 AP 组件，是智能体目录的可靠管理者，为智能体提供准确、完整的智能体清单。DF 是 AP 的可选组件，AP 可以支持任意数量的 DF，并且 DF 可以通过相互注册形成联盟。每个希望向其他智能体公开其服务的智能体都应该找到合适的 DF，并要求注册（Registration）智能体相关的描述，而智能体可随时要求 DF 修改（Modify）该描述。若智能体不再希望向其他智能体提供任何服务，则可注销（Deregistration）在 DF 上的描述。智能体可通过 search 从 DF 获取相关信息。DF 可提供 register、deregister、modify、search 服务（在 df-Agent-description 中有定义）。

AMS 是 AP 的强制性组件，每个 AP 中有且仅有一个 AMS。AMS 负责管理 AP 的运行，如创建智能体、删除智能体、监督智能体向 AP 的迁移等。AMS 维护当前驻留在 AP 上的所有智能体的索引，包括智能体的 AID。在 FIPA 规范下，每个智能体都要在其 HAP 的 AMS 上注册（Register）。平台上智能体通过在 AMS 上注销（Deregister）使生命周期终止。注销以后，智能体的 AID 从目录中被移除，此时，该智能体可提供给其他有需求的 AMS。智能体描述接受 AMS 的搜索，并进入 ams-Agent-descriptions 目录，受 AMS 的进一步控制。AMS 可以通过请求行为获取 AP 的描述（Get-description），以管理 AP 描述。

MTS 负责跨 AP 的智能体之间的消息传递，所有 FIPA 智能体可以访问至少一个 MTS。关于 MTS 可参考 2.2.4 节。

（3）智能体平台

FIPA 智能体实际存在于 AP 上，并利用 AP 提供的功能实现其功能。智能体作为物理软件过程，具有由 AP 管理的物理生命周期，如图 2.12 所示。生命周期模型独立于任何应用系统，它仅定义了智能体在其生命周期中的状态和转换。每个智能体在任一时刻有且仅有一个 AP 生命周期。

智能体可以通过三种方式出现在 AP 的 AMS 上：在 AP 上创建智能体（Creat）；智能体显式注册到 AP（Register）；智能体迁移至 AP（Migrate）。其中，注册涉及向 AMS 注册智能体 AID。

例：名为 discovery-Agent 的智能体要注册到位于 foo.com 的 AP。首先在 bar.com 平台创建 discovery-Agent（即 discovery 的 HAP 为 bar.com，discovery-Agent 的 AID 为 discovery-Agent@bar.com），然后 discovery-Agent 请求注册在 ams@foo.com。

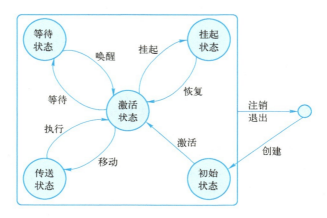

图 2.12　智能体的生命周期

示例如下：

```
(request
  :sender
    (agent-identifier
      :name discovery-agent@bar.com
      :addresses (sequence iiop://bar.com.acc) )
  :receiver (set
    (agent-identifier
      :name ams@foo.com
      :addresses (sequence iiop://foo.com/acc) ) )
  :ontology fipa-agent-managment
  :language fipa-sl0
  :protocol fipa-request
  :content
    "( (action
        (agent-identifier
```

```
      :name ams@foo.com
      :addresses (sequence iiop://foo.com.acc) )
register
   :ams-description
    :name
     (agent-identifier
        :name discovery-agent@bar.com
        :addresses (sequence iiop://bar.com/acc) )
...) ) )" )
```

2.2.4　智能体消息传输服务

消息传输协议（MTP）用于在两个 ACC 之间开展消息的物理传输。MTS 是智能体驻留的平台提供的服务，图 2.13 给出了消息传输参考模型。

MTS 支持跨平台的智能体之间传送 FIPA ACL 消息。ACL 表示消息的有效载重。在抽象层面上，消息有两部分：表示消息传输的消息信封；ACL 消息的有效载重。对任一给定的平台，MTS 由 ACC 提供。

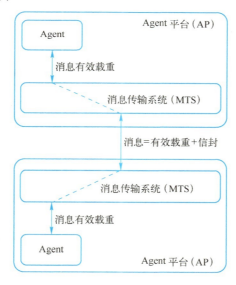

图 2.13　消息传输参考模型

（1）消息信封

MTP 可以使用不同的内部表达式描述消息信封，但是它们必须保持：相同的术语表达相同的语义，并执行相应的操作。消息信封包含一组参数，参数是名称/值对，这些参数至少包含强制项 to、from、date 和 acl-representation，当然还可以包括一些可选项。ACC 处理消息时会在消息信封上添加新的消息，以覆盖具有相同参数名称的现有参数。为了提供 MTS，ACC 必须按照消息信封中的传送指令转移它收到的信息。ACC 只需阅读消息信封，而不需要解析消息的有效载重。

（2）使用 MTS

如图 2.14 所示，跨平台的智能体之间通信有三种方式：其一，智能体 A 通过适当的或标准的接口发送消息给本地 ACC，ACC 负责使用适当的 MTP 将消息发送给远程 ACC，再由远程 ACC 将消息发送给智能体 B。其二，智能体 A 直接将消息发送远程 ACC，由远程 ACC 发送给 B。这种方法要求智能体 A 必须支持访问远程 ACC 的 MTP 接口。其三，智能体 A 使用直接通信机制将消息发送给 B。此时，消息传输、寻址、缓冲和任何错误必须由发送和接收的智能体处理，FIPA 不包含此通信模式。智能体接收包括消息信封和消息有效载重的全部消息。因此，接收智能体可以访问消息信封中表达的所有消息传输信息（包括加密细节）、ACL 表达式信息、消息传递途径等。

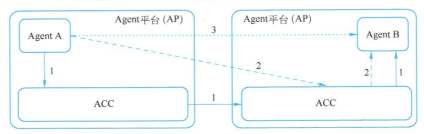

图 2.14　跨平台的智能体之间通信方法

2.2.5　FIPA 本体服务

本体（Ontology）这个术语常被用于各种领域。本书只关注人工智能（Artificial Intelligence，AI）中的本体。在 AI 中，一个本体是一个形式化、概念化、可共享的、清楚的规范。它为领域之间知识表示和通信提供了一个逻辑层次（或概念层次）的词汇表。FIPA 规范下的智能体通信模型是基于假设两个有意愿通信的智能体在信息领域共享一个本体。FIPA 中的本体服务技术能够使智能体管理以显示的或声明的方式来表示本体，该服务由一个被称为本体的智能体（Ontology Agent，OA）提供。OA 在多智能体系统（MAS）中的角色是提供以下服务：

1）发现能够访问的公共本体。

2）维护（以注册、上传、下载和修改的方式）公共本体集合。

3）翻译来自不同本体或不同内容语言之间的表达式。

4）对术语之间或本体之间关系的查询做出回应。

5）识别两个智能体通信的共享本体。

为了尽可能保持规范的通用性，FIPA 并没有规定本体的存储格式，它只是智能体访问本体服务的方式，其方法与平台是无关的。

关于本体的理解可参考图 2.15 FIPA 标准化过程中可能发布的规范。本体就是赋予底层符号以一定的基本含义。

本体存储在本体服务器上。一般而言，它们可能存在多个服务器上，且具有不同的接口和功能。OA 允许智能体发现本体和服务器，并以一种独特的方式访问它们的服务，这种访问方式更适合智能体的通信机制。此外，OA 还提供翻译服务，可以向智能体提供不同本体之间关系的知识。图 2.16 给出了本体服务参考模型。

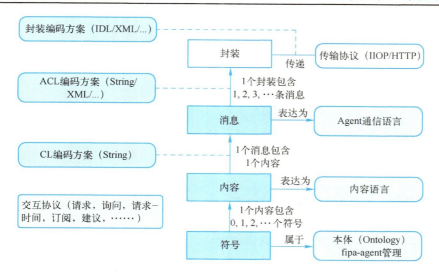

图 2.15　FIPA 标准化过程中发布的规范

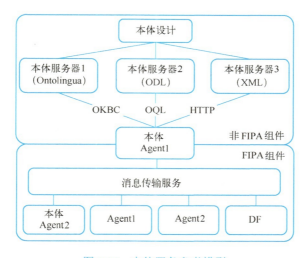

图 2.16　本体服务参考模型

图 2.16 的上半部分（非 FIPA 组件）规定的是 OA 与本体服务器（例如 OKBC、OQL 或任何其他专有协议）之间的通信规范，而 FIPA 规范的范围是智能体之间的 ACL 级别的通信，因此，需要定制基于 FIPA 的 OA，支持那些不符合 FIPA 标准的本体服务器的接口。FIPA OA 必须能够参与如下行为：

1）协助 FIPA 智能体选择用于通信的共享本体。

2）创建并更新本体。

3）翻译不同本体之间的表达式（如识别具有相同含义的不同名称）。

4）响应不同术语或不同本体之间关系的查询。

5）发现可供访问的公共本体。

为了向智能体域通知其提供一组本体服务的意愿，FIPA OA 必须在目录服务器（DF）中注册。在向 DF 注册时，需提供以下参数。

1）:type 参数必须声明为 fipa-oa 服务。

2）:ontology 参数必须包括 FIPA-Ontol-Service-Ontology。

3）:properties 必须包含如下支持本体的集合：

```
property (
      :name supported-ontologies
      :value ( set ontology-description))
```

此外，本体还可以对其翻译能力（本体翻译和语言翻译）进行注册，在注册时需提供以下参数。

1）:type 参数必须声明为 translation-service。

2）:ontology 参数必须包括 FIPA-Meta-Ontology。

3）:properties 必须包含如下翻译能力标识：

```
property (
      :name ontology-translation-types    //本体翻译时用
   %  :name language-translationg-types        //语言翻译时用
      :value ( set translation-description))
```

智能体可以通过 DF 搜索获得关于 OA 的相关信息，如注册的 OA 列表、给定域内相关本体的 OA 列表、给定本体的基本属性（域、源语言等）、提供特定翻译服务的 OA 列表。

2.2.6　FIPA ACL 消息结构

FIPA ACL 消息包含一组或多组消息参数。根据具体情况消息参数有所不同，但所有 ACL 消息中唯一必需的参数就是与动作行为有关的声明（Performative）。当然，大多数 ACL 消息也将包含消息的发送者、接收者和内容参数。表 2.2 给出了 FIPA ACL 消息参数。

表 2.2　FIPA ACL 消息参数

参数分类	参　数	说　明
声明	Performative	通信行为类型的声明（必须有）
参与者	Sender	发起通信行为的智能体名称，也可以选择匿名发送
	Receiver	接收消息的一个或一组智能体的名称
	Reply-to	作为结果的对话线程将被引导到 reply-to 参数所指定的智能体线程中，而不是指向 sender 参数中的智能体
消息内容	Content	消息的内容，即行为的对象。任何 ACL 消息内容的意义是由消息的接收者解释的
内容描述	Language	表达消息内容的语言
	Encoding	内容语言表达式的具体编码方式
	Ontology	赋予内容表达式具体含义
对话控制	Protocol	交互协议
	Conversation-id	对话标识符表达式，用于识别正在进行的通信行为序列
	Reply-with 与 In-reply-to	当多个对话同时发生时，智能体 i 向智能体 j 发送消息：reply-with \<expr\>，则 j 回复 i：in-reply-to \<expr\>。两条消息带有相同的表达式，用于标识消息之间的对应关系
	Reply-by	时间或日期表达式，表示 sender 收到上一条回复的时间

前面已经提到，FIPA ACL 消息参数中 Performative 是必须要有的。FIPA 通信行为库（Communicative Act Library，CAL）对通信行为有规范的定义，它定义了 CAL 结构，并为 FIPA CA 赋予基本语义。下面对 FIPA CAL 提供的 CA（即可作为 Performative 项的参数，表示通信行为类型）做一一介绍，以帮助读者理解通信行为。

（1）接收提案（Accept Proposal，或称为接受建议）

Accept Proposal 是对之前提出"建议"（特别是通过 propose 提出的）的普遍接受。发送者通知接收者，它愿意接受之前的建议，并承诺在条件满足时执行一系列行为。

例：智能体 i 告知智能体 j 它接收来自 j 的订单，并在客户准备好的条件下，将多媒体内容放在适当的频道播放。

```
( accept-proposal
    :sender ( agent-identifier : name  i )
    :receiver ( set (agent-identifier : name  j ))
    :in-reply-to bid089
    :content
        "( ( action ( agent-identifier : name j )
            ( stream-content movie1234 19 ))
         ( B ( agent-identifier : name j )
            ( ready customer78) ) )"
    : language fipa-sl )
```

（2）同意（Agree）

Agree 是对之前由 request 提交的所有"请求"的普遍同意。发送者通知接收者，它愿意接受之前的请求，并给出同意请求的一些附加条件。

例：智能体 i 请求智能体 j 邮寄一个箱子至指定地点，j 同意了 i 的请求，但这个请求的优先级别低。

```
( request
    :sender ( agent-identifier : name  i )
    :receiver ( set (agent-identifier : name  j ))
    :content
        "( ( action ( agent-identifier : name j )
            ( deliver box017 ( loc 12 19 ) ) ) )"
    : protocol fipa-request
    : language fipa-sl
    : reply-with order567
( agree
    :sender ( agent-identifier : name  i )
    :receiver ( set (agent-identifier : name  j ))
    :content
        "( ( action ( agent-identifier : name j )
            ( deliver box017 ( loc 12 19 ) ) )
         ( priority order567 low ) )"
    : in-reply-to order567
```

```
: protocol fipa-request
: language fipa-sl
```

（3）取消（Cancel）

Cancel 允许智能体 *i* 告知智能体 *j*：智能体 *i* 不再希望智能体 *j* 去执行之前请求的行为。这仅仅是一个意愿的通知，它不等同于智能体 *i* 请求或阻止智能体 *j* 去执行之前请求的行为。

例：智能体 *j* 要求智能体 *i* 取消之前由 request-whenever 提出的请求。

```
( cancel
    :sender ( agent-identifier : name j )
    :receiver ( set (agent-identifier : name i ))
    :content
       "( ( action ( agent-identifier : name j )
         ( request-whenever
                :sender ( agent-identifier : name j )
                :receiver ( set (agent-identifier : name i ))
                :content
                    \ "( ( action ( agent-identifier : name i )
                        ( inform-ref
                            :sender ( agent-identifier : name i )
                            :receiver ( set (agent-identifier : name j ))
                            :content
                                \"( ( iota ?x (=(price banana) ?x) )\" )
                                    (> (price banana)50 ) )"
                                ...) ) )"
    : language fipa-sl
    ...)
```

（4）征集建议（Call for Proposal，Cfp，或称为提案征集）

Cfp 是发起协商过程的通用行为，通过征集建议执行给定行为。协商过程所使用的协议是事先协定的或者在消息参数 Protocol 中明确说明的。在正常使用的情况下，对 Cfp 做出响应的智能体，应该提供带有原始参数表达式参数值的命题。如 Cfp 可能会寻求从 A 地到达 B 地的旅程建议，条件是旅行的方式是通过火车，一个兼容的建议是 10 点的特快列车。而飞机显然是不兼容的建议。这只是建议表达式仅带有一个参数的兼容情况，有些时刻，可能涉及多个建议参数。

例：智能体 *j* 向 *i* 征集出售 50 箱苹果的建议。

```
( cfp
    :sender ( agent-identifier : name j )
    :receiver ( set (agent-identifier : name i ))
    :content
       "( ( action ( agent-identifier : name i )
            ( sell apple 50 ) )
```

```
        ( any ?x ( and (= ( price apple) ?x) (< ?x 10) ) ) )"
    : ontology fruit-market
    : language fipa-sl
```

（5）确定（Confirm）

发送者向接收者确认命题为真。

例：智能体 *i* 告知智能体 *j* "今天下雪" 这个命题是真的。

```
(confirm
    :sender (agent-identifier : name i )
    :receiver ( set (agent-identifier :name j ) )
    :content
        "weather ( today, snowing )"
    :language Prolog )
```

（6）否定（Disconfirm）

发送者向接收者确认命题为假。

例：智能体 *i* 相信：智能体 *j* 认为 "鲨鱼是哺乳动物"，*i* 试图改变 *j* 的想法。

```
(disconfirm
    :sender (agent-identifier : name i )
    :receiver ( set (agent-identifier :name j ) )
    :content
        "( ( mammal shark )"
    :language fipa-sl)
```

（7）失败（Failure）

发送者通知接收者，试图执行的行为失败了。

例：智能体 *j* 通知智能体 *i* 它打开文件的行为失败了。

```
(failure
    :sender (agent-identifier : name j )
    :receiver ( set (agent-identifier :name i ) )
    :content
        "( ( action ( agent-identifier : name j )
          (open \" foo.txt \" ) )
         (error-message \" No such file: foo.txt\" ) )"
    :language fipa-sl)
```

（8）通知（Inform）

发送者告知接收者：给定命题为真。

例：智能体 *i* 告知 *j* "今天下雨"，这个命题是真的。

```
(inform
    :sender (agent-identifier : name i )
    :receiver ( set (agent-identifier :name j ) )
    :content
```

```
                "weather ( today, raining )"
            :language Prolog )
```

（9）告知命题真伪（Inform If）

发送者请求接收者告知某一命题的真伪。

例：智能体 i 请求 j 告知"Changchun"是否位于"Liaoning"境内，智能体 j 回复"否"。

```
( request
    :sender ( agent-identifier : name i )
    :receiver ( set (agent-identifier : name j ))
    :content
        "( ( action ( agent-identifier : name j )
         ( inform-if
                :sender ( agent-identifier : name j )
                :receiver ( set (agent-identifier : name i ))
                :content
                    \ " in ( Changchun, Liaoning )\"
                :language Prolog ) ) )"
        : language fipa-sl)
(inform
    :sender (agent-identifier : name j )
    :receiver ( set (agent-identifier :name i ) )
    :content
        "\+ in ( Changchun, Liaoning )"
    :language Prolog )
```

（10）告知描述符对应的对象（Inform Ref）

发送者请求接收者告知与某些表达式或描述符相对应的具体对象。

例：智能体 i 请求 j 告知"John 的汉语老师是谁"。

```
( request
    :sender ( agent-identifier : name i )
    :receiver ( set (agent-identifier : name j ))
    :content
        "( ( action ( agent-identifier : name j )
         ( inform-ref
                :sender ( agent-identifier : name j )
                :receiver ( set (agent-identifier : name i ))
                :content
                    \ " ( ( iota ?x ( John'sChineseTeacher ?x ) ) )\"
                :ontology world-politics
                : language fipa-sl ) ) )"
    :reply-with query0
    : language fipa-sl)

    (inform
```

```
:sender (agent-identifier : name j )
:receiver ( set (agent-identifier :name i ) )
:content
    "( (= (iota ?x (John'sChineseTeacher ?x ) ) \"Li Keqiong \") )"
:ontology world-politics
:in-reply-to query0 )
```

（11）不能理解（Not Understood）

一个普通的例子，比如智能体 i 不能理解 j 发给它的消息，则此时智能体 i 发起 Not Understood 通信给 j，并解释原因。导致消息不被理解的原因有很多，如智能体可能没有被设计来处理某种行为或某类行为，或者它在期待不同的消息。消息要严格遵守预先定义的协议，协议中可能出现的消息序列也是预先确定的。在语义语言（Semantic Language，SL）中，使用的文本消息必须封装成本体中定义的谓词常量。

例：智能体 i 不能理解 query-if 消息，因为它不能识别其中的本体。

```
( not-understood
    :sender ( agent-identifier : name i )
    :receiver ( set (agent-identifier : name j ))
    :content
        "( ( action ( agent-identifier : name j )
                ( query-if
                    :sender ( agent-identifier : name j )
                    :receiver ( set (agent-identifier : name i ))
                    :content
                        \ "< fipa-ccl content experssion>\"
                    :ontology www
                    :language fipa-ccl ) )
            (unknown ( ontology \" www\" ) ) )"
    : language fipa-sl)
```

（12）传播（Propagate）

例：智能体 i 请求智能体 j 以及 j 绑定的经纪智能体去充当视频点播服务器智能体，以获得"SF"程序。

```
( propagate
    :sender ( agent-identifier : name i )
    :receiver ( set (agent-identifier : name j ))
    :content
        "( ( all ?x (registered ( agent-description
            :name ?x
            :services ( set
                ( service-description
                    :name agent-brokerage ) ) ) )
        (action ( agent-identifier :name i )
        ( proxy
```

```
              :sender ( agent-identifier : name i )
              :receiver ( set (agent-identifier : name j )
              :content
                 \"( ( all ?y ( registered (agent-description
                       :name ?y
                       :services ( set
                            ( service-description
                              :name video-on-demand ) ) ) ) )
                 ( action ( agent-identifier : name j )
                 ( request
                    :sender ( agent-identifier : name j )
                    :content
                       \"( ( action ?z
                          (send-program ( category \"SF\") ) ) )\"
                    :ontology vod-server-ontology
                    :propocol fipa-request...) )
                    true )\"
              : ontology brokerage-agent-ontology
              : conversation-id vod-brokering-2
              : protocol fipa-recruiting ...) )
         (< ( hop-count ) 5) )"
       :ontology brokerage-agent-ontology
   ...)
```

（13）建议（Propose）

Propose 是提出建议或响应已经存在的建议（这里指在协商过程中，已经提出的当某些条件满足时就执行给定行为的建议）的通用行为。

例：智能体 j 建议 i 以 5 元的价格出售 50 箱苹果。

```
( propose
    :sender ( agent-identifier : name j )
    :receiver ( set (agent-identifier : name i ))
    :content
       "( ( action j ( sell apple 50)
          (= ( any ?x ( and (= ( price apple) ?x) (< ?x 10 ) ) ) 5 )"
    :ontology fruit-market
    :in-reply-to proposal2
    :language fipa-sl)
```

（14）代理（Proxy）

发送者希望接收者根据给定描述选择目标智能体，并向它们发送嵌入式消息（即希望它们执行嵌入式通信行为，以实现发送者的原始目标）。

例：智能体 i 请求智能体 j 去征集视频点播服务器（即征集能够进行视频点播的智能体），并向它们发送"SF"程序。

```
( proxy
    :sender ( agent-identifier : name i )
    :receiver ( set (agent-identifier : name j ))
    :content
        "( ( all ?x (registered ( agent-description
            :name ?x
            :services ( set
                ( service-description
                  :name video-on-demand ) ) ) ) )
        "( ( action ( agent-identifier : name j )
            ( request
                :sender ( agent-identifier : name j )
                :content
                  \"( ( action ?y
                    (send-program ( category \"SF\") ) ) )\"
                :ontology vod-server-ontology
                :language FIPA-SL
                :propocol fipa-request
                :reply-to ( set (agent-identifier :name i ) )
                :conversation-id request-vod-1 )
            true )"
    : language fipa-sl
    : ontology brokerage-agent
    : protocol fipa-recruiting
    : conversation-id vod-brokering-1
    ...)
```

（15）查询命题真伪（Query If）

发送者就某一命题向接收者提问，并期望获得这个命题的真伪性。

例：智能体 i 问智能体 j 是否在服务器 d1 上注册了，j 回复说"没有"。

```
( query - if
    :sender (agent-identifier : name i )
    :receiver ( set (agent-identifier :name j ) )
    :content
        "( ( registered ( server d1 ) ( agent j ) ) )"
    :reply-with r09
    ...)
(inform
    :sender ( agent-identifier : name j )
    :receiver ( set (agent-identifier : name i ) )
    :content
        "( ( not ( registered ( server d1 ) ( agent j ) ) ) )"
    in-reply-to r09 )
```

（16）查询描述符对应的对象（Query Ref）

发送者就某个参考表达式（描述符）向接收者提问，并期望获得这个表达式（或描述符）相关的对象。

例：智能体 *i* 询问智能体 *j* 可提供的服务，智能体 *j* 对询问做出了回复。

```
(query-ref
    :sender (agent-identifier : name i )
    :receiver ( set (agent-identifier :name j ) )
    :content
        "( ( all ?x ( available-service j ?x ) ) )"
    ...)
(inform
    :sender ( agent-identifier : name j )
    :receiver ( set (agent-identifier : name i ) )
    :content
        "( ( = (all ?x (available-service j ?x) )
            ( set ( reserve-ticket train )
                ( reserve-ticket plane )
                ( reserve automobile ) ) ) )"
    ...)
```

（17）拒绝（Refuse）

Refuse 是智能体在不能满足执行某些行为的所有条件时所执行的行为。如智能体不能理解发送者的要求，或已经把资源分配给其他的智能体等，都将导致智能体执行 Refuse 动作。

例：智能体 *j* 拒绝为智能体 *i* 预留"LHR NUS 10-Jan-2018"门票，原因是智能体 *i* 账户"ac12345"余额不足。

```
(refuse
    :sender ( agent-identifier : name j )
    :receiver ( set (agent-identifier : name i ))
    :content
        "( ( action ( agent-identifier : name j )
            ( reserve-ticket LHR NUS 10-Jan-2018) )
            ( insufficient-funds ac12345 ) )"
    :language fiqa-sl
```

（18）拒绝提案（Reject Proposal，或称为摒弃建议）

Reject Proposal 是对之前提出建议的通用拒绝。发送者通知接收者，它不愿意在当前给定的条件下执行给定的行为，并给出一个附件命题代表提案被否决的原因。

例：智能体 *i* 告诉智能体 *j*，它拒绝来自的智能体 *j* 订单。

```
(reject-proposal
    :sender ( agent-identifier : name i )
    :receiver ( set (agent-identifier : name j ))
    :content
        "( ( action ( agent-identifier : name j )
            ( sell apple 50 ) )
```

```
              (cost 200 )
              ( price-too-high 50 ) )"
      :in-reply-to proposal13 )
```

（19）请求（Request）

发送者请求接收者去执行某些行为。消息内容是使用接收者能够理解的语言对某些行为的描述。这些行为可以是接收者能够执行的任一行为，如预订机票、更改密码等。Request 的一个重要用途是在智能体之间建立复合对话。

例：智能体 i 告诉智能体 j 打开一个"aaaa.txt"文件。

```
( request
    :sender (agent-identifier : name i )
    :receiver ( set (agent-identifier :name j ) )
    :content
        "open \" aaaa.txt \" for input"
    :language vb )
```

（20）条件式请求（Request When）

Request When 允许智能体通知另一个智能体，当前提条件满足时执行某些动作。收到 Request When 的智能体可以拒绝或承诺当条件命题为真时执行某些动作。智能体一直坚守这个承诺直到条件命题为真，或由于某些原因导致智能体不能维持这个承诺，它会发送 Refuse 消息给 Request When 的发送者。当然，若在智能体坚守承诺的过程中，由发送者取消 Request When，智能体也不再坚守这个承诺。

例：智能体 i 告诉智能体 j 当闹钟响了通知它。

```
(request-when
    :sender ( agent-identifier : name i )
    :receiver ( set (agent-identifier : name j ))
    :content
        "( ( action ( agent-identifier : name j )
            (inform
                :sender ( agent-identifier : name j )
                :receiver ( set (agent-identifier : name i ))
                :content
                    \ "( ( alarm \" something alarming! \" ) ) \ " ) )
            (Done ( alarm ) ) )"
    ...)
```

（21）条件式重复请求（Request Whenever）

Request Whenever 允许智能体通知其他智能体，当某些前提条件（并表达为命题）为真时执行某些动作。若命题随后由真转为假，当命题再次为真时，智能体重复执行某些动作。Request Whenever 是一个持续的承诺，对给定的命题进行不断的评估，直到发送者取消该行为。规范中并没有对给定命题进行重新评估的频率做明确的指示，也没有说明命题成立和行动之间的滞后关系。这些需要开发者在提交请求之前根据具体应用领域和开发环境自行评估。

例：智能体 i 告诉智能体 j 当香蕉的价格从低于 5 元变为高于 5 元时发出通知。

```
(request-whenever
    :sender ( agent-identifier : name i )
    :receiver ( set (agent-identifier : name j ))
    :content
        "( ( action ( agent-identifier : name j )
            (inform-ref
                :sender ( agent-identifier : name j )
                :receiver ( set (agent-identifier : name i ))
                :content
                    \ "( ( iota ?x (= ( price banana ) ?x) ) ) \ " ) )...
```

（22）订阅（Subscribe）

请求向发送者持续发送某一参数值，Subscribe 相当于 Query Ref 的持久版。收到订阅的智能体会通知发送智能体所需的参数值，当参数值发生变化时会进一步通知，直到订阅消息被取消。

例：智能体 i 通过订阅智能体 j 关于"人民币对美元的汇率"消息来更新 i 的知识。

```
(subscribe
    :sender (agent-identifier : name i )
    :receiver ( set (agent-identifier :name j ))
    :content
        "( (iota ?x (= ?x ( xch-rate RMB USD ) ) ) )"
```

2.3　FIPA 与 JADE 的关系

JADE 的终极目标和 FIPA 是一致的，即简化多智能体系统的开发。为达到这个目标，JADE 采取的途径是制定一系列符合 FIPA 规范的智能体和系统服务标准，这些标准涉及命名服务和黄页服务、消息传输服务和解析服务，以及与 FIPA 库的交互协议。

JADE 智能体平台符合 FIPA 规范，它包括管理该平台的所有必需的组件，即智能体通信通道（ACC）、智能体管理系统（AMS）和目录服务器（DF）。所有智能体之间的通信都是通过消息传递来完成的，其中消息语言就是 FIPA 智能体通信语言（ACL）。

JADE 智能体平台可以分布在多个主机上。每个主机上运行一个 Java 虚拟机（Java Virtual Machine，JVM）。JVM 可作为多个智能体的容器，为智能体提供一个完整的运行环境。

JADE 通信体系结构为高效的消息传递提供了有利条件。JADE 为传入的 ACL 消息创建队列，智能体可以通过几种模式（基于阻塞、轮询、超时和模式匹配）的组合来访问该消息队列。完整的 FIPA 通信模型被清楚地划分为如下几个部分：交互协议、封装、ACL、内容语言、编码方案、本体以及传输协议。传输机制就像一条变色龙，因为它适应多种情况，以透明的方式选择最好的可用协议。目前使用的有 Java 远程方法调用（Remote Method Invocation，RMI）、事件通知、超文本传输协议（Hyper Text Transfer Protocol，HTTP）和因特网通用对象请求协议（Internet Inter-ORB Protocol，IIOP）。但通过消息传输协议（MTP）和内部消息传输协议（Internal Message Transport Protocol，IMTP）接口可以添加更多的协议。由 FIPA 定义的大多数交互协议已经可用。语义语言（SL）和智能体管理本体支持用户定义的内容语言和本体。

FIPA 促进了基于智能体的技术及其标准与其他技术的互操作性，通过及时提供国际认可的规范来最大限度地提高智能体应用程序、服务和设备的互操作性。FIPA 不针对某一特定应用技术，而是不同应用领域的通用的基础技术。JADE 则实现了所有的基本 FIPA 规范，为 FIPA 智能体的存在、操作和通信提供规范框架。

关于 FIPA 与 JADE 的关系，引用 JADE 官方网站列举的"General Questions about Jade"，更能说明问题。

问：JADE 真的符合 FIPA 规约吗？

答：到目前为止，FIPA 还没有指定任何官方程序来测试其执行的合规性。然而，JADE 已经成功参加了 1999 年 1 月在韩国举行的第一次 FIPA 互操作性测试，以及 2001 年 4 月在英国举行的第二届 FIPA 互操作性测试。此外，JADE 团队积极参与 FIPA 进程，并组建了 FIPA 架构委员会。

除了 JADE，目前公开可用的、符合 FIPA 规范的智能体平台主要有以下几种。

1）Agent Development Kit（ADK）：基于移动组件的开发平台，以动态任务著称，可以构建可扩展的工业强度级应用程序。ADK 支持 FIPA 和 SOAP、JNDI 目录服务，使用基于 Java 的可靠、轻量级运行环境，这就使系统创建、部署和安全管理变得容易，使大规模分布式控制系统自适应的动态响应变得可能。

2）Grasshopper：这是一个开放的基于 Java 的移动智能体平台，符合现有的国际智能体标准，即 OMG MASIF 和 FIPA 规范。Grasshopper 包含两个可选的开源扩展，提供 OMG MASIF 和 FIPA 标准接口，用于智能体平台的互操作性。

3）Java Agent Services API（JAS）：该平台为智能体平台服务基础框架的部署定义了行业标准规范和 API（Application Programming Interface，应用程序编程接口）。它是 JCP（Java Community Process）中 FIPA 抽象体系结构的实现，旨在形成基于 FIPA 规范创建商业级应用程序的基础。具体而言，该项目的 Java API 可作为第三方平台服务技术插件部署在开放平台上。API 提供消息创建、消息编码、消息传输、目录和命名的接口。此设计旨在确保基于 JAS 的系统部署对底层技术的转变保持透明，而不会引起服务中断，影响业务流程。

4）ZEUS：该平台是由 BT 实验室开发的完全由 Java 实现的开源智能体系统，可视为构建协作式智能体应用程序开发的工具包。ZEUS 提供智能体基本功能和行为计划、调度等复杂功能的支持。ZEUS 使用 FIPA ACL 和 TCP/IP 作为智能体通信机制。ZEUS 提供了在视觉环境下构建智能体，以及更改智能体行为的工具。

5）LEAP：轻量级可扩展智能体平台（Lightweight Extensible Agent Platform，LEAP）是智能体开发和运行环境。它的目标是面向智能体集成开发环境，即在 ZEUS 环境下生成智能体应用程序，并能在 JADE 环境下执行这些智能体应用程序。以这种方式兼顾 ZEUS 在智能体设计时的优势和 JADE 轻量级、可扩展的特性。

2.4　本章小结

　　本章阐述了智能体技术的概况，以及与智能体技术密切相关的概念、体系结构和工具；进而介绍了 FIPA 规约，它代表智能体技术领域中最为重要的一种标准化活动。区别于其他事物，智能体的特征主要包括自主性、主动性和通信能力。基于自主性，智能体可以独立执行复杂的、长期的任务；基于主动性，智能体可以在不需要用户干预的情况下主动执行赋予的任务；基于通信能力，智能体可以与其他实体进行交互，协作实现自身以及其他实体的目标。为了更好地理解 JADE，本章还介绍了 FIPA 与 JADE 的关系，JADE 在互操作性（FIPA 要实现的核心目标）相关方面严格遵守 FIPA 规约，在某些领域扩展了 FIPA 规约。

第3章　JADE 平台

JADE 是一个软件框架，符合 FIPA 规范。事实上，建立 JADE 的初衷是为了测试 FIPA，其目标是通过统一的、系统的服务，规范智能体软件开发标准，从而使面向智能体的软件开发过程变得简单，以促进基于智能体的应用、业务和设备的成功。基于 JADE 的智能体平台可以跨机器分布，其配置可以通过远程 GUI 进行控制。在运行时，可以根据需要创建新的智能体或将智能体从一台机器移动到另一台机器上。JADE 简化了多智能体系统的实现。

3.1　JADE 平台和智能体范式

JADE 作为一个中间件，提供了智能体软件开发平台，其功能独立于具体应用，简化了面向智能体的分布式应用的软件开发过程。JADE 在 Java 语言的基础上实现了智能体的抽象，并提供了一个友好的 API，为采用面向智能体方法解决问题的开发人员解决了与应用领域无关的很多共性问题，例如，如何实现智能体间的通信等。因此，开发人员可以把主要精力放在解决应用领域内的关键技术上。考虑到智能体的特殊属性，在进行智能体抽象时始终坚持如下几点设计思想：

1）智能体具有自主性和主观性。智能体作为独立的个体，不受其他智能体控制，即 JADE 平台内智能体不向其他智能体提供回调功能和自身对象引用。智能体通过 Java 线程来控制自身的生命周期，并通过 Java 执行线程自主决定什么时候执行什么样的动作。

2）智能体可以拒绝，它们之间是松耦合的。JADE 平台内，智能体之间通信的基本形式是基于消息的异步通信。消息的发送者和接收者之间没有时间依赖。发送者方面：智能体进行通信时只需指定将消息发送到一个确定的目标地址或目标地址集，无须关心消息接收者具体的状态，以及是否存在或是否处于可用的状态。发送者并不需要获得接收智能体对象，只需要知道接收者的名称标识。消息传输系统根据名称标识就能够正确地解析出传输地址，甚至发送者并不知道接收者的准确名称标识，只知道接收者是一个具有某种意图的集合（例如，在能量协调系统中具有"能量供应 Power-Providing"服务的智能体集合，以及具有"能量需求 Power-Demanding"服务的智能体集合）。接收者方面：智能体具有自主处理信息的权利，接收者可以对消息进行筛选，决定是否处理该条消息、是否丢弃该条消息，以及定义消息处理的优先级（例如，在微网孤岛运行模式下，为了尽可能多地利用可再生能源，在进行消息优先级处理时，首先阅读所有来自"Photovoltaic.Power"域的消息）。此外，该种通信形式，允许发送者通过控制 Java 线程的执行来避免消息阻塞，直到接收者处理完消息。

3）系统是 P2P 形式的。Peer-to-Peer（对等计算，简称 P2P），在平台内的每个节点（Peer，它可以是具有计算能力的个人计算机、服务器等，被视为智能体个体）的地位都是对等的，能够被其他对等节点直接访问而无须经过中间实体。JADE 平台内，每个智能体都定义了一个全局唯一的名称（由 FIPA 规范的智能体 Identifier 或者智能体标识符 AID 定义），可以在任何时刻加入和离开主机平台，并通过白页和黄页服务发现其他智能体（该服务由 JADE 智能体管理系统 AMS 和目录服务器 DF 提供，同样是根据 FIPA 规范定义）。一个智能体可以在任何时刻发起与它期望通信的智能体通信，同样地，也可以在任何时刻成为其他智能体的通信对象。

基于智能体的设计选择，JADE 平台为程序员提供以下功能：

1）完全分布式智能体平台。平台内智能体可以分布在不同节点上，即智能体作为单独的 Java 线程，可在不同的远程机器上运行，且相互之间具有对等的相互通信的能力。JADE 平台为程序员提供了一个与位置无关的独特 API，它是对智能体底层通信的抽象。也就是说，智能体分布在不同节点上，每个节点仅运行一个 Java 虚拟机。通过不同的 Java 线程实现智能体功能，根据消息发送者和接收者的相对位置选择合适的消息传输通道。同时，平台具有两级调度的多线程执行环境。每个 JADE 智能体都在自己的线程中运行，但也能够同时运行多个行为。在单个 Java 虚拟机内的所有智能体之间执行抢先调度原则，而协作调度用于单个智能体的不同任务情形。

2）完全兼容 FIPA 规范。JADE 平台参与了所有 FIPA 互操作性事件，为推进 FIPA 的标准化进程做出了积极的贡献。

3）JADE API 具有位置透明性，大幅提高了异步消息的传输效率。当需要跨平台传输消息时，消息在 JADE 智能体内部转换成符合 FIPA 标准的语法、编码和传输协议的描述。

4）同时实现白页和黄页服务。

5）简单有效的智能体生命周期管理。智能体创建时，JADE 自动分配一个全局唯一标识符和传输地址给智能体，以供智能体向其他平台注册白页服务时使用；也提供了简单的 API 和图形窗口工具来完成本地和远程智能体生命周期的管理，包括智能体创建、暂停、恢复、冻结、解冻、迁移、复制和终止等操作。平台提供了三个特殊的智能体，包括智能体管理系统（AMS）、智能体通信通道（ACC）和目录服务器（DF），JADE 平台启动时，这三个智能体会自动地或强制性地被激活。

6）提供智能体迁移服务。在一定条件下，智能体可以在平台和容器之间迁移。智能体的迁移对于与其处于通信状态下的其他智能体来说是完全透明的，甚至可以在迁移过程中继续进行交互。此外，平台运行时，可以启动多个符合 FIPA 的 DF 智能体，这些智能体在同一联盟中被链接，从而实现多域智能体环境。

7）提供订阅机制。JADE 为与平台相连的智能体或外部应用程序提供订阅机制。通过向平台订购消息获得平台内一切事件的通知，包括生命周期相关事件和信息交换事件等。

8）图形化工具。JADE 为程序员提供了一系列图形化工具，以进行平台的有效管理、监控和调试。

9）本体和内容语言。编程人员根据偏好选择了内容语言和本体（如基于 XML 和 RDF）后，平台会自动执行本体检查和内容编码。程序员也可以构建新的内容语言以满足特定的应用需求。

10）提供一个交互协议库。交互协议库模拟典型的通信模式，以实现一个或多个目标。它是一个独立于应用程序的框架，以一系列 Java 类的形式构建一个与应用无关的框架，这些类可以用特定应用领域代码定制。交互协议也可以用一组并发的有限状态机进行描述和实现。交互协议库为标准的交互协议提供了准备使用的行为对象，例如 fipa-request、fipa-contract-net。当构建一个能够根据交互协议行事的智能体时，应用程序开发者只需要实现特定领域的行为，而所有与应用程序无关的协议逻辑将由 JADE 框架来执行。

1）整合各种基于 Web 的技术，包括 JSP、Servlets、Applets 和 Web 服务技术。

2）支持 J2ME 平台和无线环境。JADE 通过一组封装了 J2ME 和 J2SE 环境的统一 API，支持在 J2ME-CDC 和 J2ME-CLDC 平台上运行。

3）提供一种从外部应用程序启动/控制 JADE 平台的方式。FIPA 规范中的大多数概念都是以 Java 类的形式表示的，这就向用户提供了统一的编程接口。

4）可扩展内核设计。允许程序员通过附加内核级分布式服务扩展平台功能。

3.2　JADE 平台的体系结构

3.2.1　JADE 组件

JADE 框架结构根植于对等计算思想或点对点（P2P）网络系统结构。系统的智能性、智能体的自主性、智能体之间通信的实现，以及资源的控制可通过处于完全分布式网络中的异构设备来实现。这些异构机器是处于无线或有线网络中的服务器、个人计算机、移动终端和掌上电脑（Personal Digital Assistant，PDA）等。在 JADE 平台内，系统中智能体在网络中以节点的形式存在。系统环境随着网络中节点（Peers）的加入或退出而动态地变化，因为根据应用要求，智能体可能随时从网络中消失或出现在网络中。节点和节点之间的通信完全是对称的，每个节点都能扮演通信发起者和响应者的角色。

JADE 组件模型将应用程序组织为软件组件的结构化集合，它们分为两类：

1）智能体组件。这就是上面提到的节点（Peer），通过异步消息传递展现智能体的自治性和通信性。

2）服务组件。这些是非自治的组件，它们可以运行于单个节点上，也可以在多个节点上协调运行，这些操作由智能体触发。

JADE 是完全基于 Java 语言开发的，从软件工程角度，包含了以下原则：

1）互操作性。JADE 符合 FIPA 规范，因此，JADE 智能体与其他的符合同样规范的智能体具有互操作性。

2）一致性与可移植性。JADE 提供了一组独立于底层网络和 Java 版本的同类型的 API 集合。更详细地讲，JADE 为 J2EE、J2SE 和 J2ME 环境提供了相同的 API，开发人员可以决定使用哪个 Java 运行环境。

3）方便使用。JADE 作为中间件，呈现给多智能体系统应用领域开发者的是简单而直观的 API 集合。

4）即用即付理念。程序员不需要使用 JADE 提供的所有功能。在进行任何基于 JADE 平台开发时，没有被使用的特性无须了解任何有关它们的信息，也不会增加任何计算上的开销。

3.2.2　JADE 智能体系统体系结构

运行 JADE 时两个必备条件不可少：其一，用于智能体应用开发的库（即 Java 类）；其二，能够提供基本服务的运行环境，执行智能体之前需要激活运行环境。JADE 运行时的每个实例称为容器（Container），它包含若干智能体。容器集合构成 JADE 平台（Platform），JADE 平台向智能体和应用程序开发人员提供了能够隐藏底层（硬件、操作系统、网络类型以及 JVM 等）复杂性和多样性的同构层。图 3.1 给出了部署在异构节点上的 JADE 智能体系统体系结构。

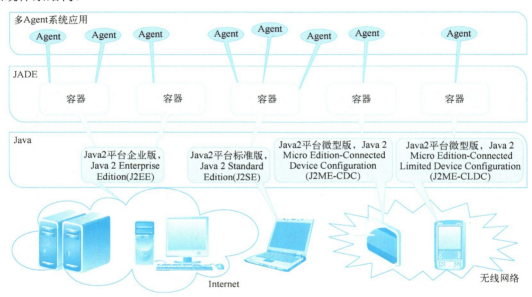

图 3.1　JADE 智能体系统体系结构

JADE 的设计选择（尤其是其不过于强烈地针对特定智能体的体系结构）及其模块化体系结构，使 JADE 能够适应有限资源环境的限制。JADE 已经可以集成到复杂的服务器端基础设施中，成为执行多方应用程序的服务。有限内存占用量的特性，使支持 Java 的所有手机或移动设备上都可以安装 JADE。

从功能角度来看，JADE 为有线和无线移动环境下的分布式对等计算提供了基本的服务。JADE 允许每个智能体动态地发现其他智能体并通过点对点模式进行通信。从应用角度来看，每个智能体是通过唯一的名称来标识的，它可以提供一组服务。例如，智能体可以注册和修改其服务、搜索可提供服务的智能体、控制其生命周期，还可以与其他智能体进行通信。智能体之间是通过异步消息交换的模式进行通信的，这种通信模式普遍适用于分布式系统或存在松散耦合交互关系的异构实体之间。JADE 智能体发起通信，只是向目的地发送消息。该发送操作不需要目的地的引用，因此，作为直接结果，通信智能体之间不存在时间上的依赖性。也就是说，消息发送者在执行"发起通信"操作时对接收者是否处于"可用"状态，或接收者是否"存在"等信息是没有要求的。消息结构符合 FIPA 定义的智能体通信语言（ACL），消息内容包括支持复杂交互和多个平行对话的字段，例如，指示消息涉及上下文的变量，以及接收消息反馈的时间限制等。JADE 提供了一套典型的交互模式框架来执行特定的任务（如谈判、拍卖和任务委托等）以确保复杂对话的成功完成。该交互模式框架由 Java 抽象类来实现，这些 Java 抽象类以"交互协议"作为标识，有了交互框架程序员可以摆脱处理应用程序逻辑的负担。为了满足有限资源环境（比如手机）的约束，JADE 使每个智能体占用一个单独的 Java 线程，被分配给智能体的 Java 线程承担了该智能体的所有行为（如控制智能体生命周期、执行对话和任务等）。JADE 平台提供"命名服务"（确保每个智能体都有一个唯一的名称）和一个可以分布在多个主机上的黄页服务（允许智能体发布或发现服务）。JADE 的另一个非常重要的功能在于它提供了一套丰富的图形工具，支持智能体系统调试、管理和监视等。通过这些工具，可以控制智能体生命周期、模拟智能体对话、嗅探智能体交换的消息，以及监控智能体执行的任务等。

3.2.3　主要体系元素之间的关系

正如图 3.1 所示，JADE 平台由分布在网络上的若干个容器组成。智能体生存于容器中，容器是提供 JADE 运行支撑和管理执行智能体所需服务的 Java 进程。JADE 平台内有一个特殊的容器，称为主容器（Main Container），它是一个平台的入口点，是第一个被启动的容器，其他所有容器必须通过注册来加入主容器中。图 3.2 给出了 JADE 平台内主要体系元素之间的关系。

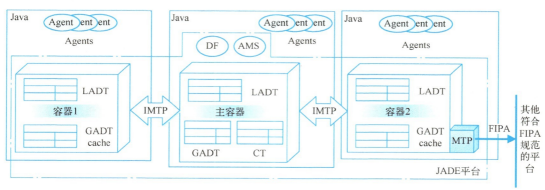

图 3.2　JADE 主要体系元素之间的关系

如图 3.2 所示，JADE 运行环境下的每一个实例被称为一个容器，每个容器中可以包含多个智能体。容器的集合被称为平台。每个平台内都包含一个特殊的容器，即主容器，平台运行瞬间，主容器就被激活。即平台内第一个被激活的容器就是主容器，其他的一般容器（非主容器）被激活时必须在主容器中进行注册（即告知非主容器的主机及入口点）。如果网络中的另外一点也启动了主容器，那便构成了另外一个平台。平台之间的智能体可以通过 MTP 进行通信，同一平台内的智能体之间借助内部消息传输协议（IMTP）进行通信。

作为平台的核心入口点，主容器有以下特殊功能：

1）管理容器表（Container Table，CT）。CT 是平台内所有容器节点对象引用和传输地址的注册表。

2）管理全局智能体描述表（Global Agent Descriptor Table，GADT）。GADT 是平台内

所有智能体的注册表，包括智能体的状态和位置等信息。

3）智能体管理系统（AMS）和目录服务器（DF）。AMS 和 DF 是两个特殊的智能体。AMS 是监督整个平台运行的智能体，代表平台的权威（例如，通过向 AMS 请求创建或终止远程容器上的智能体）。AMS 还提供命名服务，每一个智能体都必须向 AMS 注册以获得一个有效的智能体标识符（AID）。AID 是智能体身份标识，由一系列符合 FIPA 结构和语义定义项组成。AID 最基本的元素是智能体名称和地址。智能体名称是一个具有唯一性的标识，由 JADE 平台名称后连接一个用户自定义名称表示，用户自定义名称也称为本地名称，用于区分不同智能体。智能体地址是从平台继承的传输地址，其中每个平台地址对应一个可以发送和接收符合 FIPA 规范的消息传输协议（MTP）的端点。针对特定领域应用需求，智能体开发者可以向 AID 中添加自定义的传输地址，以实现私有的智能体 MTP。DF 是实现黄页服务的智能体，在智能体进行服务注册或检索时使用。JADE DF 接收来自智能体的订阅服务，当注册或修改的服务符合某些指定标准时，DF 会发送相关消息给订阅该项服务的智能体，以帮助其完成目标。可以同时启动多个 DF，以便在多个域内发布黄页服务。DF 也可以通过交叉注册，在整个网络中发布智能体的请求。

前面已经提到，JADE 平台内所有容器都要在主容器中进行注册。似乎是主容器成了系统性能的瓶颈，其实不然。JADE 为每个容器提供了可以进行本地管理的 GADT 缓存，使平台操作仅涉及本地缓存以及相关容器（消息发送智能体和消息接收智能体所在的两个容器）。本地缓存的存在缓解了主容器的压力。当容器需要知道消息接收者所处具体地址时，它首先搜索本地智能体描述表（Local Agent Descriptor Table，LADT），只有在搜索失败的情况下才会转向主容器，以便获取远程引用信息，同时更新本地缓存以备将来使用。由于智能体的迁移、终止或出现，系统始终处于动态情况，偶尔系统可能会使用过时的缓存值导致无效的地址。在这种情况下，容器接收到一个异常信息，并依据主容器强制刷新本地缓存。

3.2.4　JADE 平台容错机制

容错（Fault-Tolerant）可以削弱系统故障因素对控制系统性能的影响，在实际应用控制系统的设计初期就必须考虑可能的故障对系统稳定性及可靠性的影响。虽然主容器不作为 JADE 系统的一个瓶颈，但它却是平台潜在的故障点。针对这一问题，JADE 提供了主容器复制服务，允许复制主容器和其中的 AMS 智能体，且被复制的主容器和 AMS 智能体始终与原体保持同步，如此便可确保在主容器或 AMS 智能体出现故障时，能立刻被复制品接管。通过主容器复制服务，管理员可以控制平台的容错程度、可扩展性，以及分布式级别等。此外，JADE 还提供了 DF 持久化（Persistence）功能，允许将 DF 智能体的目录记录在关系数据库（Data Base，DB）中。在主容器故障的情况下，新的主容器上会自动启动新的 DF 智能体，并且可以从 DB 中恢复其目录。

（1）主容器复制服务

JADE 主容器复制服务（Main Container Replication Service，MCRS）属于 JADE 内核级服务，由 jade.core.replication.MainReplicationService 类实现。MCRS 可以在平台内加载任意数量的逻辑主容器，但任一时刻只能有一个可以被指定为核心主容器，而其他逻辑主容器作为备份容器存在。所有活动的主容器构成一个逻辑环，如图 3.3 所示，在环内它们可以互相监视。

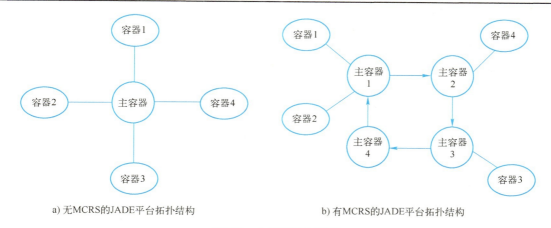

a) 无MCRS的JADE平台拓扑结构　　　　　b) 有MCRS的JADE平台拓扑结构

图 3.3　主容器复制服务

　　图 3.3a 为无 MCRS 的 JADE 平台拓扑结构，图 3.3b 则显示通过 MCRS，主容器被复制以后形成带环的星形拓扑结构。图中 4 个主容器呈回环分布，每个节点受上一个相邻节点监视。如果主容器 1 发生故障，监视它的节点（主容器 2）通知其他所有主容器（主容器 3 和主容器 4）：主容器 1 不再可用。当容器检测到自己已经被孤立时，它必须在另外一个可用的主容器节点上注册，这意味着每个非主容器必须保留平台中存在的所有主容器列表。在主容器列表已确定且事先一致的情况下，主容器清单可通过命令行直接指定的方式保留在每个容器中。此外，JADE 提供了地址通知服务（Address Notification Service，ANS），它是一个部署在主容器节点和非主容器节点上启动的附加内核级服务，由 jade.core.replication.AddressNotificationService 类实现。ANS 自动检测主容器回环节点的变动情况，并保持所有平台节点地址列表处于最新状态。该机制特别适用于平台及其容器的拓扑结构随时间变化的动态系统。JADE 平台内，所有容器（不管是主容器还是非主容器）都运行在不同的网络主机上，MCRS 不仅可以控制平台的容错级别，更彰显了平台的可扩展性以及分布式控制水平。管理员可以通过 MCRS 配置一个由若干个主容器分布式实例构成的控制层以实现分布式启动系统。

　　（2）DF 持久化功能

　　默认情况下，DF 将目录存储在内存中，这样在保证较短 DF 访问时间的同时造成内存消耗的线性增加，随着智能体数量增多，也带来了应用程序可扩展性方面的问题。为此，JADE 提供了 DF 持久化功能，对 DF 进行配置，将其目录存储在关系数据库（DB）中，保证内存消耗水平接近一个固定值。在主容器故障的情况下，新的主容器上会自动启动新的 DF 智能体，并且可以从 DB 中恢复其目录。当然，就性能而言，将 DF 目录存储到数据库中会导致访问时间的增加，特别是在将大型数据集从 DB 传输到 DF 时。具体选择哪种存储方式，JADE 管理员可以从系统可扩展性和容错性能等方面考虑，选择满足应用系统具体要求的方案即可。

3.3　JADE 包

　　JADE 相关软件分为两部分：主要配置文件和附加件。附加件包括实现某些扩展功能的特殊模块，例如特定编程语言的编码/解码器。JADE 附加件大多不是由 JADE 团队直接开发的。所有软件都可从 JADE 网站下载。主要配置文件形成的目录结构以及相关功能作用如图 3.4 所示。需要说明的是，jade.4.0 版本以后的 JADE 包中，.jar 包 http.jar、iiop.jar、jadeTools.jar 和 jade.jar 合并为 jade.jar。这也简化了 JADE 编译和运行时的环境设置过程，只需在 CLASSPATH 变量值中添加一个 "…/jade.jar" 变量即可。

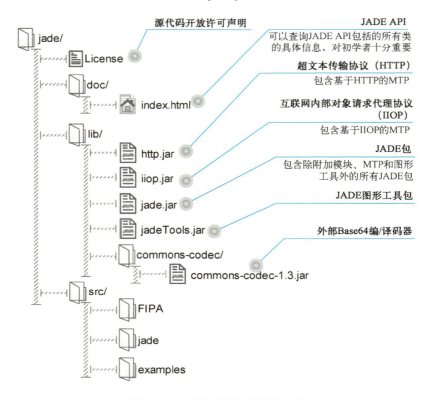

图 3.4　JADE 目录结构及相关功能

JADE 为开发人员进行多智能体系统开发提供了丰富的软件包。使用软件包中提供的函数、类、属性以及方法进行系统开发时，只需对它们进行继承或实现，使开放变得快速灵活。

JADE 包中的主要包及子包如图 3.5 所示。

JADE 提供了智能体生命周期控制、智能体管理服务、消息传输机制等若干功能。它是一个完全意义上的分布式中间件系统，具有灵活的基础设施，通过附加件进行扩展，易于实现。该框架提供一个实时运行环境、执行智能体整个生命周期必需的功能和智能体自身的核心逻辑，并提供丰富的可视化工具套件，使得开发完全基于智能体的应用变得更加容易。JADE 平台源代码以一个 Java 包和若干子包的层次结构组成，原则上，每个包都包含实现某一特定功能的类和接口。熟悉 JADE 包及子包中所包含的类的功能，将使 JADE 初学者受益匪浅。对图 3.5 所示的 JADE 包及子包简要描述如下。

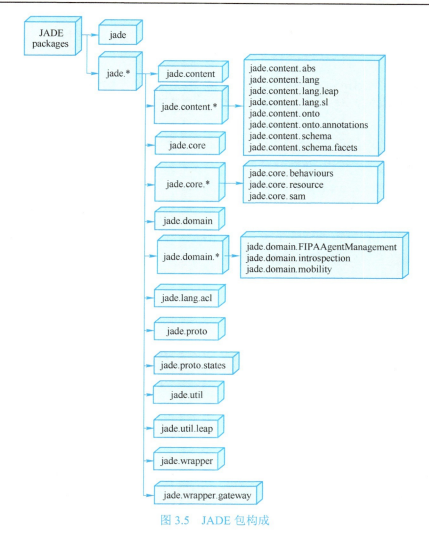

图 3.5　JADE 包构成

1）jade：包含了引导 JADE 系统的类。例如，当 JADE 作为一个 Applet 运行时，使用 split-container 模式启动/关闭 JADE（由 jade.AppletBoot 类实现）；通过解析命令行参数的方式启动 JADE 系统（由 jade.Boot 类实现）。

2）jade.content 及其子包 jade.content.*：包含支持用户根据给定的内容语言和本体创建或操作复杂内容表达式的类。当智能体 A 与 B 通信时，通过智能体通信语言（ACL）将一定量的信息从 A 传送到 B。在 ACL 中，消息被表示为与适当的内容语言（如语义语言 SL）一致的内容表达式，并以适当的格式（如字符串）进行编码。智能体 A 和 B 成功通信要完成以下步骤：①智能体 A 理解消息内容（根据消息内容创建内容表达式）；②ACL 消息表达式从 A 发送到 B（信息传输）；③智能体 B 理解消息表达式（信息处理，提取重要信息片段）。智能体 A 和 B 都有各自的消息内容内部表达方式，而且 A 和 B 的表达方式也可能不同。考虑到消息的流通，智能体内部消息表达式（即消息的存储方式）应该是便于信息处理的。很明显，ACL 内容表达式不适用于智能体创建内部消息表达式。

举一个简单的例子。A 和 B 之间传递消息：There is a person whose name is Libo and who is 36 years old。使用 ACL 内容表达式，该条消息表示为字符串：

```
(Person :name Libo :age 36)
```

将这些信息简单地作为字符串变量存储在智能体 A 内，但这样的字符串变量不利于信息的处理，例如在获取"Libo"的"age"片段时将需要解析整个字符串。

使用 Java 编写的 JADE 智能体将信息在智能体内部表示为 Java 对象。例如将上述信息表示为关于 Libo 的应用程序特定类的实例（Java 对象）。

```
class Person {
    String name;
    int age;
    public String getName ( ) { return name; }
    public void setName ( String n ) { name=n; }
    public int getAge ( ) { return age; }
    public void setAge ( int a ) { age=a; }
    ...
}
```

初始化，令：name="Libo"; age=36;

通过类似这样的一个处理智能体内部消息的 Java 对象，缓解了信息处理的压力。此时，该条信息的通信过程变为：①智能体 A 创建内部消息表达式，由 setName 和 setAge 实现；②ACL 消息表达式从 A 发送到 B（信息传输）；③是①的逆过程，智能体 B 提取信息片段，由 getName 和 getAge 完成。此外，智能体 B 还执行一些语义检查来验证，所获取的消息是一个有意义的信息片段，即它符合本体的规则，例如 Libo 的年龄实际上是一个整数值。

jade.content 及其子包中的类可以自动执行所有上述转换和检查操作，从而允许开发人员在智能体内部将信息作为 Java 对象来操作，而不需要任何额外的工作。

3）jade.core 及其子包 jade.core.*：核心功能所在。其中，jade.core 中包含 JADE 系统的微内核，提供一组"最基本"的服务，如：具有消息传送和行为调度功能的智能体基类；支持智能体平台的分布式运行环境（通过 Java 进程调度、进程间通信、存储管理等实现）；为基本的任务结构化需求而预先建立的智能体行为；提供一个简单的消息传输系统，该系统具有多个消息传输协议（①同一个 JVM 中的 Java 事件，即同一主机上的智能体之间消息传输协议；②属于同一个 JADE 平台的 JVM 上的 RMI，即分布在不同主机上的，而又处于同一主容器内的智能体之间消息传输协议；③与不同平台通信的标准 IIOP 协议，即实现处于不同主容器内的智能体之间消息传输的协议）等。jade.core.* 中包含三个子包 jade.core.behaviours、jade.core.resource、jade.core.sam。其中，jade.core.behaviours 中包含实现智能体基本行为的类。智能体所要完成的工作或任务都是在"behaviours"范围内进行的。复杂的任务可通过 behaviour 单元组合方式来执行。JADE 智能体通过使用协作的（非抢占）方式在单个 Java 线程内调度其行为。

4）jade.domain 及其子包 jade.domain.*：包含由 FIPA 标准定义的描述智能体实体的所有 Java 类。AMS 和 DF 在 jade.domain 包中。AMS 智能体负责管理平台的生命周期，并未向每个智能体提供白页服务。DF 智能体提供黄页服务，并允许通过 DF 的联合实现多域应用系统开发。jade.domain.*中包含三个子包：①jade.domain.FIPAAgentManagement，包含由 FIPA 标准文档，即 FIPA Agent 管理规范——23 号文件（version H）指定的 FIPA-Agent-Management 本体的定义、所有实现平台管理基本概念的 Java 类，如对服务和智能体的描述，以及抛出异常等；②jade.domain.introspection，包含 JADE 使用的用于智能体平台和智能体运行的内部监控本体的定义，以及所有实现该本体基本概念的 Java 类，基于智能体应用开发的程序员很少用到该包；③jade.domain.mobility，包含 JADE-Mobility 本体的定义，以及所有实现本体概念的 Java 类，如 CloneAction、MoveAction 等。

5）jade.lang.acl：FIPA Agent 通信语言（ACL）包，包括 ACL 消息类、解析器、编码器，以及用于表示 ACL 消息模板的帮助类，它们都是根据 FIPA 标准处理 ACL 的。

6）jade.proto 和 jade.proto.states：交互协议包。其中，jade.proto 中包含 FIPA 标准协议的角色行为。对于 FIPA 规范规定的每个交互协议，智能体可以扮演两种角色：交互行为发起者和响应者。作为发起者角色，智能体联系一个或多个其他智能体发起新的对话，并根据特定的交互协议进行演化；作为响应者角色，智能体对来自其他智能体的消息做出响应，并根据特定的交互协议进行新的对话。JADE 为每个角色提供了一个"Behaviour"对象，这些行为通常是与应用领域相关的抽象类，应用程序开发人员可通过扩展这些抽象类的方法来获取各种满足特定应用领域需求的协议。jade.proto.states 中包含了交互协议中常见状态的类，如"等待某一条特定的消息""在多个方案中进行选择"等。

7）jade.util 和 jade.util.leap：工具类包，尤其是以扩展方式来处理属性的类，以及用于记录功能的 Logger 类。jade.util.leap 还包含了一组 Java 框架类，用于替代那些不支持 J2ME 的类。一般来说，不鼓励用户使用这些类，因为它们与 java.util 不完全兼容。

8）jade.wrapper 和 jade.wrapper.gateway：封装类包。jade.wrapper 包含了 in-process 接口，该包与 jade.core.Profile 和 jade.core.Runtime 类一起实现外部 Java 应用程序启动 JADE 平台。jade.wrapper.gateway 是 jade.wrapper 的一个子包，包含一组允许非 JADE 应用程序向 JADE 应用程序发出命令的类。这个包提供的可供使用功能的入口点是 JadeGateway 类。

3.4　图形化平台管理工具

一般情况下，根据多智能体系统应用的复杂性，智能体往往分布在多个主机上，每个主机上又包含多个智能体，且每个智能体拥有自己的线程。并且随着智能体的产生、终止和迁移，系统始终处于动态的变化中，诸多因素给智能体应用带来困难。JADE 提供了一系列图形化工具，借助 GUI 缓解智能体在应用上的困难。

3.4.1　智能体与 GUI 之间的交互机制

在 Java 编程语言中，GUI 通过"事件分布线程（Event Dispatching Thread）"方式运行在自己的线程上，并及时响应窗口事件（如按下按钮组件、调整窗口大小等操作）。另外，JADE 智能体运行在自己的线程内，方便其处理自己的行为。在 Java 内，使用一个线程直接调用另一个线程中的方法，在效率方面不占优势。所以，JADE 提供了 GUI 方法来实现两个线程中智能体的交互。这种机制仅仅基于事件传输（Event Passing）。下面简单介绍在 GUI 与智能体交互的过程中该机制是如何发挥其功用的。

（1）由智能体发起的与 GUI 的交互

GUI 有一个内置的处理事件的机制，这个机制通过 ActionListener 对象注册的每个组件的 actionPerformed()方法来实现。要使用 ActionListener 对象注册 GUI 组件，首先使 GUI 实现 ActionListener 接口，然后使用 addActionListener()方法注册 GUI 的所有交互组件（如各种按钮等）。当调用 GUI 时，源组件就会生成一个 ActionEvent，它将调用 actionPerformed()方法。根据 actionPerformed()方法中提供的代码，GUI 通过处理事件来对调用做出响应。这样一来，当智能体程序提出与 GUI 进行交互时，它只是调用在 GUI 程序中提供的激活此机制的方法。

（2）由 GUI 发起的与智能体的交互

JADE 提供了抽象类 Gui 智能体，它是智能体类的扩展。Gui 智能体定义了两个特殊的方法：postGuiAgent()和 onGuiEvent()，它们提供了由 GUI 发起的与智能体交互的方法。其前提是智能体程序必须对 Gui 智能体类进行扩展，然后向智能体将使用的 onGuiEvent()方法提供必要的代码，以通过 postGuiEvent()方法接受和处理由 GUI 发布的事件。此时，onGuiEvent()方法等同于 GUI 中的 actionPerformed()方法。当启动一个已经扩展了 Gui 智能体类的智能体程序时，同时也加载了一个特定的行为，即 GuiHandlerBehaviour，用它来处理来自 GUI 的事件，并按照与 GUI 完全相同的机制将事件分配给相应的处理程序（Handlers）。要将事件发布到相应的智能体，GUI 只需创建一个 GUIEvent 对象，添加所需的参数，并将其传递给 postGuiEvent()方法。

综上，无论是由哪一方发起的 GUI 与智能体之间的交互，其实质都是类的扩展以及方法的调用或激活，这也是 Java 语言的高明所在。

3.4.2　远程监视控制台

JADE 通过远程监控智能体（Remote Monitoring Agent，RMA）为平台管理提供图形界面。RMA 显示其所属智能体平台的状态（系统内所有智能体及其容器的状态），并提供各种用于智能体管理的工具，以及各种用于 JADE 平台调试和测试的工具。

在配置好 JADE 环境变量（具体过程参考 3.5 节）的情况下，可通过如下命令启动 JADE 远程智能体管理 GUI，即 RMA 图形界面：

```
Prompt> java jade.Boot -gui
```

JADE 远程智能体管理 GUI 如图 3.6 所示。

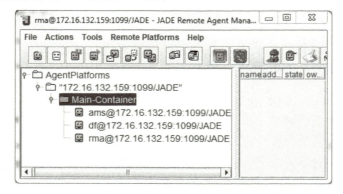

图 3.6　JADE 远程智能体管理 GUI

JADE 平台启动的瞬间，主容器被激活，同时启动 AMS 和 DF 智能体。如图 3.6 所示，左边的窗口提供了平台的组织结构，包括智能体平台、容器和智能体，即平台-容器-智能体目录树窗口；右边的窗口提供了智能体的具体信息。单击左边窗口的智能体，在右边窗口显示被选中智能体的名字、地址、状态等信息。RMA 图形界面还通过菜单栏以及工具栏提供平台和智能体生命周期的管理等一系列操作。下面通过介绍菜单栏让读者熟悉 RMA 界面的基本功能，这对快速熟悉 JADE 平台也是有极大帮助的。

1）"File"菜单项如图 3.7 所示，它提供了 RMA 的一般命令。

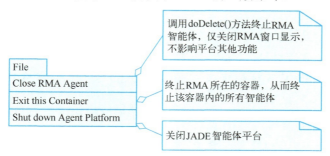

图 3.7　"File"菜单项及功能

2）"Actions"菜单项及相关功能如图 3.8 所示，该菜单下的大部分操作与工具栏按钮相关联。该菜单项包含调用平台上智能体或容器的各种操作项目。

图 3.8　"Actions"菜单项及功能

3）"Tools"菜单项包含了 JADE 提供给应用程序开发者的各种工具命令，以帮助开发和调试基于 JADE 的智能体系统。其主要功能如图 3.9 所示。"Tools"菜单项下包含了 JADE 重要的工具，本节将进行一一介绍。

图 3.9 "Tools"菜单项及功能

① Start Sniffer。在"Tools" 菜单项下选择"Start Sniffer"选项，或在工具栏上直接单击"Start Sniffer"按钮开启嗅探智能体（Sniffer Agent）窗口，如图 3.10 所示。

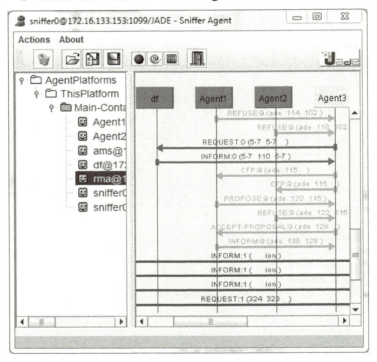

图 3.10 嗅探智能体窗口

还可以通过创建智能体的方式开启嗅探智能体：菜单栏"Actions"→"Start New Agent"或直接单击工具栏的"Start New Agent"按钮，指定智能体类名：jade.tools. sniffer.Sniffer（因为 Sniffer 类包含在 jade.tools.sniffer 中，它又是 jade.core.Agent 的扩展类，所以嗅探智能体和其他智能体一样），该方式可以满足自拟智能体名称的需求。嗅探智能体是一个简单但非常有用的工具，正如其名，它是一个纯 Java 应用程序，用于跟踪 JADE 环境下交换的消息。嗅探智能体完全集成在 JADE 环境中，可视为一个具有嗅探功能的、符合 FIPA 规范的智能体，它对调试智能体行为特别有用。当用户决定对某一智能体或某一组智能体进行嗅探时，每条经过该智能体或该组智能体的消息都会被跟踪并显示在嗅探智能体的

GUI 中。用户可以查看每条消息，并可以将其作为文本文件保存到硬盘上，或者将其作为二进制文件保存起来以供后用。

嗅探智能体通过初始化（消息订阅）、发送嗅探请求和接收嗅探消息三个步骤完成嗅探任务。

a. 初始化。实际上，当用户启动嗅探智能体时，就是创建了一个 jade.tools.sniffer. Sniffer 类的新实例，它的主要任务就是监视被嗅探的智能体之间的消息交换。由于嗅探智能体的特殊性，它必须掌握有关平台的动态信息，如新产生的智能体、死亡的智能体、新创建的容器、被删除的容器等。为了安全起见，这些信息不可用于普通的智能体。因此，为了获得这些信息，嗅探智能体在 AMS 上注册为 RMA。订阅是通过向 AMS 发送类似如下消息来执行的：

```
(subscribe
:sender the_sniffer
:receiver ams
:content"iota ?x ( :container-list-delta ?x)"
:reply-with RMA-subscription
:language SL
:ontology jade-agent-management
)
```

取消嗅探则向 AMS 发送类似如下消息来执行：

```
(cancel
:sender the_sniffer
:receiver ams
:content "iota ?x ( :container-list-delta ?x)"
:reply-with RMA-subscription
:language SL
:ontology jade-agent-management
)
```

订阅消息发出以后，当有新的智能体产生、新的容器被创建时，嗅探智能体都会收到与如下消息类似的告知消息：

```
(inform
:sender ams
:receiver the_sniffer
:content ( new-container Front-End)
:reply-with RMA-subscription
:language SL
:ontology jade-agent-management
)
```

b. 发送嗅探请求。当用户希望嗅探某一智能体时，在图 3.10 所示的左侧树窗口，左键选中该智能体→右键选择"Do sniff this Agent(s)"项或直接单击嗅探智能体工具栏的"Do sniff this Agent(s)"按钮，该智能体就会出现在右侧窗口。这一过程相当于在后台传输了类似如下一条消息：

```
request
:sender the_sniffer
:receiver ams
:content ( action ams ( sniff-agent-on ( :sniffer-name the_sniffer
                                         :agent-list { the_agent_list})))
:language SL0
:ontology fipa-agent-management
:protocol fipa-request
```

当用户希望将某一智能体从嗅探智能体列表中删除时，在嗅探智能体左侧的树目录下选中希望被删除的智能体→右键选择"Do not sniff this Agent(s)"项或直接单击工具栏的"Do not sniff this Agent(s)"按钮，则嗅探智能体失去对该智能体的嗅探。这一过程相当于在后台完成了类似如下一条消息的传输：

```
request
:sender the_sniffer
:receiver ams
:content ( action ams ( sniff-agent-off ( :sniffer-name the_sniffer
                                          :agent-list { the_agent_list})))
:language SL0
:ontology fipa-agent-management
:protocol fipa-request
```

AMS 总是监听 sniff-Agent-on/off 消息的到来，一旦接收到这样的消息就会解析并提取有用的信息，并根据用户的"激活"或"取消"嗅探的意愿，返回一个 jade.domain.AgentManagementOntology.SniffAgentOnAction 或 jade.domain.Agent ManagementOntology.SniffAgentOffAction 对象的实例到 AMS。这两个类都是 jade. domain.AgentManagementOntology 的主类，并扩展了 jade.domain.Agent ManagementOntology.AMSAction。利用这些类中的方法，在 snifferName 的变量中加载嗅探智能体名称。以 SniffAgentOnAction 为例，解析器收到 ACL 消息，解析":sniffer-name the_sniffer"和":Agent-list {the_Agent_list}"字段，提取有用信息"the_sniffer"和"the_Agent_list"，使用 setSnifferName(String sn)方法设置嗅探智能体的名称，使用 addSniffedAgent(String ag)方法添加被嗅探的智能体列表，并建立"the_sniffer"和"the_Agent_list"之间的映射关系。而后，AMS 会通知嗅探智能体是否有异常发生，或者用下面的指令从返回对象中提取嗅探智能体名称和被嗅探智能体的列表（SniffedAgents list）。

```
myAction=(AgentManagementOntology.SniffAgentOnAction)
AgentManagementOntology.SniffAgentOnAction.fromText(new StringReader
(content));
    myPlatform.AMSActivateSniffer(myAction.getSnifferName(),myAction.getE
ntireList());
```

方法 AMSActivateSniffer 和 AMSDisableSniffer 可以从这个映射关系中添加或移除被嗅

探的智能体。SniffedAgents list 是 ajava.util.Map 对象，此映射中，智能体名称是密钥，每个密钥可以对应多个嗅探智能体。由此，每个智能体可以被多个嗅探智能体嗅探，每个嗅探智能体也可对应多个智能体。

　　c. 智能体平台每次发送消息时，都会在嗅探智能体列表中查找消息的发送者或者接收者是否在嗅探智能体列表中。如果在，平台会创建一条新的消息：

```
(inform
:sender ams
:receiver a_sniffer
:content sniffed_message
:ontology siniffed_message
)
```

　　平台内的智能体可能被多个嗅探智能体嗅探，该智能体与其他智能体有消息交换时，该条消息就直接发送给嗅探该智能体的每个嗅探智能体。消息的本体必须设置为嗅探消息。当 a_sniffer 收到来自 AMS 的消息本体为 sniffed_message 类型的消息时，它会提取消息内容，并创建新的 ACL 消息，在 GUI 界面显示为一条由消息发送者指向消息接收者的带箭头的线段（见图 3.10），线段上还显示了消息类型，如 CFP、REQUEST、INFORM 等。

Java Sniffer 是一个独立的 Java 应用，它与 JADE 兼容经过了以下三个步骤：

　　a. jade.domain.Agent ManagementParser.jj 语法已经被修改为能够正确解析 AMS 和嗅探智能体之间的消息，以启用对智能体的嗅探操作。

　　b. jade.domain.ams 类已经被修改为能够正确管理解析以后返回的数据，并在智能体平台中设置正确的数据。

　　c. jade.core.AgentPlatformImpl 和 jade.core.AgentContainerImpl 类已经被修改为可以复制被嗅探智能体发送或接收的消息，并将复制的消息发送给嗅探该智能体的嗅探智能体。

　　② Start DummyAgent。在"Tools"菜单项下选择"Start DummyAgent"选项，或在工具栏上直接单击"Start DummyAgent"按钮开启虚拟智能体（Dummy Agent）窗口，如图 3.11 所示。虚拟智能体是一个简单但非常有用的工具，主要用于检验 JADE 智能体之间的消息交换，它也属于 JADE 智能体类型，所以在启动之前必须为其选择所在的容器。

　　如图 3.11 所示，虚拟智能体的特殊性体现在，它可以通过左侧 GUI 自定义 ACL 消息，右侧的面板用于查看消息清单。虚拟智能体提供了加载和保存消息的操作。虚拟智能体的一个广泛用途是它可以用于消息测试。当平台启动一个应用智能体时，用户可以通过虚拟智能体发送自定义消息给该智能体，并分析其反应。这是一种进行消息测试的有效方法，在应用开发过程中被广泛应用。

　　③ Show the DF GUI。在"Tools"菜单项下选择"Show the DF GUI"选项，显示目录服务（DF）GUI 窗口，如图 3.12 所示。DF GUI 提供智能体注册、注销、修改和搜索等服务。

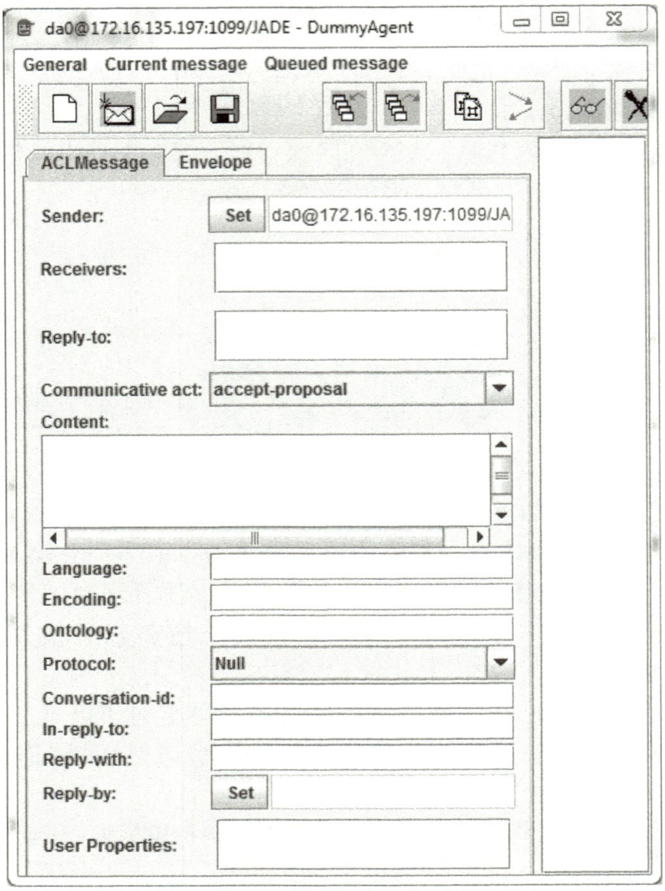

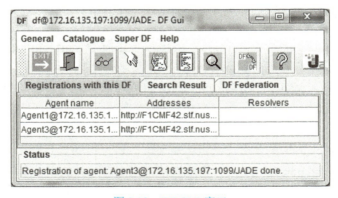

图 3.11　虚拟智能体窗口

图 3.12　DF GUI 窗口

　　DF 为平台内的智能体提供黄页服务。智能体可以向 DF 注册自身的服务，智能体也可以通过搜索 DF，查找其他智能体所注册的服务。智能体平台（AP）至少有一个 DF。AP 可以支持任意数量的 DF，DF 可以相互注册建立一个 DF 联盟，控制整个网络。DF 可以看成与服务描述和智能体 ID 相关条目的集中式注册表。它们用相同的数据结构（DF Agent Description，DFD）添加条目或搜索服务。不同的是，当注册时需要提供完整的带有 AID 的描述；而搜索时，则提供不带 AID 部分的描述，返回的则是带有 AID 的一组完整条目，其属性与搜索提供的属性相匹配，可以从这些条目中提取合适的 AID。对于智能体来说，若在开放系统中进行有效的交互，要求它们必须使用相同的语言习惯和词汇表。以下是关于 DF 智能体描述的结构：

```
DFAgentDescription
    Name: AID // 注册时需要
    Protocols:   set of Strings
    Ontologies: set of Strings
    Languages: set of Strings
    Services:     set of {
        Name: String
        Type:   String
        Owner: String
        Protocols:  set of Strings
        Ontologies: set of Strings
        Languages: set of Strings
        Properties: set of {
                Name:   String
                Value:   String
            }
        }
    }
```

④ Start Introspector Agent。在"Tools"菜单项下选择"Start Introspector Agent"选项，或在工具栏上直接单击"Start Introspector Agent"按钮开启自省智能体（Introspector Agent）窗口，如图 3.13 所示。

图 3.13　自省智能体窗口

自省智能体窗口有三个面板：左上为平台-容器-智能体目录树；左下面板用于查看被选中的平台、容器、智能体的具体信息，主要是名称标识、地址信息；右侧面板做单一智能体调试用。在目录树面板左键选中要调试的智能体→右键选中"Debug On"，则在右侧面板出现被选中智能体的详细信息，如智能体当前状态（Current State）、收到或发送的消息（Incoming/Outgong Messages）、可执行的行为列表（Behaviours），还可以查看每个行为的具体信息（Name、Class、Kind），同时，运行用户更改智能体状态（暂停、等待、唤醒、终止）。这些工具在进行智能体调试时会经常用到。

⑤ Start LogManagement Agent。在"Tools"菜单项下选择"Start LogManagement Agent"选项，或在工具栏上直接单击"Start LogManagement Agent"按钮开启日志管理智能体（LogManagement Agent）窗口，如图 3.14 所示。

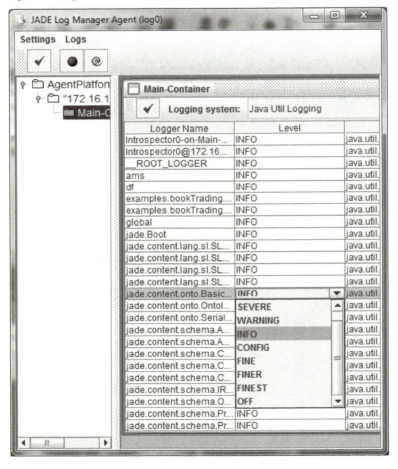

图 3.14　日志管理智能体窗口

4）"Remote Platforms"菜单项包含了 JADE 与其他一些符合 FIPA 规范的远程平台之间的控制工具。这些远程平台可以是非 JADE 的，只要符合 FIPA 规范即可。其菜单及主要功能如图 3.15 所示。

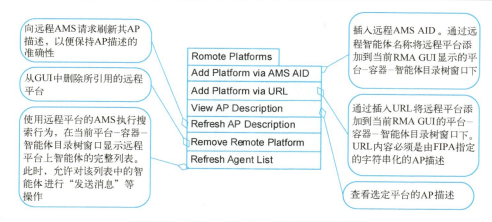

图 3.15　"Remote Platforms"菜单项及功能

3.5　JADE 安装及使用

JADE 完全是基于 Java 语言开发的，所以在 JADE 的基础上进行的其他形式的开发，其开发环境必定也是基于 Java 语言。

3.5.1　开发环境

本书所有关于 JADE 实例程序都基于如下开发环境。

● 操作系统：Windows 7 Enterprise。

● Java 语言的软件开发工具包（Java Development Kit，JDK）：JDK 1.8.0。

● 集成开发环境：MyEclipse 10.7。

● JADE　jar 包版本：JADE 4.5.0。

到 JADE 官网下载 JADE 程序包。目前最新版本为 jade4.5.0，可以直接下载 jadeAll 文件，其内包括了下载页面下面的 JADE-bin-4.5.0、JADE-doc-4.5.0、JADE-src-4.5.0 和 JADE-examples-4.5.0 四个子文件。其中：

JADE-bin-4.5.0 包含已经编译好的 JADE Java jar 文件；

JADE-doc-4.5.0 包含"管理员指南"和"程序员指南"中所有 JADE 文档；

JADE-src-4.5.0 包含所有 JADE 的源代码；

JADE-examples-4.5.0，提供了一些基于 JADE 的实例源码，以显示 JADE 不同的框架功能。通过实例还可以体会其不同的编程习惯用法。

3.5.2　环境变量配置

基于 JADE 平台的开发环境配置，主要是配置环境变量，即指定操作系统运行环境的一些参数，如临时文件夹位置和系统文件夹位置等。用户通过设置环境变量来更好地运行进程。

安装 JDK 后，进行测试，单击"开始"→"运行"→输入"cmd"，在命令提示符下输入"Java -version"，并按〈Enter〉键，出现 Java 版本信息：

```
Java version "1.8.0_60"
Java<TM> SE Runtime Environment <build 1.8.0_60-b27>
Java HotSpot<TM> 64-Bit Server VM <build 25.60-b23, mixed mode>
```

若没有出现如上版本信息，则需要进行 JDK 环境的配置："开始"→"计算机"→"系统属性"→"高级"→"环境变量"，进入"环境变量"窗口，如图 3.16 所示。

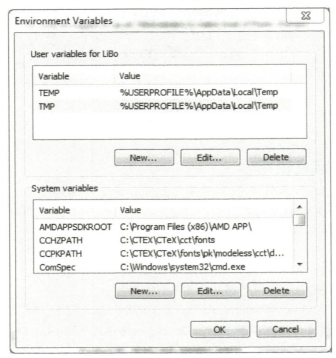

图 3.16　环境变量窗口

主要处理如下三个变量：

1）JAVA_HOME 环境变量，它指向 JDK 的安装目录，开发平台 MyEclipse、Eclipse、NetBeans 等就是通过搜索 JAVA_HOME 变量来找到并使用安装好的 JDK。"新建"系统变量→"变量名"输入"JAVA_HOME"，"变量值"输入"C:\Program Files\Java\jdk1.8.0_60"（注意此处对应 JDK 的安装路径），如图 3.17 所示。

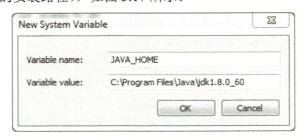

图 3.17　JAVA_HOME 变量设置

2）Path 环境变量，其作用是指定命令搜索路径。在 shell 下执行命令时，它会到 Path

变量所指定的路径中查找是否能找到相应的命令程序。所以需要把 JDK 安装目录下的 bin 目录增加到现有的 Path 变量中，bin 目录中包含要用到的可执行文件，如 Java、Javac、Javadoc 等。"新建"系统变量→"变量名"输入"Path"，"变量值"输入"%JAVA_HOME%\bin;%JAVA_HOME%\jre\bin"（两个%包围变量 JAVA_HOME，表示引用变量的值），如图 3.18 所示。

图 3.18　Path 变量设置

3）CLASSPATH 环境变量，其作用是指定类搜索路径，要想使用已经编写好的类，前提是能够找到它们。Java 虚拟机（JVM）就是通过 CLASSPATH 来寻找类的。因此需要把 JDK 安装目录下的 lib 子目录中的 dt.jar 和 tools.jar 添加到 CLASSPATH 中。此外，还应该把 JADE 相关的 jar 包添加到 CLASSPATH 变量中，这样才能使用 JADE 中早已定义好的类，进行基于智能体的系统开发。具体的操作步骤如下："新建"系统变量→"变量名"输入"CLASSPATH"，"变量值"输入".;%JAVA_HOME%\lib\dt.jar;%JAVA_HOME%\ lib\tools.jar;D:\JADE\JADE-all-4.5.0\JADE-bin-4.5.0\jade\lib\jade.jar"（假设下载的 JADE-all-4.5.0 压缩包存放在 D:\JADE。此外，注意"变量值"前面".;"的使用，其中"."表示当前目录），如图 3.19 所示。

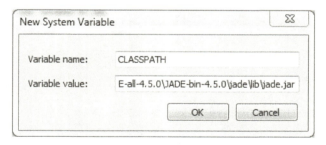

图 3.19　CLASSPATH 变量设置

接下来需要测试环境配置是否成功："开始"→"运行"→输入"cmd"→在命令提示符后，输入"java jade.Boot -gui"（注意区分大小写）→按〈Enter〉键，显示如下信息：

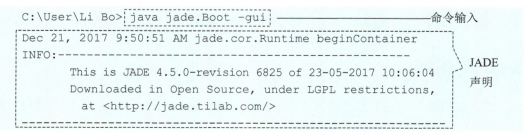

```
Dec 21, 2017 9:50:51 AM jade.imtp.leap.LEAPIMTPManager initialize
INFO: Listening for intra-platform commands on address:
- jicp://172.16.133.14:1099
Dec 21, 2017 9:50:52 AM jade.core.BaseService init
INFO: Service jade.core.management.AgentManagement initialized
Dec 21, 2017 9:50:52 AM jade.core.BaseService init
INFO: Service jade.core.messaging.Messaging initialized
Dec 21, 2017 9:50:52 AM jade.core.BaseService init
INFO: Service jade.core.resource.ResoureManagement initialized
Dec 21, 2017 9:50:52 AM jade.core.BaseService init
INFO: Service jade.core.mobility.AgentMovility initialized
Dec 21, 2017 9:50:52 AM jade.core.BaseService init
INFO: Service jade.core.event.Notification initialized
```
服务初始化

```
Dec 21, 2017 9:50:53 AM jade.mtp.http.HTTPServer <init>
INFO:HTTP- MTP Using XML parser com.sun.org.apache.xerces.internal.jaxp
SAXParserImpl$JAXPSAXParser
Dec 21, 2017 9:50:53 AM jade.core.MessagingService boot
INFO: MTP addresses:
<http://F1CMF42.stf.nus.edu.sg:7778/acc>
```
消息传输协议及MTP地址

```
Dec 21, 2017 9:50:53 AM jade.core.AgentContainerImpl joinPlatform
INFO:-----------------------------------------------------------
Agent container Main- Container@172.16.133.14 <mailto:Main-Contain
er@172.16.133.14> is ready
-----------------------------------------------------------
```
Agent容器

与此同时，弹出 JADE RMA 图形界面，如图 3.20 所示。至此基于 JADE 的多智能体开发平台环境变量配置成功。

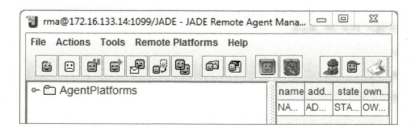

图 3.20　RMA 图形界面

3.5.3　平台使用

使用 JADE 平台进行软件开发，就如同使用外部 jar（Java ARchive）包。在进行软件开发时要将这些 jar 包引入所建立的项目中，然后就可以直接使用 jar 包中定义的类、属性和方法。具体步骤：双击"MyEclipse"快捷图标→选择工作空间"D:\JADE"→"确定"，进入 MyEclipse 界面→"文件"→"新建"Java 项目→进入"新建 Java 项目"选项卡→"项目名称："输入"examples.3_1"，如图 3.21 所示→"完成"。

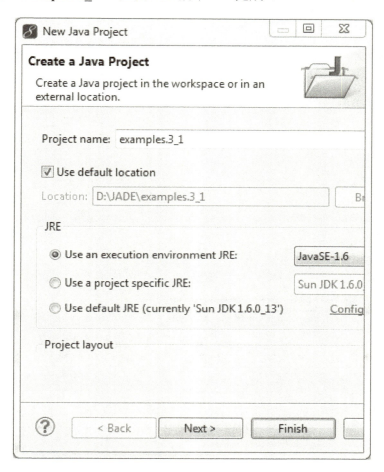

图 3.21　新建 Java 项目界面

接下来导入 JADE 库文件，即在项目中完成 jade.jar 的添加。单击 MyEclipse 界面菜单栏"工程"→"属性"，进入"examples.3_1 属性"菜单→单击左侧窗口"Java Build Path"，右侧出现"Java Build Path"窗口→选择"库（Libraries）"选项卡→"Add External JARs…"，进入 jade.jar 所在路径，选择 jade.jar 文件→"打开"，完成外部 jar 包的添加，如图 3.22 所示。此时该项目中包浏览"Package Explorer"窗口如图 3.23 所示。"Referenced Libraries"下"jade.jar"即为所添加的外部 jar 包，而"D:\JADE\JADE-all-4.5.0\JADE-bin-4.5.0\jade\lib"即为"jade.jar"的存储路径。现在可以进行基于 JADE 平台的多智能体系统开发了。

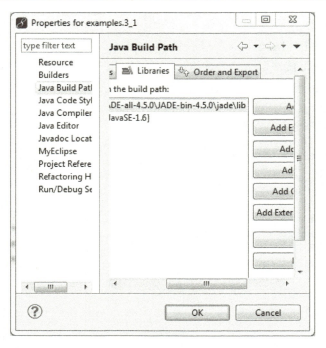

图 3.22　项目属性界面

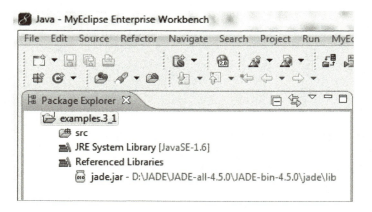

图 3.23　Package Explorer 界面

3.6　本章小结

本章对 JADE 平台和组成其分布式体系结构的主要部件进行简要介绍，然后介绍了 JADE 平台的体系结构、基本理论，图形化平台管理工具，以及使用 JADE 平台时的环境配置等。

JADE 图形化工具，尤其是 RMA GUI，几乎实现了平台内智能体管理的所有功能。了解 JADE 图形化工具，对了解 JADE 十分有益，特别是对初学者而言，它更提供了一个熟悉 JADE 的入口。

第4章　JADE 编程基础

本章从创建一个最简单的 JADE 智能体开始，逐步详细讲述 JADE 的编程机制，使读者熟悉如何使用 JADE 平台开发多智能体系统；重点包括创建智能体、利用智能体执行任务、实现智能体之间的对话、在黄页目录中发布和搜索"服务"等。

4.1　JADE 智能体生命周期控制

选择".JADE-all-4.5.0\JADE-doc-4.5.0\jade\doc\index.htm"可以查看"JADE Documentation"，选择"API Documentation"可以查看"JADE v4.5.0 API"。Agent 类包含在包 jade.core 中，它是用户定义的软件智能体的通用超类。在 JADE 平台中，每个智能体都需要从其父类 jade.core.Agent 派生，并且实现 setup()方法。

4.1.1　创建一个简单的 JADE 智能体

根据 3.5.3 节介绍的步骤，新建 Java 项目，项目名称：LifeCycle，并导入 JADE 库文件。在左侧项目窗口中，右键单击项目节点"LifeCycle"，在弹出的菜单中选择"New"→"Class"，弹出"New Java Class"窗口，添加相应的包名和类名，如图 4.1 所示。遵从 Java 编程习惯，本书 Java 包名全部首字母小写，如 net.edu.cn；类名首字母大写，多词的都是首字母大写，如 MyClass；方法名首字母小写，多词的后面词首字母大写，如 myMethod；变量名规范同方法名；常量全部字母大写，如 FLAG。

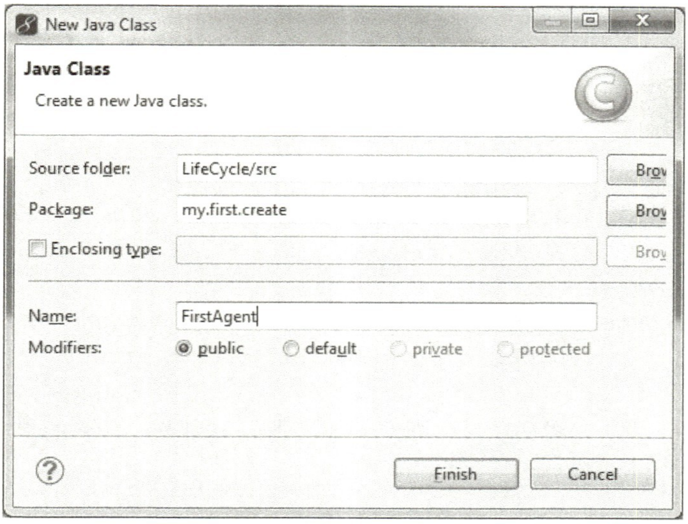

图 4.1　新建 Java 类窗口

　　在代码编辑窗口，首先导入 jade.core.Agent 包，即添加代码：import jade.core.Agent。接着让 FirstAgent 类继承 Agent 类，即在"public class FirstAgent"后添加代码"extends Agent"，然后将光标移动到两个花括号{}内，单击右键，从弹出的菜单中选择"Source"→"Override/Implement Methods…"，弹出覆盖/执行方法窗口，其中包括 Agent 类所提供的方法，勾选"setup()"前面的复选框，如图 4.2 所示。JADE Agent 类中可以不包含 main()函数，但必须包含 setup()函数，它完成智能体的启动及一些初始化工作。protected setup()方法是应用程序启动代码的空占位符。智能体开发人员可以覆盖它以提供必要的行为。当调用此方法时，智能体已经在 AP 的 AMS 中注册，并且能够发送和接收消息。但是，智能体执行模型仍然是顺序型的，因为目前还没有任何行为调度被激活。这个方法可以用于 DF 注册等普通的启动任务，但是，对于智能体来说，至少要为其添加一个 Behavior 对象，以便其能执行用户期望的操作。

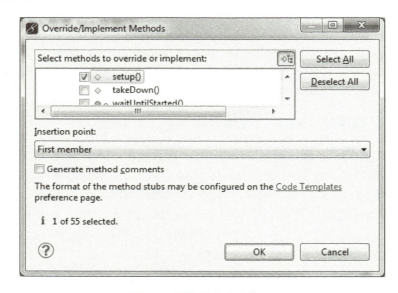

图 4.2　覆盖/执行方法窗口

　　验证创建的智能体是否成功。在代码编辑窗口，形成代码如下：

```
package my.first.create;
import jade.core.Agent;
public class FirstAgent extends Agent {
        @Override
        protected void setup() {
                // TODO Auto-generated method stub
                // super.setup();
                System.out.println("This is my first agent)";
        }
}
```

　　设置运行参数。单击主菜单中的"Run"→"Run Configurations…"，弹出运行配置窗口。在左侧面板单击"Java Application"→"New"，新建 Java 应用程序。在右侧面板可以为新建的 Java 程序命名，并完成主类参数设置，如图 4.3 所示。

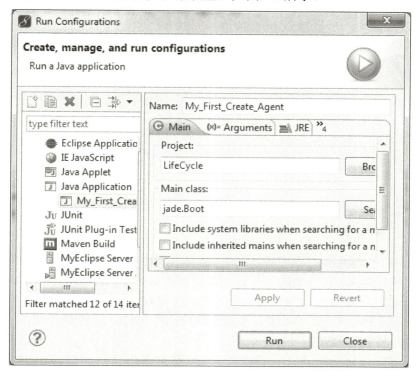

图 4.3　运行参数—主类参数设置

在图 4.3 所示的"(x)=Arguments"选项卡下设置程序变量 Program arguments: -gui first:my.first.create.FirstAgent，其中，"-gui"表示开启 JADE 的 RMA GUI 界面；"first"为智能体昵称（用户自拟）；"my.first.create"是包名称；"FirstAgent"为类名称。然后单击"Apply"→"Run"，此时在 myEclipse 的 Console 面板出现如下的平台运行信息：

```
...
INFO: MTP addresses:
http://F1CMF42.stf.nus.edu.sg:7778/acc
This is my first agent
Jan 15, 2018 6:03:04 PM jade.core.AgentContainerImpl joinPlatform
INFO: - - - - - - - - - - - - - - - - - - - - - - - - - - - - - -
Agent container Main - Container@172.16.134.145 is ready.
- - - - - - - - - - - - - - - - - - - - - - - - - - - - - - - - -
```

从输出信息发现，已经按照程序要求输出指定信息："This is my first agent"。同时，弹出平台管理界面，如图 4.4 所示，其中 first@172.16.134.145:1099/JADE代表刚刚创建 Agent 的 AID。

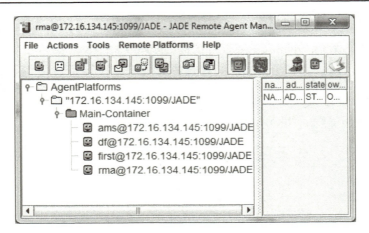

图 4.4　平台管理界面

4.1.2　智能体标识符

在 JADE 中一个智能体标识符代表一个 jade.core.AID 的实例，JADE 内部智能体列表使用这个类来记录智能体名称和地址。一个 AID 对象由一个唯一的全局名称（Globally Unique Identifier，GUID）加上一定数量的地址组成。JADE 智能体的命名形式为<local-name>@<platform-name>，其中@紧跟智能体的 HAP 地址，它也是智能体生存的平台。<platform-name>所包含的地址是智能体所在平台的地址，这些地址在该智能体与其他平台上的智能体进行通信时使用。AID 类提供了一系列关于 AID 的方法。这样一来，对以上 first 智能体程序做相应补充，形成代码如下：

```
package my.first.create;
import jade.core.Agent;
public class FirstAgent extends Agent {
    @Override
    protected void setup() {
        // TODO Auto-generated method stub
        // super.setup();
        System.out.println("This is my first agent!");
        System.out.println("- - - - - -About Me - - - - - -") ;
        System.out.println("My local name is:"+getLocalName());
        System.out.println("My globally unique name is:"+getName());
    }
}
```

编辑并运行，获得以下信息：

```
...
INFO: MTP addresses:
http://F1CMF42.stf.nus.edu.sg:7778/acc
This is my first agent!
- - - - - -About Me - - - - - -
```

```
Jan 15, 2018 7:50:13 PM jade.core.AgentContainerImpl joinPlatform
INFO: - - - - - - - - - - - - - - - - - - - - - - - - - - - - - - - - - - -
Agent container Main - Container@172.16.134.145 is ready.
- - - - - - - - - - - - - - - - - - - - - - - - - - - - - - - - - - - - - -
My local name is:first
My globally unique name is:first@172.16.134.145:1099/JADE
```

此外 JADE 还提供智能体的定位服务，其方法都在 jade.core.*类中，因此，在上述程序的基础上，把 import jade.core.Agent 改为 import jade.core.*，并添加如下代码：

```
Location locatAgent=here();
System.out.println("I am running in a loaction called:+"locatAgent.
getName());
System.out.println("Which is identified uniquely as:+"locatAgent.getID());
System.out.println("And is contactable at:"+locatAgent.getAddress());
System.out.println("Using the protocol:"+locatAgent.getProtocol());
```

编辑并运行，获得以下信息：

```
...
INFO: MTP addresses:
http://F1CMF42.stf.nus.edu.sg:7778/acc
Jan 15, 2018 8:04:01 PM jade.core.AgentContainerImpl joinPlatform
INFO: - - - - - - - - - - - - - - - - - - - - - - - - - - - - - - - - - - -
Agent container Main - Container@172.16.134.145 is ready.
- - - - - - - - - - - - - - - - - - - - - - - - - - - - - - - - - - - - - -
This is my first agent!
- - - - - - About Me - - - - - -
My local name is:first
My globally unique name is:first@172.16.134.145:1099/JADE
I am running in a loaction called:Main - Container
Which is identified uniquely as:Main - Container@172.16.134.145
And is contactable at:172.16.134.145
Using the protocol:jicp
```

"Location"是 JADE 网络位置的抽象接口，用来访问 JADE 移动智能体可以迁移的各个位置的信息。此例中，first@172.16.134.145:1099/JADE生存在主容器（Main-Container）中。任何一个智能体在运行时都要为其分配一个容器（-container 参数），且这个容器必须在主容器中注册。本例中主容器唯一标识符：Main-Container@172.16.134.145。"1099"指明主容器运行的端口号（-port 参数），默认端口号为 1099。指明端口号后，一台机器允许启动多个主容器。"Using the protocol:jicp"，表明可以使用 jicp 链接到 172.16.134.145 以访问主容器，进而联系 first。

4.1.3　智能体终止

仍以上述程序为例，系统运行，智能体输出相应信息以后，仍然存在平台之上，想要终止该智能体必须调用 doDelete()方法。该方法可以使智能体从激活、挂起或等待的状态转移到删除的状态，即终止智能体。可以从智能体平台或智能体本身调用此方法。若在已经删除的智能体上调用该方法，则没有任何作用。调用 doDelete()方法之前调用 takeDown()方法，执行各种清理工作。

4.1.4　CMD 窗口下的 AP 控制

这里首先介绍一下，CMD 窗口创建 JADE Agent 的过程。仍以上述程序为例，创建的文件为"D:\JADE\Examples\LifeCycle\src\my\first\create\ FirstAgent.java"，且目前该文件夹内仅有"FirstAgent.java"一个文件。

运行 CMD，进入 CMD 窗口。更改目录至"FirstAgent.java"所在文件夹：

```
C:\Users\Li Bo>d:
D:\>cd JADE\Examples\LifeCycle\src\my\first\create
```

使用 javac 命令编译"FirstAgent.java"：

```
D:\JADE\Examples\LifeCycle\src\my\first\create>javac -d .*.java
```

按〈Enter〉键。此处需要说明的一点，由于一般情况下，创建的.java 文件都包含在 package 中，如上述 FirstAgent.java 文件内，其第一行代码为"package my.first.create; "，所以，编译的命令：javac –d .*.java 表示对该目录下的所有.java 文件进行编译。此时，若编译成功，该文件夹内会多出三个文件：APDescription.txt、my\first\create\FirstAgent.class 和 MTPs-Main-Container.txt。至此，可以实例化 FirstAgent.class：

```
D:\JADE\Examples\LifeCycle\src\my\first\create>java jade.Boot-gui firstAgent:
my.first.create.FirstAgent
```

按〈Enter〉键，弹出平台管理界面，CMD 窗口会出现平台运行相应信息。注意，在 CMD 窗口启动 JADE 有两个前提条件必须满足：其一，jade.jar 文件必须包含在 CLASSPATH 路径上（参看 3.5 节）；其二，在执行.class 文件的时候必须要进入.class 所在的路径，否则在创建 JADE Agent 时，在 CMD 窗口会出现包含如下信息的提示：

```
SEVERE: Cannot create agent <local-name>: Class <class-name>for agent…
```

表示严重错误：不能创建 Agent。
CMD 窗口编译运行 JADE 的命令行语法形式为：

```
java jade.Boot [options] [agent-specifier list]
```

以下是关于部分[options]及[agent-specifier list]选项的说明。

```
options:
- container --->启动另一个容器，它必须注册到一个主容器中
- gui--->启动 RMA GUI
-name ---> 与 platform-id 完全一致
- host --->注册了主容器的主机名，其默认值为 localhost ，非主容器上需指定该项
- port--->注册了主容器的端口号，其默认值为 1099，非主容器上需指定该项
- local-host --->该容器要运行的主机名称，它的值默认为 localhost
```

- **local-port** --->能够联系到指定容器的端口号，默认使用 1099
- **services** --->JADE 内核级服务类的列表，类名用";"隔开

-**mtps**---> 要在此容器上激活的外部消息传输协议的列表，默认情况下，主容器上的 HTTP MTP 已激活，而其他容器上未激活 MTP

agent-specifier = <agent-name>:<agent-class>(args1,args2,...)
　　　　　　　若启动多个 JADE Agent，agent-specifier 用";"隔开

【例 4.1】　承接上述 FirstAgent 示例，启动另外一个容器，并在该容器内启动一个 JADE Agent，具体实现过程如下：

① 利用上述过程，在主容器内启动 firstAgent@172.16.133.43:1099/JADE；

② 启动另外一个 CMD 窗口，并调整目录至 D:\JADE\Examples\LifeCycle\src\my\first\create；

③ 在 CMD 窗口命令行输入命令：

```
D:\JADE\Examples\LifeCycle\src\my\first\create>java jade.Boot -host
172.16.133.43 -container secondAgent:my.first.create.FirstAgent
```

按〈Enter〉键，弹出如图 4.5 所示的包含多个容器的 RMA GUI 窗口，完成了非主容器的创建，并在该容器上启动了 secondAgent。此时若关闭刚刚打开的 CMD 窗口，则终止了 Container-1 及 secondAgent。

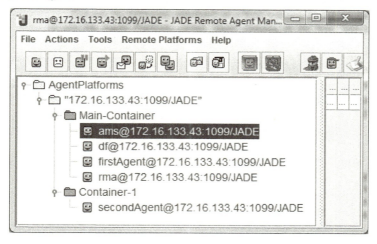

图 4.5　包含多个容器的 RMA GUI 窗口

4.1.5　向智能体传递参数

智能体可以获得来自命令行或进程内接口指定的启动参数。通过智能体类提供的 getArguments()方法，作为 Object 的一个数组，可以提取这些参数。

【例 4.2】　在主机上建立一个主容器和一个非主容器，并在主容器上启动一个不带启动参数的智能体，在非主容器内启动一个带有三个启动参数的智能体。

在 MyEclipse 编辑窗口输入如下代码（Buyer 类）：

```
package trade;
```

```java
import jade.core.Agent;
public class Buyer extends Agent {
        @Override
        protected void setup() {
                System.out.println("Agent Buyer:" +this.getAID().getName()+
                                "is ready!");
                Object[] args=getArguments();
                if (args!=null && args.length>0){
                        String[] strArray=new String[args.length];
                        for (int i=0;i<args.length;i++){
                                strArray[i]=(String) args[i].toString();
                                System.out.println(i+"argument ="+strArray[i]);
                        }
                }}
        }
```

保存以上代码，在 CMD 窗口改变当前目录至 Buyer.java 所在目录，按照 4.1.4 节介绍的过程，用 javac 命令编译 Buyer.java 文件。然后在命令行输入命令：

```
java jade.Boot -gui Agent1:trade.Buyer
```

开启另一个 CMD 窗口，改变当前目录与上一个 CMD 一致。输入命令：

```
java jade.Boot -host localhost -container Agent2:trade.Buyer (arg1,
arg2,arg3)
```

此时，RMA GUI 窗口如图 4.6 所示。

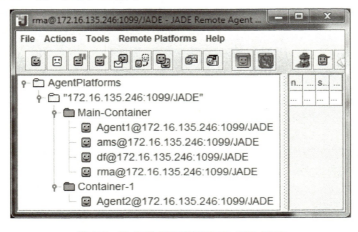

图 4.6　包含两个容器的 RMA GUI 窗口

Agent1 线程所在的 CMD 窗口显示如下信息：

```
...
Jan 19, 2018 4:13:02 PM jade.core.messaging.MessagingService boot
INFO: MTP addresses:
http://F1CMF42.stf.nus.edu.sg:7778/acc
```

```
Agent Buyer:Agent1@172.16.135.245:1099/JADE is ready!
Jan 19, 2018 4:13:02 PM jade.core.AgentContainerImpl joinPlatform
INFO: - - - - - - - - - - - - - - - - - - - - - - - - - - - - - - - -
Agent container Container-1@172.16.135.246 is ready.
- - - - - - - - - - - - - - - - - - - - - - - - - - - - - - - - - - -

Jan 19, 2018 4:17:25 PM jade.core PlatformManagerImpl localAddNode
INFO: Adding node <Container-1> to the platform
Jan 19, 2018 4:17:25 PM jade.core.PlatformManagerImpl1$l nodeAdd
INFO: - - - - - - - - -Node <Container-1> ALIVE - - - - - - - - - - -
```

Agent2 线程所在的 CMD 窗口显示如下信息：

```
...
Agent Buyer:Agent2@172.16.135.246:1099/JADE is ready!
Jan 19, 2018 4:17:25 PM jade.core.AgentContainerImpl joinPlatform
INFO: - - - - - - - - - - - - - - - - - - - - - - - - - - - - - - - -
Agent container Container-1@172.16.135.246 is ready.
- - - - - - - - - - - - - - - - - - - - - - - - - - - - - - - - - - -

0argument=arg1
1argument=arg2
2argument=arg3
```

向智能体传递参数，实现了以键盘的方式向智能体传递参数，比如在商品交易过程中，键盘输入交易商品名称、价格、时间期限等信息参数。所以这种方式非常实用。

4.1.6　MyEclipse 环境下 JADE 体系结构部署

在以上几节中分别通过 MyEclipse 运行配置、CM 命令行方式启动 RMA，并进行 JADE 体系结构配置。本节介绍 MyEclipse 直接启动 RMA，并进行容器（包括主容器和非主容器）配置的方法。

打开 MyEclipse→"File"→"New"→"Java Project"→"Project name"，输入项目名称：MultiTest→"Finish"。左侧面板"Package Explorer"处，右键单击"MultiTest"→"Class"→在弹出的"New Java Class"窗口，输入包名称 Package:container，类名称 Name:MainContainer，勾选"public static void main(String[] args)"选项→"Finish"。

在 MyElcipse 编辑窗口输入如下代码（MainContainer 类）：

```java
package container;

import jade.core.Profile;
import jade.core.Runtime;
import jade.core.ProfileImpl;
import jade.util.ExtendedProperties;
import jade.util.leap.Properties;
import jade.wrapper.AgentContainer;
import jade.wrapper.ControllerException;

public class MainContainer {
```

```
public static void main(String[] args) {
    try {
        Runtime runtime=Runtime.instance();
        Properties properties=new ExtendedProperties();
        properties.setProperty(Profile.GUI,"true");
        ProfileImpl pc=new ProfileImpl(properties);
        AgentContainer mc=runtime.createMainContainer(pc);
        mc.start();
    } catch (ControllerException e) {
        // TODO Auto-generated catch block
        e.printStackTrace();
    }
}
```

在菜单栏选择"Run"→"Run"，或直接单击工具栏"Run"按钮，就会出现 RMA GUI 窗口，其中主容器中包括 AMS、DF 和 RMA 三个智能体。在 MyEclipse 的"Console"窗口出现如下信息，表明主容器已启动。

```
...
Jan 19, 2018 12:02:51 PM jade.core.messaging.MessagingService
boot
INFO: MTP addresses:
http://F1CMF42.stf.nus.edu.sg:7778/acc
Jan 19, 2018 12:02:51 PM jade.core.AgentContainerImpl
joinPlatform
INFO: - - - - - - - - - - - - - - - - - - - - - - - - - - - - - - -
Agent container Main-Container@172.16.135.246 is ready.
- - - - - - - - - - - - - - - - - - - - - - - - - - - - - - - - - -
```

此时完成了主容器的创建与启动，接下来在主容器内创建其他非主容器。

左侧面板"Package Explorer"处，右键单击"container"→"New"→"Class"→在弹出的"New Java Class"窗口，完成 Name:NotMainContainer，勾选"public static void main(String[] args)"选项→"Finish"。

在 MyElcipse 编辑窗口输入如下代码（NotMainContainer 类）：

```
package container;

import jade.core.ProfileImpl;
import jade.core.Runtime;
import jade.wrapper.AgentContainer;
import jade.wrapper.ControllerException;

public class NotMainContainer {
    public static void main(String[] args) {
        try {
            Runtime runtime=Runtime.instance();
```

```
                    ProfileImpl pc=new ProfileImpl(false) ;
                    pc.setParameter(ProfileImpl.MAIN_HOST, "localhost");
                    AgentContainer ac=runtime.createAgentContainer(pc);
                    ac.start();
            } catch (ControllerException e) {
                    // TODO Auto-generated catch block
                    e.printStackTrace();
            }
        }
    }
```

编辑运行，在"Console"平台出现如下提示信息，表明"Container-1"容器已启动。

```
...
Jan 19, 2018 12:12:27 PM jade.core.AgentContainerImpl joinPlatform
INFO: - - - - - - - - - - - - - - - - - - - - - - - - - - - - - -
Agent container Container-1@172.16.135.246 is ready.
- - - - - - - - - - - - - - - - - - - - - - - - - - - - - - - -
```

再次编辑运行上述代码，此时，RMA GUI 窗口如图 4.7 所示。多次运行可在平台内建立多个容器。

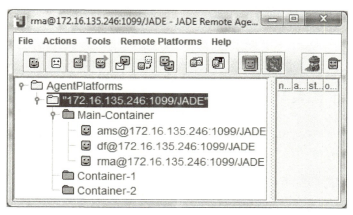

图 4.7　包含三个容器的 RMA GUI 窗口

有了容器就有了智能体的生存空间，在同一台主机上，可建立多个容器，但其中有且仅有一个主容器，负责管理平台内的所有容器及所有智能体，为智能体提供白页服务。

【例 4.3】　在同一主机上完成主容器创建，并启动两个非主容器，其中第一个非主容器中启动一个智能体，并传入一个启动参数；第二个非主容器中启动一个智能体，并传入两个启动参数。具体过程如下。

① 启动主容器，代码如上述的 MainContainer 类，编辑代码并运行，完成主容器启动；

② 在上述 NotMainContainer 类代码的基础上进行相应修改，形成代码如下：

```
package container;
import jade.core.ProfileImpl;
import jade.core.Runtime;
```

```
import jade.wrapper.AgentContainer;
import jade.wrapper.AgentController;
import jade.wrapper.ControllerException;

public class NotMainContainer {
        public static void main(String[] args) {
                try {
                        Runtime runtime=Runtime.instance();
                        ProfileImpl pc=new ProfileImpl(false);
                        pc.setParameter(ProfileImpl.MAIN_HOST, "localhost");
                        AgentContainer ac=runtime.createAgentContainer(pc);
                        AgentController agentController=ac.createNewAgent(
                                "Buyer1,""trade.Buyer", new Object[]{"XML"});
                        agentController.start();
                } catch (ControllerException e) {
                        // TODO Auto-generated catch block
                        e.printStackTrace();
                }       }
}
```

此段代码，用到了 4.1.5 节建立的 trade.Buyer 类，所以要确保它们被包含在同一个工程中。编辑运行，在 Console 平台显示的部分信息如下：

```
...
Jan 19, 2018 7:34:39 PM jade.core.AgentContainerImpl joinPlatform
INFO: - - - - - - - - - - - - - - - - - - - - - - - - - - - - - - - - - -
Agent container Container-1@172.16.135.246 is ready.
- - - - - - - - - - - - - - - - - - - - - - - - - - - - - - - - - - - - -
Agent Buyer:Buyer1@172.16.135.246:1099/JADEis ready!
0argument =XML
```

③ 在上述代码的基础上，更改部分代码：

```
AgentController agentController=ac.createNewAgent(
                "Buyer2","trade.Buyer", new Object[]{"XML","ACL"});
```

编辑运行，在 Console 平台显示的部分信息如下：

```
...
Jan 19, 2018 7:40:17 PM jade.core.AgentContainerImpl joinPlatform
INFO: - - - - - - - - - - - - - - - - - - - - - - - - - - - - - - - - - -
Agent container Container-2@172.16.135.246 is ready.
- - - - - - - - - - - - - - - - - - - - - - - - - - - - - - - - - - - - -
Agent Buyer:Buyer2@172.16.135.246:1099/JADEis ready!
0argument =XML
1argument =ACL
```

此时 AP 平台内智能体结构如图 4.8 所示。

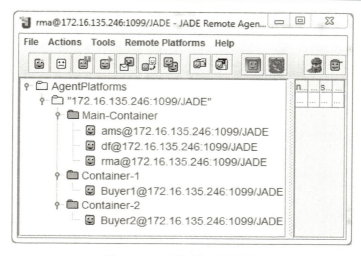

图 4.8　AP 平台内智能体结构

4.2　智能体任务

智能体必须能够执行多个并发任务，以响应不同的外部事件。为了智能体管理上的高效性，每个 JADE 智能体占用一个执行线程，智能体所要执行的任务可以作为 Behaviour 对象来实现。

对于开发人员，想要实现智能体特定任务应定义一个或多个 Behaviour 子类，将其实例化并将行为对象添加到智能体任务列表中。为智能体添加行为，也要通过拓展 Agent 类的方式，JADE 提供了两种管理智能体行为（任务）队列的方法：addBehaviour(Behaviour)和removeBehaviour(Behaviour)。添加行为可以被看作在 Agent 中产生新的（协作式）执行线程的一种方式。

由智能体基类实现的调度程序执行轮询调度（round-robin）策略，而非抢占式（non-preemptive）策略。如果智能体放弃了控制一个未完成的任务，该任务将被安排在下一轮。行为也包括阻塞、等待消息等。智能体调度程序为每个行为队列中的行为执行 action()方法；当 action()返回时，智能体调度程序会调用 done()方法检查任务是否完成；如果任务被完成就从行为队列中移除该任务。智能体线程执行路径如图 4.9 所示。

行为队列就像协作的线程，但是没有堆栈可保存，因此，所有的计算状态必须在行为及其相关的智能体的实例变量中保持。

为了避免主动等待消息造成 CPU 时间的消耗，JADE 为单个 Behaviour 提供了阻塞其计算的方法，即 block()方法，该方法将阻塞行为队列中未进行的行为的计算，直至返回action()方法。由此可见，阻塞的效果并不表现在调用 block()方法以后，而是在返回 action()方法之后。当有新的消息产生时就会重新安排阻塞行为，如果程序员对新产生的消息不感兴趣时，则可以不必重新安排阻塞行为。此外，在有时间限制的情况下，通过向 block()传递"超时"的方式也将阻塞自身的行为对象。

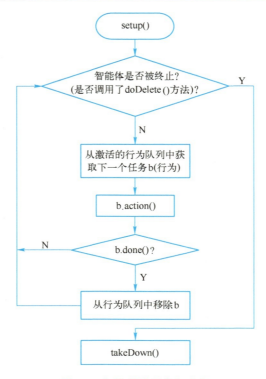

图 4.9　智能体线程执行路径

　　JADE 为智能体行为选择了非抢先式的多任务模型，智能体程序员必须避免使用无限循环，避免在 action()方法内执行长的操作。切记，当某个行为的 action()方法正在运行时，只有在方法结束时才能继续进行其他行为。当然，这仅适用于同一个智能体的行为，其他智能体的行为在不同的 Java 线程中运行，仍是独立运行的。

　　由于没有堆栈保存行为，action()方法一旦开始运行，JADE 没有提供中断 action()的方法，以产生 CUP 空闲给其他行为，每个行为从执行以后，还会回到它出发的地方。举个例子，对于一个长的操作行为（operation）来讲，可以分成部分子操作任务形式，如分为 operation1()、operation2()和 operation3()。为了实现 operation 功能，第一次运行 operation1()，第二次运行 operation2()，第三次运行 operation3()，且在第三次运行的结尾处必须标注"行为终止"信号。部分代码如下：

```java
public class MyThreeStepBehaviour {
    private int state=1;
    private boolean finished=false;

    public void action() {
        switch (state) {
            case 1: {operation1(); state++; break;}
            case 2: {operation2(); state++; break;}
            case 3: {operation3(); state=1;finished=true; break;}
        }
    }
```

```
public boolean done() {
                    return finished;
        }
    }
```

遵从以上代码的编程习惯，智能体行为可以被描述为有限状态机，它们的状态保存在实例变量中。以显式的状态变量处理复杂的智能体行为，有时可能会比较麻烦，所以 JADE 提供了另外一种构造复杂行为的技巧，即用简单行为构造复杂行为的方法。该方法允许使用 Behaviour 子类，根据某些策略构造复杂行为。图 4.10 给出了包含子类的 Behaviour 类目录，它们都存在于 jade.core.behaviour 包中。

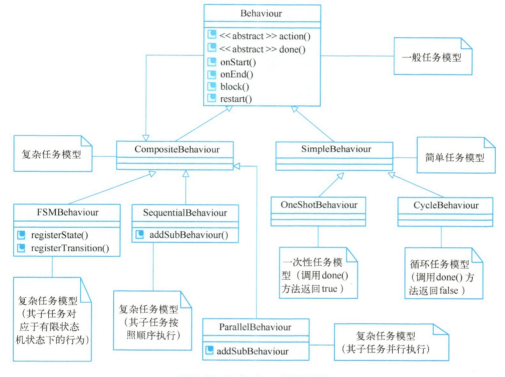

图 4.10　Behaviour 类的目录

4.2.1　一般任务模型

Behaviour 类为建模智能体任务提供了一个抽象的基类，它形成了行为调度和状态转移的基础。

Behaviour 类下的 block()方法阻塞行为对象直到某些事件发生（或某些消息到达）。该方法不会影响智能体的其他行为，从而允许对智能体的多任务进行更细微的控制。Block() 方法把智能体行为放在阻塞行为队列中直到返回 action()。当收到新的消息时所有的阻塞行为都会被重新安排。通过调用 restart()方法可重新启动一个行为。当发生以下情况之一时，阻塞行为可以恢复执行：

1）执行该行为的智能体收到 ACL 消息。

2）由前一个 block()调用的与该行为有关的时间限定随着时间的流逝已失效。

3）该行为以显式的方式调用了 restart()方法。

Behaviour 类还提供了两个占位符方法：onStart()和 onEnd()。其中，onStart()只是一个空的子类的占位符，在执行行为之前只执行一次，因此，它作为此次行为所代表的任务的逻辑序言。onEnd()也是一个空的子类的占位符，在行为结束之后被调用一次，因此，它作为此次行为所代表的任务的结尾。onEnd()方法返回一个 int 值代表行为的终止值。此处特别要注意一点，当智能体完成某个行为并从行为集合（Pool of Agent Behaviours）中移除该行为，此时若想在 onEnd()方法内部通过调用 reset()方法以获取该行为能够被循环执行，是不可行的。若想获得该行为的循环执行，则必须通过 addBehaviour()方法重新向智能体添加该行为，部分代码如下：

```
public int onEnd() {
    reset();
    myAgent.addBehaviour(this);
    return 0;
}
```

4.2.2　简单任务模型

在包 jade.core.behaviours.SimpleBehaviour 中包含四个典型的简单任务：OneShotBehaviour、CyclicBehaviour、TickerBehaviour 和 WakerBehaviour，它们属于原子行为。这些抽象类对单一任务所完成的行为进行建模，其行为过程不能被中断，且都是通过扩展 Behaviour 类而获取的。

（1）OneShotBehaviour

该行为是一次性行为，其 action()方法只能执行一次，且不能被阻塞。该行为的 done()方法总是返回 true。应用程序开发人员可以对此类进行扩展以创建需要一次完成的操作行为。

```
public class MyOneShotBehaviour extends OneShotBehaviour {
    public viod action() {
        //perform operation x (only once)
    }
}
```

（2）CyclicBehaviour

该行为是循环行为，每次调用其 action()方法执行相同的操作。该行为的 done()方法总是返回 false。应用程序开发人员可以对此类进行扩展以创建循环操作行为：

```
public class MyCyclicBehaviour extends CyclicBehaviour {
    public viod action() {
        //perform operation Y (repetitively until terminates)
    }
}
```

【例 4.4】　在主容器内启动一个智能体，并分别为智能体添加一个 CyclicBehaviour 和一个一般行为，在一般行为中包含两个步骤，第一步简单输出一串字符；第二步添加一个 OneShotBehaviour。具体过程如下。

① 实现 Agent 的扩展。在 MyElipse 窗口"New"→"Class"→在弹出的"New Java Class"窗口，输入包名称 Package:behaviour，类名称 Name:SimpleAgent。在代码编辑窗口输入如下代码：

```java
package behaviour;

import jade.core.Agent;
import jade.core.behaviours.Behaviour;
import jade.core.behaviours.CyclicBehaviour;
import jade.core.behaviours.OneShotBehaviour;

public class SimpleAgent extends Agent {

    @Override
    protected void setup() {
        System.out.println("Agent: "+getLocalName()+"started.");

        //Add the CyclicBehaviour
        addBehaviour(new CyclicBehaviour(this){
            public void action(){
            System.out.println("Add cyclic behaviour successfully!");
            }
        });

        //Add the generic behaviour
        addBehaviour(new TwoStepBehaviour());
    }
    private class TwoStepBehaviour extends Behaviour{
        private int step=1;
        public void action(){
            switch(step){
                case 1:
                    System.out.println("This is Operation 1: just printing a String.");

                    break;
                case 2:
                    //Add a OneShotBehaviour
                    System.out.println("This is Operation 2: adding one-shot behaviour");

                    myAgent.addBehaviour(new OneShotBehaviour(myAgent){
                        public void action(){
                            System.out.println("One-shot-behaviour.");
                        }
```

```
                });
                break;
            }
            step++;
        }
        public boolean done(){
            return step==3;
        }
        public int onEnd(){
            myAgent.doDelete();
            return super.onEnd();
        }
    } //End of inner class TwoStep Behaviour
}
```

② 在主容器内注册智能体。在 MyElipse 窗口 "New" → "Class" → 在弹出的 "New Java Class" 窗口，输入包名称 Package:behaviour，类名称 Name:RegisteredAgentInMainContainer。在代码编辑窗口输入如下代码：

```
package behaviour;

import jade.core.Profile;
import jade.core.ProfileImpl;
import jade.core.Runtime;
import jade.util.ExtendedProperties;
import jade.util.leap.Properties;
import jade.wrapper.AgentContainer;
import jade.wrapper.AgentController;
import jade.wrapper.StaleProxyException;

public class RegisteredAgentInMainContainer {
    public static void main(String[] args) {
        try {
            Runtime runtime=Runtime.instance();
            Properties properties=new ExtendedProperties();
            properties.setProperty(Profile.GUI,"true");
            ProfileImpl pc=new ProfileImpl(properties);
            AgentContainer mainContainer=runtime.createMainContainer(pc);
            AgentController agentController=mainContainer.createNewAgent(
                "SimpleAgent1", "behaviour.SimpleAgent", new Object[]{});
            agentController.start();
        } catch (StaleProxyException e) {
            // TODO Auto-generated catch block
            e.printStackTrace();
        }
    }
}
```

③ 编辑运行应用程序 RegisteredAgentInMainContainer。在 MyElipse 的 Console 窗口出现部分信息如下：

```
...
Jan 21, 2018 9:43:47 AM jade.core.AgentContainerImpl
joinPlatform
INFO: - - - - - - - - - - - - - - - - - - - - - - - - - - - - - - - -
Agent container Main-Container@172.16.133.86 is ready.
- - - - - - - - - - - - - - - - - - - - - - - - - - - - - - - - - - -
Agent: SimpleAgent1started.
Add cyclic behaviour successfully!
This is Operation 1: just printing a String.
Add cyclic behaviour successfully!
This is Operation 2: adding one-shot behaviour
```

若想更进一步理解 CyclicBehaviour，读者可以尝试：其一，把 TwoStepBehaviour() 改为 FourStepBehaviour()，并修改相应的内部类代码，然后编辑运行应用程序 RegisteredAgentInMainContainer，查看 Console 窗口信息；其二，注释 SimpleAgent 中的 myAgent.doDelete()代码，编辑运行应用程序 RegisteredAgentInMainContainer，查看 Console 窗口信息。

（3）TickerBehaviour

该行为可以周期性地执行用户定义的一段代码。通过扩展类，重新定义方法 onTick()，使其周期性地执行代码片段。下列代码中 this 表示指向 Agent 的指针，"10000"表示每 10000ms 调用一次 onTick()方法。

```
public class MyAgent extends Agent {
        protected void setup() {
                System.out.println("Adding ticker behaviour");
                addBehaviour(new TickerBehaviour(this,10000){
                        protected viod onTick(){
                            //perform operation y
                        }
                } );
        }
}
```

（4）WakerBehaviour

该行为也属于一次性行为，类似于闹钟，提供唤醒服务，即在超出了给定时间后只执行一次的行为。WakerBehaviour 的所有子类都有指向 Agent 类的保护型变量 myAgent，每个子类必须通过调用 handleElapsedTimeout()方法实现"超时"唤醒功能。具体使用步骤如下：

1）扩展 WakerBehaviour 形成子类，且子类中包含 handleElapsedTimeout()方法。

2）使用 addBehaviour()方法将子类添加到此智能体的行为列表中。

3）handleElapsedTimeout()方法实现超时后执行任务。

下列代码中 this 表示指向 Agent 的指针，"10000"表示必须执行任务的时间（单位为 ms）。

```java
public class MyAgent extends Agent {
    protected void setup() {
        System.out.println("Adding waker behaviour");
        addBehaviour(new WakerBehaviour(this,10000){
            protected viod handleElapsedTimeout(){
                //perform operation z
            }
        } );
    }
}
```

【例 4.5】　承接例 4.4，在非主容器上注册智能体，并为该智能体分别添加 TickerBehaviour 和 WakerBehaviour。

承接例 4.4 步骤①～③。

④ 在 MyElipse 窗口"New"→"Class"→在弹出的"New Java Class"窗口，输入包名称 Package:behaviour，类名称 Name:TimeAgent。在代码编辑窗口输入如下代码：

```java
package behaviour;

import jade.core.Agent;
import jade.core.behaviours.TickerBehaviour;
import jade.core.behaviours.WakerBehaviour;

public class TimeAgent extends Agent{

    @Override
    protected void setup() {
        System.out.println("Agent: "+getLocalName()+"started.");

        //Add the TickerBehaviour(period 1 sec)
        addBehaviour(new TickerBehaviour(this,1000){
            protected void onTick(){
                System.out.println("Agent "+myAgent.getLocalName()+
                                ": tick="+getTickCount());
            }
        });

        //Add the WakerBehaviour (wakeup-time 10 secs)
        addBehaviour(new WakerBehaviour(this,10000){
            protected void handleElapsedTimeout(){
                System.out.println("Agent "+myAgent.getLocalName()+
                                ": It's wakeup.");
                myAgent.doDelete();
```

```
        }
     });
   }
}
```

⑤ 在非主容器内注册智能体。在 MyElipse 窗口 "New" → "Class" → 在弹出的 "New Java Class" 窗口，输入包名称 Package:behaviour，类名称 Name:RegisteredAgentIn-NotMainContainer。在代码编辑窗口输入如下代码：

```java
package behaviour;

import jade.core.ProfileImpl;
import jade.core.Runtime;
import jade.wrapper.AgentContainer;
import jade.wrapper.AgentController;
import jade.wrapper.StaleProxyException;

public class RegisteredAgentInNotMainContainer {
  public static void main(String[] args) {
    try {
        Runtime runtime=Runtime.instance();
        ProfileImpl pc=new ProfileImpl(false);
        pc.setParameter(ProfileImpl.MAIN_HOST,"localhost");
        AgentContainer ac=runtime.createAgentContainer(pc);
        AgentController agentController=ac.createNewAgent
          ("TimeAgent1", "behaviour.TimeAgent", new Object[]{});
        agentController.start();
    } catch (StaleProxyException e) {
        // TODO Auto-generated catch block
        e.printStackTrace();
    }
  }
}
```

⑥ 编辑运行应用程序 RegisteredAgentInNotMainContainer。在 MyElipse 的 Console 窗口出现部分信息如下：

```
...
Jan 21, 2018 11:17:54 AM jade.core.AgentContainerImpl
joinPlatform
INFO: - - - - - - - - - - - - - - - - - - - - - - - - - - - - - - -
Agent container Container-1@172.16.133.86 is ready.
- - - - - - - - - - - - - - - - - - - - - - - - - - - - - - - - - -
Agent: TimeAgent1started.
Agent TimeAgent1: tick=1
Agent TimeAgent1: tick=2
Agent TimeAgent1: tick=3
```

```
Agent TimeAgent1: tick=4
Agent TimeAgent1: tick=5
Agent TimeAgent1: tick=6
Agent TimeAgent1: tick=7
Agent TimeAgent1: tick=8
Agent TimeAgent1: tick=9
Agent TimeAgent1: It's wakeup.
```

4.2.3　复杂任务模型

复杂任务行为，即复合行为。执行此类行为的实际操作不是通过行为本身定义的，而是在其子代内部定义的，复合行为仅根据给定策略进行子级调度。CompositeBehaviour 类（在 JADE 2.2 以前版本中，该类名为 ComplexBehaviour）仅为子进程调度提供了一个通用接口，但是没有定义任何调度策略。这个调度策略必须通过其子类（SequentialBehaviour、ParallelBehaviour 和 FSMBehaviour）进行定义。一个好的编程习惯是只使用 ComplexBehaviour 的子类，除非遇到某些特定子类调度策略，比如 PriorityBasedCompositeBehaviour 类是直接扩展了 CompositeBehaiour，此时不得不使用 CompositeBehaiour。

【例 4.6】　分析以下 CompositeBehaviourAgent 代码，并在主容器中运行，观察 Console 窗口的信息。

```java
package behaviour;

import jade.core.Agent;
import jade.core.behaviours.OneShotBehaviour;
import jade.core.behaviours.SequentialBehaviour;
import jade.core.behaviours.Behaviour;

public class CompositeBehaviourAgent extends Agent {
  class SingleStepBehaviour extends OneShotBehaviour {
    private String myStep;
    public SingleStepBehaviour(Agent a, String step) {
      super(a);
      myStep = step;
    }
    public void action() {
      System.out.println("Agent: "+getName()+": Step "+myStep);
    }
  }

  protected void setup() {
    SequentialBehaviour myBehaviour1 =new SequentialBehaviour(this) {
      public int onEnd() {
        reset();
        return super.onEnd();
      }
```

```
    };
    SequentialBehaviour myBehaviour2 =new SequentialBehaviour(this);
    SequentialBehaviour myBehaviour2_1 =new SequentialBehaviour(this);
    SequentialBehaviour myBehaviour2_2 =new SequentialBehaviour(this);

    myBehaviour2_1.addSubBehaviour(new SingleStepBehaviour(this,"2.1.1"));
    myBehaviour2_1.addSubBehaviour(new SingleStepBehaviour(this,"2.1.2"));
    myBehaviour2_1.addSubBehaviour(new SingleStepBehaviour(this,"2.1.3"));
    myBehaviour2_2.addSubBehaviour(new SingleStepBehaviour(this,"2.2.1"));
    myBehaviour2_2.addSubBehaviour(new SingleStepBehaviour(this,"2.2.2"));

    Behaviour b = new SingleStepBehaviour(this, "2.2.3");

    myBehaviour2_2.addSubBehaviour(b);
    myBehaviour1.addSubBehaviour(new SingleStepBehaviour(this, "1.1"));
    myBehaviour1.addSubBehaviour(new SingleStepBehaviour(this, "1.2"));
    myBehaviour1.addSubBehaviour(new SingleStepBehaviour(this, "1.3"));
    myBehaviour2.addSubBehaviour(myBehaviour2_1);
    myBehaviour2.addSubBehaviour(myBehaviour2_2);
    myBehaviour2.addSubBehaviour(new SingleStepBehaviour(this, "2.3"));
    myBehaviour2.addSubBehaviour(new SingleStepBehaviour(this, "2.4"));
    myBehaviour2.addSubBehaviour(new SingleStepBehaviour(this, "2.5"));
    addBehaviour(myBehaviour1);
    addBehaviour(myBehaviour2);
  }
}
```

Console 窗口显示的信息如下。从这些信息中可以发现 SequentialBehaviour 顺序执行各个子行为，直到所有子行为全部被执行，行为才终止。

```
...
Jan 21, 2018 10:35:08 PM jade.core.AgentContainerImpl joinPlatform
INFO: - - - - - - - - - - - - - - - - - - - - - - - - - - - - - - - -
Agent container Main-Container@172.16.133.86 is ready.
- - - - - - - - - - - - - - - - - - - - - - - - - - - - - - - -
Agent: CompAgent1@172.16.133.86:1099/JADE: Step 1.1
Agent: CompAgent1@172.16.133.86:1099/JADE: Step 2.1.1
Agent: CompAgent1@172.16.133.86:1099/JADE: Step 1.2
Agent: CompAgent1@172.16.133.86:1099/JADE: Step 2.1.2
Agent: CompAgent1@172.16.133.86:1099/JADE: Step 1.3
Agent: CompAgent1@172.16.133.86:1099/JADE: Step 2.1.3
Agent: CompAgent1@172.16.133.86:1099/JADE: Step 2.2.1
Agent: CompAgent1@172.16.133.86:1099/JADE: Step 2.2.2
Agent: CompAgent1@172.16.133.86:1099/JADE: Step 2.2.3
Agent: CompAgent1@172.16.133.86:1099/JADE: Step 2.3
Agent: CompAgent1@172.16.133.86:1099/JADE: Step 2.4
Agent: CompAgent1@172.16.133.86:1099/JADE: Step 2.5
```

（1）SequentialBehaviour

该行为是顺序行为，策略是顺序执行 CompositeBehaviour 的子行为，当所有子行为完成时，SequentialBehaviour 行为终止。使用 SequentialBehaviour 可以将一个复杂任务表示为一系列的原子步骤，如做一些计算，然后接收一条消息，再做一些计算等。

（2）ParallelBehaviour

该行为是并行行为，策略是可以同时执行 CompositeBehaviour 的子行为，并在满足其子行为的特定条件时 ParallelBehaviour 行为终止。终止条件可能为下列条件之一：

1）当所有的子任务都完成时。

2）当任何一个子任务完成时。

3）当任意 n 个子任务完成时。

当一个复杂任务可以被表示为并行替代操作的集合时，使用 ParallelBehaviour 类，必须指定在其子任务上的某种终止条件。

（3）FSMBehaviour

该行为是有限状态机（Finite State Machine，FSM）行为，策略是根据用户定义的 FSM 执行 CompositeBehaviour 的子行为。每个子行为代表 FSM 中的一个状态，FSMBehaviour 类提供了状态（子行为）注册和转移的方法，这些方法定义了如何安排子行为。

可采用以下步骤正确定义 FSMBehaviour：

1）调用 registerFirstState()方法注册单个 Behaviour 作为 FSM 的初始状态。

2）调用 registerLastState()方法注册一个或多个 Behaviour 作为 FSM 的最终状态。

3）调用 registerState()方法注册一个或多个 Behaviour 作为 FSM 的中间状态。

4）对于 FSM 的每个状态，都要调用 registerTransition()方法注册该状态向其他状态的转移。

5）特别强调 registerDefaultTransition()方法，在 FSM 中注册一个默认转换，定义 FSMBehaviour 子进程策略。

```
public static void registerDefaultTransition(java.lang.String s1,
                                             java.lang.String s2,
                                             java.lang.String[]toBeReset)
```

其中，s1 为转移开始的状态；s2 为转移到达的状态；toBeReset 是字符串数组，当某一状态有多重转移的可能时，toBeReset 参数为其指明了具体方向。

对于 registerDefaultTranstion，当状态 s1 终止时，这个转移将被触发，但该事件并不明确地指出与哪个转换相关。当这个转换被触发时，toBeReset 参数中指示的状态起作用。该方法对导致多分支的状态转换特别有用。

【例 4.7】　分析如下 FSMAgent 代码，并在主容器内启动 FSMAgent，观察其输出信息，可以发现，每次运行所显示的信息有所不同。

```
package behaviour;

import jade.core.Agent;
import jade.core.behaviours.FSMBehaviour;
```

```java
import jade.core.behaviours.OneShotBehaviour;

public class FSMAgent extends Agent{
  //State names
  private static final String STATE_A="A";
  private static final String STATE_B="B";
  private static final String STATE_C="C";
  private static final String STATE_D="D";
  private static final String STATE_E="E";
  private static final String STATE_F="F";

  @Override
  protected void setup() {
      FSMBehaviour fsm=new FSMBehaviour(this){
        public int onEnd(){
            System.out.println("FSM behaviour completed.");
            myAgent.doDelete();
            return super.onEnd();
        }
      };

      //Register state A (first state)
      fsm.registerFirstState(new NamePrinter(), STATE_A);
      //Register state B
      fsm.registerState(new NamePrinter(), STATE_B);
      //Register state C
      fsm.registerState(new RandomGenerator(3), STATE_C);
      //Register state D
      fsm.registerState(new NamePrinter(), STATE_D);
      //Register state E
      fsm.registerState(new RandomGenerator(4), STATE_E);
      //Register state F (final state)
      fsm.registerLastState(new NamePrinter(),STATE_F);

      //Register the transitions
      fsm.registerDefaultTransition(STATE_A,STATE_B);
      fsm.registerDefaultTransition(STATE_B,STATE_C);
      fsm.registerTransition(STATE_C, STATE_C, 0);
      fsm.registerTransition(STATE_C, STATE_D, 1);
      fsm.registerTransition(STATE_C, STATE_A, 2);
      fsm.registerDefaultTransition(STATE_D, STATE_E);
      fsm.registerTransition(STATE_E, STATE_F, 3);
      fsm.registerDefaultTransition(STATE_E, STATE_B);

      addBehaviour(fsm);
  }
```

```
//Inner class NamePrinter.Just prints its name
private class NamePrinter extends OneShotBehaviour{

    @Override
    public void action() {
      System.out.println("Executing behaviour: "+getBehaviourName());
    }
}
/*Inner class RandomGenerator:
 * prints its name and exits with a random value
 * betreen 0 and a given integer value
 */
private class RandomGenerator extends NamePrinter{
    private int maxExitValue;
    private int exitValue;
    private RandomGenerator(int max){
      super();
      maxExitValue=max;
    }
    @Override
    public void action() {
      System.out.println("Executing behaviour: "+getBehaviourName());
      exitValue=(int)(Math.random()*maxExitValue);
      System.out.println("Exit value is"+exitValue);
    }
    @Override
    public int onEnd() {
      return exitValue;
    }
  }
}
```

　　每次运行 FSMAgent，在 Console 窗口都产生不同的输出，分析原因主要是 RandomGenerator 定义的类的内部使用了随机数 exitValue 引起。尽管随机数引起输出的过程信息不一致，但是，可以肯定的是 FSMAgent 每次运行结束之前，Console 窗口会输出如下信息，这主要是由 FSMBehaviour 注册的状态转换和终止条件决定的。

```
...
Executing behaviour: C
Exit value is1
Executing behaviour: D
Executing behaviour: E
Exit value is3
Executing behaviour: F
FSM behaviour completed.
```

图 4.11 给出了本例中 FSMAgent 的状态转换过程。

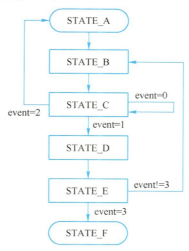

图 4.11　FSMAgent 状态转换过程

4.3　智能体之间通信

JADE 智能体提供的最重要的功能之一就是通信能力，通信范式采用异步消息传递（Asynchronous Message Passing），如图 4.12 所示。每个智能体都有一个邮箱（智能体消息队列），当 JADE 运行时，来自其他智能体的消息放入这个邮箱中，并通知邮箱的所有者：消息被放入了它的邮箱。至于什么时候从消息队列中取出并处理这条消息完全取决于程序开发人员。

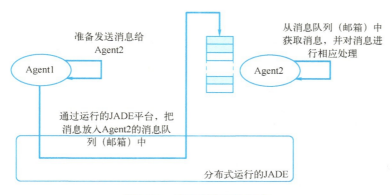

图 4.12　异步消息传输范式

JADE 智能体的消息结构遵循 FIPA ACL 规范，本书 2.2.6 节做了相关介绍。关于 FIPA ACL 更详细的信息可通过 FIPA 网站获得。

4.3.1　发送/接收消息

JADE 智能体发送消息要创建一个 ACLMessage 对象，用适当的值填充其属性，最后调用 send()方法。以下代码实现向"Xiaopi"发送"Today it's raining"。

```
ACLMessage msg=new ACLMessage(ACLMessage.INFORM);
msg.addReceiver(new AID("Xiaopi",AID.ISLOCALNAME));
msg.setLanguage("English");
msg.setOntology("Weather-forecast-ontology");
msg.setContent("Today it's raining");
send(msg);
```

智能体调用 receive()方法接收消息。以下代码返回消息队列中的第一条消息，如果消息队列为空则返回"null"。

```
ACLMessage msg=receive();
if (msg!=null){
   //Process the message
}
```

发送或接收消息也可以作为独立的智能体行为，而其任务队列添加了 ReceiveBehaviour 和 SendBehaviour。ACLMessage 的所有属性都可以通过 set/get<Attribute>()方法被访问。以下 OfferRequestsServer 在智能体内部定义了一个类，用来响应收到的消息，首先提取消息内容 msg.getContent();然后处理消息，即判断其出价是否大于或等于指定价格 PreCon，并做出是否成交的消息回复。

```
private class OfferRequestsServer extends CyclicBehaviour {
    public void action(){
        ACLMessage msg=myAgent.receive();
        if (msg!=null){
            //Message received.Process it.
            String title=msg.getContent();
            ACLMessage reply=msg.createReply();
            Integer price=(Integer)catalogue.get(title);
            if (price>=PreCon)
                //The request is available.Reply with the price
                reply.setPerformative(ACLMessage.PROPOSE);
                reply.setContent(String.valueOf(price.intValue()));
            }
            else{
                //The request is NOT available
                reply.setPerformative(ACLMessage.REFUSE);
                reply.setContent("not-available");
            }
            myAgent.send(reply);
        }
    }
}//End of inner class OfferRequestsServer
```

以上代码扩展了 CyclicBehaviour 类，这意味着拥有 OfferRequestsServer 的智能体会不断地调用 action()方法并处理相应的消息，这样的连续循环的线程势必会造成 CPU 的浪费。一个有效的解决方案是，当有新的消息出现时才提取并处理消息。以下代码格式可实现这个方案：

```java
public void action(){
      ACLMessage msg=myAgent.receive();
      if (msg!=null){
          //Message received.Process it.
           ...
      }
      else{
          block();
      }
}
```

此外，JADE 还提供了 blockingReceive()方法，即阻塞行为以等待消息。该方法实际上是阻塞了拥有该方法的智能体所在的 Java 线程。如果在 behaviour 内部调用了该方法，它将阻塞该智能体的其他所有行为，直到返回 blockingReceive()。因此建议 blockingReceive()结合 setup()和 takeDown()方法一起使用；receive()结合 Behaviour.block()使用。

4.3.2　消息模板

智能体在通信过程中，总是选择自己感兴趣的消息进行处理，因此，智能体在从消息队列中获取消息时，必须对消息进行过滤。JADE 提供了消息模板（Message Template）类，将消息模板作为参数来过滤消息。该类允许程序开发人员在 receive()操作中，构建复杂的插槽模式（Slot Patterns）来选择 ACL 消息。消息模板类为 ACLMessage 的每个属性都提供了一个方法，该方法与逻辑运算符组合使用可以构成更复杂的消息匹配参数。程序开发人员也可以通过实现 MathchExpression 接口，编写与其应用领域相关的 math()方法，来自定义匹配模式。

【例 4.8】　自定义消息模板，提取消息类型声明（performative）为"REQUEST"且消息本体以"X"开头的消息，并输出消息的各个属性及参数信息。

具体实现步骤如下：

① 实现智能体的扩展。在 MyElipse 窗口"New"→"Class"→在弹出的"New Java Class"窗口，输入包名称 Package:message，类名称 Name:CustomTemplate。在智能体内部创建自定义的消息模板，提取满足匹配条件的消息。

在代码编辑窗口输入如下代码：

```java
package message;

import jade.core.Agent;
import jade.core.behaviours.CyclicBehaviour;
import jade.lang.acl.ACLMessage;
import jade.lang.acl.MessageTemplate;
```

```
public class CustomTemplateAgent extends Agent {

    private class MatchXOntology implements MessageTemplate.MatchExpression {

        public boolean match(ACLMessage msg) {
            String ontology = msg.getOntology();
            return (ontology != null && ontology.startsWith( "X"));
        }
    } // END of inner class MatchXOntology

    private MessageTemplate template = MessageTemplate.and(
            MessageTemplate.MatchPerformative(ACLMessage.REQUEST),
            new MessageTemplate(new MatchXOntology()));

    protected void setup() {
        System.out.println("Agent "+getLocalName()+" is ready.");

        addBehaviour(new CyclicBehaviour(this) {
          public void action() {
              ACLMessage msg = myAgent.receive(template);
              if (msg != null) {
                System.out.println("Message  matching  custom  template
received:");

                System.out.println(msg);
              }
              else {
                  block();
              }
          }
        } );
    }
}
```

② 在主容器内注册智能体。在 MyElipse 窗口"New"→"Class"→在弹出的"New Java Class"窗口，输入包名称 Package:message，类名称 Name:RegisteredAgentInMain-Container。在代码编辑窗口编辑代码，只需在例 4.4 步骤②的代码基础上做适当修改：

```
AgentController agentController=mainContainer.createNewAgent("CTA1",
                "message.CustomTemplateAgent",new Object[]{});
```

编辑并运行，开启 RMA GUI 窗口，并在主容器内注册了昵称为 CTA1 的一个智能体。

③ 向 CTA1 发送消息。在 RMA GUI 窗口，右键单击"CTA1@172.16..."，在弹出的对话框中选择"Send Message"，如图 4.13 所示。开启"ACL Message"窗口，编辑 ACL 消息如图 4.14 所示，单击"OK"，完成消息发送操作。

rma@172.16.134.117:1099/JADE - JADE Remote...
File Actions Tools Remote Platforms Help
AgentPlatforms
"172.16.134.117:1099/JADE"
Main-Container
CTA1@172.16.134.117:1099/
ams@172.16.134.11
df@172.16.134.117:
rma@172.16.134.11
Suspend
Resume
Kill
Migrate Agent
Clone Agent
Save Agent
Freeze Agent
Send Message

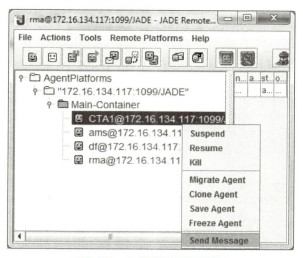

图 4.13　向智能体发送消息

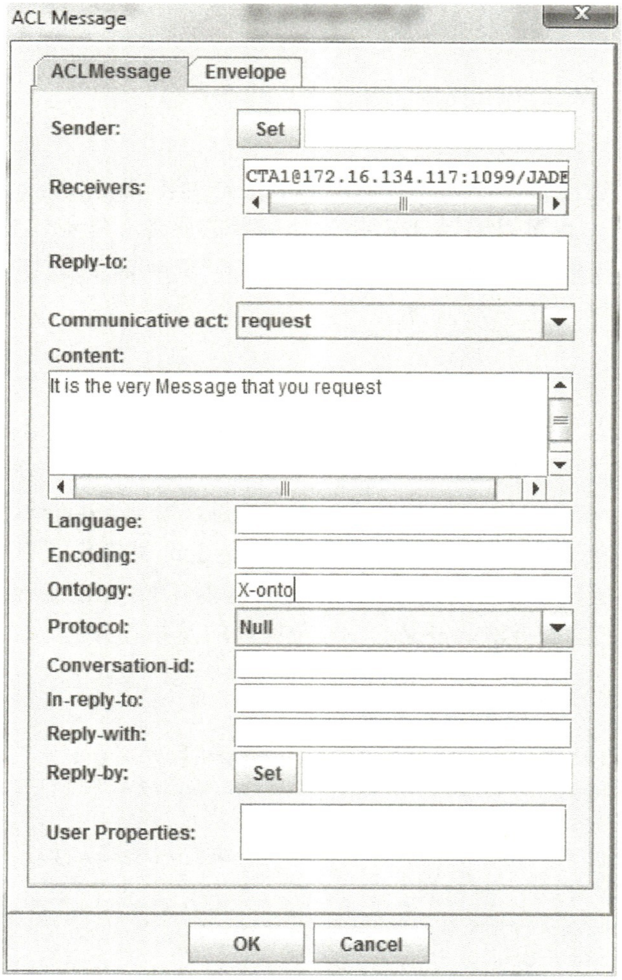

ACL Message
ACLMessage
Envelope
Sender:
Set
Receivers:
CTA1@172.16.134.117:1099/JADE
Reply-to:
Communicative act:
request
Content:
It is the very Message that you request
Language:
Encoding:
Ontology:
X-onto
Protocol:
Null
Conversation-id:
In-reply-to:
Reply-with:
Reply-by:
Set
User Properties:
OK
Cancel

图 4.14　编辑 ACL 消息

此时，在 MyEclipse 的 Console 窗口输出的部分信息如下：

```
...
Jan 23, 2018 10:32:05 AM jade.core.AgentContainerImpl joinPlatform
INFO: - - - - - - - - - - - - - - - - - - - - - - - - - - - - - - - - -
Agent container Main-Container@172.16.134.117 is ready.
- - - - - - - - - - - - - - - - - - - - - - - - - - - - - - - - - - - -
Agent CTA1 is ready.
Message matching custom template received:
(REQUEST
 :sender (agent-identifier :name rma@172.16.134.117:1099/JADE
            :addresses(sequence http://F1CMF42.stf.nus.edu.sg:7778/acc))
 :receiver (set (agent-identifier :name CTA1@172.16.134.117:1099/ JADE))
 :content "It is the very Message that you request"
 :ontology X-onto)
```

从显示的信息可以看出，CTA1 捕获了以"X"开头的"REQUEST"消息。可以尝试编辑其他 ACL 消息，观察 Console 窗口输出的消息。

4.4　黄页服务

JADE 通过 DF 智能体向 AP 平台的所有智能体提供黄页服务。智能体可以通过 DF 发布一个或多个服务，也可以通过 DF 搜索所需要的服务。智能体和 DF 智能体之间通过交换 ACL 消息实现交互。JADE 的 jade.domain.DFService 类提供了发布服务和搜索服务的方法。

4.4.1　发布服务

智能体发布服务时，必须向 DF 提供相关消息，包括 AID、消息语言和本体列表、服务列表，以及其他智能体需要了解的能够与其进行交互的信息等。对于发布的每条服务要提供关于服务的 type、service name、languages 和 ontologies 等信息。包 jade.domain.FIPAAgentManagement 中的 Property、DFAgentDescription 和 ServiceDescription 类提供了以上服务相关信息的表达。为了发布服务，智能体必须创建适当的描述（作为 DFAgentDescription 类的实例），并调用 DFService 类中的静态方法 register()。一个简单的发布服务代码如下：

```
protected void setup() {
  ...
  //Register the ***service in the yellow pages
  DFAgentDescription dfd=new DFAgentDescription();
  dfd.setName(getAID());
  ServiceDescription sd=new ServiceDescription();
  sd.setType(" - - - - ");
  sd.setName("+++++");
  dfd.addService(sd);
  try {
```

```
        DFService.register(this,dfd);
    }
    catch (FIPAException fe) {
        fe.printStackTrace();
    }
    ...
}
```

当智能体终止时，可通过以下代码撤销其发布的服务。

```
protected void takeDown() {
    ...
    //Deregister from the yellow pages
    try {
        DFService.deregister(this);
    }
    catch (FIPAException fe) {
        fe.printStackTrace();
    }
    //Close the GUI
    myGui.dispose();
    //Printout a dismissal message
    System.out.println("Agent:"+getAID().getName()+"terminating");
}
```

4.4.2　搜索服务

智能体搜索所需的服务，必须向 DF 提供模板描述，搜索的结果是与所提供模板相匹配的所有描述的列表。Jade.domain.DFService 提供了一组静态方法来实现标准 FIPA DF 之间的通信。

【例 4.9】　在光伏和储能电池组成的微网中，光伏智能体根据当前天气条件向 DF 发布服务（如提供功率："power-providing"）；储能智能体根据自身 SOC 状态向 DF 发布服务（如提供功率："power-providing" 或需求功率："power-demanding"），要求编辑代码完成光伏智能体和储能智能体发布服务功能，并实现当储能智能体有 "power-demanding" 需求时，通过搜索服务为其找到能够提供 "power-providing" 的光伏智能体列表。（本例中忽略光伏和储能电池的其他特性，只关注其发布与搜索服务）。

具体步骤如下。

① 扩展 Agent 类建立光伏智能体。代码如下：

```
package energy.coordination;

import jade.core.Agent;
import jade.core.behaviours.*;
import jade.domain.FIPAAgentManagement.DFAgentDescription;
import jade.domain.FIPAAgentManagement.ServiceDescription;
```

```
import jade.domain.DFService;
import jade.domain.FIPAException;
import jade.lang.acl.ACLMessage;
import jade.lang.acl.MessageTemplate;

public class PhotovoltaicAgent extends Agent {

    protected void setup() {
        System.out.println("Agent: "+getName()+"starts!");

        // Register the power-providing service in the yellow pages
        DFAgentDescription dfd=new DFAgentDescription();
        dfd.setName(getAID());
        ServiceDescription sd=new ServiceDescription();
        sd.setType("power-providing");
        sd.setName("PhotovoltaicAgent");
        dfd.addServices(sd);
        try {
            DFService.register(this,dfd);
        } catch (Exception e) {
            e.printStackTrace();
        }
    }
    protected void takeDown() {
        // Deregister from the yellow pages
        try {
            DFService.deregister(this);
        } catch (FIPAException e) {
            // TODO Auto-generated catch block
            e.printStackTrace();
        }
    }
}
```

② 扩展 Agent 类建立储能智能体。代码如下:

```
package energy.coordination;

import jade.core.AID;
import jade.core.Agent;
import jade.core.behaviours.TickerBehaviour;
import jade.domain.DFService;
import jade.domain.FIPAException;
import jade.domain.FIPAAgentManagement.DFAgentDescription;
import jade.domain.FIPAAgentManagement.ServiceDescription;
```

```java
public class BatteryAgent extends Agent {

    private double soc;
    private AID[] photovoltaicAgents;
    @Override
    protected void setup() {
        System.out.println(" Agent: "+getName()+"starts!");
        //Get the SOC of the battery. Make a decision whether or not to
charge.
        Object [] args=getArguments();
        if (args !=null && args.length==1) {
            soc=Double.valueOf((String)args[0]);
            System.out.println("The value of SOC for this Battery Agent:
"+soc);

            if (soc>=0 && soc<=0.5){
                System.out.println("Ready to charge!!");
                //Add a TickerBehaviour that schedules a request to
pohtovolatic
                //agent every 30 secs
                addBehaviour(new TickerBehaviour(this,30000){

                    @Override
                    protected void onTick() {
                        DFAgentDescription template=new DFAgentDescription();
                        ServiceDescription sd=new ServiceDescription();
                        sd.setType("power-providing");
                        sd.setName("PhotovoltaicAgent");
                        template.addServices(sd);
                        try {
                            DFAgentDescription [] result=DFServices.earch(myAgent,
                                                               template);
                            System.out.println("There are "+result.length+ "agents
                                             match the request!");
                            System.out.println("Found the following photovoltaic
agents:)";

                                photovoltaicAgents=new AID[result.length];
                            for (int i=0;i<result.length;i++) {
                                photovoltaicAgents[i]=result[i].getName();
                                System.out.println(photovoltaicAgents[i].getName());
                            }
                        } catch (FIPAException e) {
                            e.printStackTrace();
                        }
                    }
                });
            }
```

```
        else{
            System.out.println("There is no battery need to charge!");
            //doDelete();
        }
    }
    else{
        System.out.println("The paramters do not match! ");
    }
  }
}
```

③ 运行主容器。运行 CMD，更换当前目录至第①、②步骤建立的 BatteryAgent.java 和 PhotovoltaicAgent.java 所在的目录；输入"javac -d. *.java"命令编译".java"文件；输入命令"java jade.Boot -gui"启动主容器。

④ 在非主容器内启动两个光伏智能体。开启另一个 CMD 窗口，更换目录至与步骤③相同，命令行输入命令：

```
    java jade.Boot - host localhost - container PV1:energy.coordination.
PhotovoltaicAgent;
    PV2:energy.coordination.PhotovoltaicAgent; Bat1:energy.coordination.
BatteryAgent(0.2)
```

此时系统结构如图 4.15 所示。

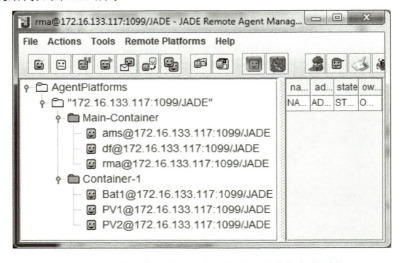

图 4.15　包含两个光伏和一个储能单元的多智能体系统

在 CMD 窗口输出的部分信息如下：

```
...
Jan 24, 2018 8:38:43 PM jade.core.AgentContainerImpl joinPlatform
INFO: - - - - - - - - - - - - - - - - - - - - - - - - - - - - - - - - - - -
Agent container Container - 3@172.16.133.117 is ready.
- - - - - - - - - - - - - - - - - - - - - - - - - - - - - - - - - - - - - -
```

```
Agent: Bat1@172.16.133.117:1099/JADEstarts!
The value of SOC for this Battery Agent: 0.2
Ready to charge!!
There are 2agents match the request!
Found the following photovoltaic agents:
PV2@172.16.133.117:1099/JADE
PV1@172.16.133.117:1099/JADE
```

从输出的信息可以看到 Bat1 实现了信息的搜索。

4.5　本章小结

JADE 是一个完整的 Java 工具。只需创建若干个类，实现若干个接口即可建立一个基于 JADE 的多智能体系统。JADE 还提供了以 CMD 方式控制智能体线程的方法，通过在命令行输入"java jade.Boot …"，实现 JADE 智能体生命周期的控制。同时，本章给出了 MyEclipse 编辑代码控制智能体启动、终止，添加智能体任务，实现智能体之间传递消息，以及 AP 平台 DF 提供的黄页服务等功能。尤其在多智能体系统体系结构部署方面，结合了示例说明系统构建过程。学习本章对建立基于 JADE 的多智能体系统框架结构十分有益。

第 5 章　强 化 学 习

强化学习，又称增强学习（Reinforcement Learning），是一种通过不断试错，并根据环境反馈来调整智能体策略的优化方法。当新能源系统中的电源数量、用电设备不多时，可以采用本章所述的单智能体强化学习方法，对储能系统进行合理调度，优化电经济性和满意度。智能体（Agent）是一个抽象的概念，泛指装备了各种传感器，能够感知自身状态和外部环境状态，并根据当前状态和自己的策略选择动作的物体（通常是指控制器）。策略是一个从状态集到动作集的映射，给定一个状态，根据策略可以查找到应该采取哪一个明确的动作，或者得到选择各个动作的概率。强化学习要解决的是这样的问题：怎样通过学习让智能体获得最优策略，也就是在每个状态下都能够选择最优动作。很多控制和决策问题可以归为这一类问题，比如，交通信号控制器应当如何根据实时交通状况选择相位切换，棋类 AI 如何根据当前局面选择最优落子（如果真的存在最优落子）。

强化学习区别于有监督学习方法的一个重要特点在于，它不通过含有标记（Label）的大量正确样本进行学习，而是通过环境或施教者对其行为进行的奖惩来调整自己的策略。当智能体在其环境中做出每个动作时，施教者会提供奖励或惩罚信息（在某些系统中要观察到动作产生的影响，有时需要等待数十秒，然后才会给出奖惩信息），以表示结果状态的正确与否。例如，在训练智能体进行棋类对弈时，因为事先并不知道应该如何走棋，所以直到棋局结束时，施教者才能给出奖惩信息。可以在游戏胜利时给出正回报，而在游戏失败时给出负回报，其他时候为零回报。回报是一个数值，可以在胜利时设置回报为 1，失败时设置为-1，平局时设置为 0。智能体的任务就是从这个非直接的、有延迟的回报中学习，以便后续的动作产生最大的累积回报。本章将介绍常见的强化学习算法，包括 Q 学习和资格迹，它们可从有延迟的回报中获取最优控制策略，即使智能体没有有关其动作会对环境产生怎样的效果的先验知识。除此之外，本章还将提供两个应用案例，将强化学习分别应用于五子棋 AI 设计和城市单交叉口交通信号优化控制。

5.1　强化学习算法

本节先介绍强化学习的三要素及相关的重要概念，给出强化学习任务的精确数学描述，介绍经典的强化学习算法——Q 学习。按照确定性回报函数和确定性策略、非确定性回报函数和非确定性策略这两种情形分别对 Q 学习进行讨论，并给出一个 Q 学习的算例，之后简单介绍一种加速学习的方法——资格迹法，最后简单介绍如何使用状态逼近技术解决连续状态空间和连续动作空间问题中的 Q 学习。

5.1.1　概述

强化学习最基本的概念是三要素：状态集 S、动作集 A 和回报函数 r。状态集包含了智能体用于决策的所有状态（State），由状态变量的所有取值组成。状态变量可以是连续的，如位置、速度等，也可以是离散的，如五子棋棋盘中每一个位置的落子状态——白子、黑子或空。动作集 A 包含了智能体所有可行动作（Action），动作可以是连续的变量，如所施加的力、电流或电压大小，也可以是离散变量，如机器人选择向前、向后、向左或向右四个方向移动。回报函数 r，有时被称为立即回报（Immediate Reward），是一个 $S \times A \to R$ 的映射，表示在状态 s 下，执行了动作 a 之后，获得的单步收益是多少，R 是实数集。有些文献中，会把 r 看作 $S \times A \times S \to R$ 到实数集的映射，表示在状态 s 下，执行了动作 a，并且转移到状态 s' 时，获得的单步收益是多少。第二种回报函数的定义方式把转移到的状态 s' 也作为影响收益的因素。回报函数是影响可以依据先验知识进行设计，也可以通过学习的方式自动获得。

强化学习适用于解决的问题必须具备马尔可夫性，具备马尔可夫性的决策过程被称为马尔可夫决策过程（Markov Decision Process，MDP）。马尔可夫性是指智能体在当前时刻 t 处于状态 s_t 的概率仅依赖于上一时间步的状态 s_{t-1} 和选择的动作 a_{t-1}，与 s_{t-2}，a_{t-2}，$\cdots$，s_0，a_0 无关。条件概率 $P(s'|s,a)$ 被称为状态转移函数（State Transition Function），是一个 $S \times A \to S$ 的映射，表示智能体处于状态 s，并且执行了动作 a 之后，到达状态 s' 的概率。如果对于任意 s、a 来说，到达一个状态的概率为 1，到达其他状态的概率为 0，则该马尔可夫决策过程是一个确定性过程，如果到达两个以上状态的概率大于 0 且小于 1，那么这是一个不确定性过程。强化学习的任务是获得一个策略（Policy），策略是一个 $S \times A \to [0,1]$ 的映射，$\pi(s,a)$ 表示在状态 s 下，选择动作 a 的概率。如果每次选择某个动作的概率为 1，选择其他动作的概率为 0，那么该策略被称为确定性策略，此时智能体的行为是确定性的。如果每次选择某个动作的概率是一个 $(0,1)$ 之间的数，那么该策略被称为非确定性策略，此时智能体的行为是非确定性的。选择学习何种策略取决于要解决的实际问题。

考虑建造一个可学习如何走迷宫的机器人，需要从起点开始，绕过障碍物，以最短距离到达目的地。该机器人（或智能体）传感器可以观察其环境的状态并能做出一组动作改变这些状态。例如，移动机器人具有镜头和声呐等传感器，并可以做出向前、向后、向左、向右四种动作。成功移动后会移动一格，当碰到边界或障碍物后，会待在原地不动。在这个问题中，状态集由这个方格世界所描述的迷宫中的每一个小方格编号组成，机器人所在方格的编号就是状态。回报函数由施教者提供，机器人每次移动后，若没有到达目的地，则给予零回报，如果到达目的地，则给予 10 的回报。这个回报函数可内嵌在机器人中；或者只有外部施教者知道。机器人从初始状态到达目的地，被称为经历了一个情节（Episode）。学习的任务是让机器人进行多个情节的学习，获得一个控制策略，以选择能达到目的行为。例如，此机器人的任务是以最短距离到达目的地。机器人的任务是执行一系列动作，观察其后果，再学习控制策略，我们希望的控制策略是能够从任何初始状态选择恰当的动作，使智能体随时间的累积获得的回报达到最大。这个机器人学习问题的一般框架在图 5.1 中概要列出。学习目标是使下式所表述的累积回报最大化：

$$R = r_0 + \gamma r_1 + \gamma^2 r_2 + \cdots, \quad 0 \leqslant \gamma < 1$$

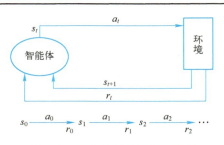

图 5.1　强化学习的原理示意图

从图 5.1 中可清楚地看到，学习控制策略以使累积回报最大化这个问题非常普遍，它覆盖了机器人学习任务以外的许多问题。一般来说，此问题是一个通过学习来控制序列过程的问题。我们感兴趣的问题类型是智能体需要通过学习和选择动作来改变环境状态，其中使用了一个累积回报函数来定义任意动作序列的质量。在此类问题中，考虑几种特殊的情形，包括：动作是否具有确定性的输出；智能体是否有其动作对环境的效果的先验知识。

学习控制策略以选择动作的问题在某种程度上类似于函数逼近问题。这里待学习的目标函数是控制策略 $\pi: S \rightarrow A$。它在给定当前状态 S 集合中的 s 时，从集合 A 中输出一个合适的动作 a。然而，强化学习问题与其他的函数逼近问题有两个重要不同：

1）延迟（Delayed）。智能体的任务是学习一个目标函数 π。它把当前状态 s 映射到最优动作 $a=\pi(s)$。在前面章节中，总是假定在学习 π 这样的目标函数时，每个训练样例是序偶的形式 $<s,\pi(s)>$。然而在强化学习中，训练信息不能以这种形式得到。相反，施教者只在智能体执行其序列动作时提供一个回报值，因此智能体面临一个时间信用分配（Temporal Credit Assignment）的问题：确定最终回报的生成应归功于其序列中哪一个动作。

2）探索（Exploration）。在强化学习中，智能体通过其选择的动作序列影响训练样例的分布。这产生了一个问题：哪种实验策略可产生最有效的学习。学习器面临的是一个权衡探索—利用的过程：是选择探索未知的状态和动作（收集新信息），还是选择利用它已经学习过、会产生高回报的状态和动作（使累积回报最大化）。权衡的方法会在 5.3 节介绍。

5.1.2　学习任务

在本节中，把学习序列控制策略的问题更精确地形式化，5.1.1 节中基于马尔可夫决策过程定义该问题的一般形式。这种问题形式遵循图 5.1 示例的问题。本章中只考虑 S 和 A 为有限的情形。一般来说，回报函数和状态转移函数可为非确定性函数，后续讨论中先从确定性的情形开始。

智能体的学习任务是学习一个策略 π，使得智能体从任意状态 s 开始，按照策略 π 选择动作，在一定时间内获得的累积回报最大（如果回报函数和状态转移函数为非确定性函数，那么学习任务是使累积回报的期望最大）。首先介绍第一种累积回报，被称为折算累积回报，其定义如下：

$$V^{\pi}(s_t) \equiv r_t + \gamma r_{t+1} + \gamma^2 r_{t+2} + \cdots = \sum_{i=0}^{\infty} \gamma^i r_{t+i} \tag{5.1}$$

其中，r_t 代表 t 时刻获得的立即回报，回报序列 r_{t+i} 的生成是通过由状态 s_t 开始并重复

使用策略 π 来选择上述的动作（$a_t = \pi(s_t)$，$a_{t+1} = \pi(s_{t+1})$ 等）。$0 \leqslant \gamma < 1$ 为一常量，被称为折扣因子。它确定了未来回报与当前回报的相对重要性。如果设置 $\gamma = 0$，那么只考虑立即回报。把未来的回报相对于立即回报进行折算是合理的，因为在许多情况下，我们希望获得更快的回报，或者说，我们认为眼前的利益更为重要。

由式（5.1）定义的量 $V^\pi(s)$ 常被称为由策略 π 从初始状态 s 获得的折算累积回报（Discounted Cumulative Reward）。在有些情况下，一个决策过程从开始到结束在有限时间内，如机器人走迷宫问题，一旦机器人到达目的地，就到达了吸收态，这时决策过程结束，这个过程所用的时间步长一般都是有限的。而即使决策过程是一个无限水平过程，在应用时通常只会最大化某段时间内的累积回报，因此有限水平折算累积回报更为常用，N 个时间步长的折算累积回报定义如下：

$$V^\pi(s_t) \equiv r_t + \gamma r_{t+1} + \gamma^2 r_{t+2} + \cdots \gamma^N r_{t+N} = \sum_{i=0}^{N} \gamma^i r_{t+i}$$

除此之外，还有其他类型的累积回报。例如，有限水平回报（Finite Horizon Reward）定义为 $\sum_{i=0}^{h} r_{t+i}$，它计算有限的 h 步内回报的非折算和。另一种定义方式是平均回报（Average Reward）：$\lim_{h \to \infty} \frac{1}{h} \sum_{i=0}^{h} r_{t+i}$。它考虑的是智能体整个生命期内每时间步的平均回报。本章只限于考虑式（5.1）定义的折算累积回报。$V^\pi(s)$ 被称为值函数（Value Function）。现在可以使用值函数精确陈述智能体的学习任务：学习到一个策略 π，使得对于所有状态 s，$V^\pi(s)$ 为最大。此策略被称为最优策略（Optimal Policy），并用 π^* 来表示。

$$\pi^* \equiv \arg\max_\pi V^\pi(s), \quad \forall s \tag{5.2}$$

为简化表示，将此最优策略的值函数 $V^{\pi^*}(s)$ 记作 $V^*(s)$。$V^*(s)$ 给出了当智能体从状态 s 开始时可获得的最大折算累积回报，即从状态 s 开始遵循最优策略时获得的折算累积回报。

5.1.3　Q 学习

1. 确定性回报函数和确定性状态转移函数下的情形

强化学习算法可以直接使用梯度法搜索得到最优策略 π^*，也可以不直接学习 π^*，而是直接学习最优策略的值函数 $V^*(s)$。本章只考虑后一种强化学习算法，假设已经学习到了最优策略的值函数 $V^*(s)$，如何利用它来选择动作呢？假设智能体在当前时刻处于状态 s，如果选择动作 a_1，达到的状态是 s_1，如果选择 a_2，达到的状态是 s_2，假设 s_1 与 s_2 是两个不同的状态，并且 $V(s_1) > V(s_2)$，那么应当选择动作 a_1，达到 V 更大的状态，因为这样可以获得更多的累积回报。为了形式化地描述利用值函数选择动作的过程，可以先把最优策略的值函数 $V^*(s)$ 写成下列形式：

$$V^*(s) = \max_a [r(s,a) + \gamma V^*(s')]$$

其中，s' 表示在状态 s 下执行动作 a 后转移到的状态。那么，在状态 s 下的最优动作是使立即回报 $r(s,a)$ 加上立即后继状态的 V^* 值（被 γ 折算）最大的动作 a。

$$\pi^*(s) = \arg\max_a [r(s,a) + \gamma V^*(s')] \tag{5.3}$$

注意，式（5.3）隐含了利用 V^* 获得最优策略的条件，即，智能体必须掌握回报函数和状态转换函数的完美知识。而这也是通过学习 V^* 获得最优策略的一大缺憾，因为在很多情况下，并没有回报函数 r 和状态转换函数 p 作为先验知识提供给智能体。克服这个问题的方法有两种：第一种方法是，可以在学习过程中估计 r 和 p，当每个状态-动作对被访问无数次后，就可以得到 r 和 p 的完美知识；第二种方法是估计 Q 值函数，绕过 r 和 p，直接利用 Q 值函数获得最优策略。下面将介绍 Q 值函数和一种估计 Q 值函数的方法——Q 学习。

Q 值函数 $Q(s,a)$ 是一个 $S \times A \to R$ 的映射，它是指从状态 s 开始，执行动作 a 之后，在无限水平上获得的最大折算累积回报，其定义如下：

$$Q(s,a) = r(s,a) + \gamma V^*(s') \tag{5.4}$$

其中，s' 表示在状态 s 下执行动作 a 后转移到的状态，$V^*(s')$ 表示从状态 s' 开始获得的最大折算累积回报。如果对式（5.4）两端最大化，那么这个最大值恰好就是 $V^*(s)$。因此，由式（5.3）描述的最优策略可以改写为下列形式：

$$\pi^*(s) = \arg\max_a Q(s,a) \tag{5.5}$$

注意，此时，即便缺少回报函数 r 和状态转换函数 p，智能体也可以根据式（5.5）选择最优动作——只需要确定当前状态 s，并选择具有最大 Q 值的动作，即可从状态 s 开始获得最大的折扣累积回报。这就是 Q 值函数相对于 V 值函数的好处。可以把式（5.4）中的 $V^*(s')$ 继续展开：

$$V^*(s') = \max_{a'} Q(s',a')$$

然后代回式（5.4），于是得到了 Q 值函数的递归定义：

$$Q(s,a) \equiv r(s,a) + \gamma \max_{a'} Q(s',a') \tag{5.6}$$

根据这个递归定义，Watkins 于 1999 年提出了一个估计 Q 值函数的方法，被称为 Q 学习。为了更好地描述该算法，使用符号 $\hat{Q}$ 来指代学习器对实际 Q 函数的估计。确定性马尔可夫决策过程下的 Q 学习算法流程如下。

步骤 1：对每个 s、a，初始化表 $\hat{Q}(s,a)$ 为 0。

步骤 2：观察当前状态 s，按照一定的探索-利用策略选择一个动作 a。

步骤 3：智能体接收到立即回报 r，并观察转移到的新的状态 s'。

步骤 4：按照下式更新表 $\hat{Q}(s,a)$：$\hat{Q}(s,a) \leftarrow r + \gamma \max_{a'} \hat{Q}(s',a')$。

步骤 5：$s \leftarrow s'$。

步骤 6：如果到达预设的学习时间，结束学习，否则跳转到步骤 2。

对该算法需要说明以下几点：

1）Q 学习算法针对的是离散状态变量和离散动作变量，$\hat{Q}(s,a)$ 是一个表格。可以想象这个表格的第一列是状态编号，第二列是第一个动作 a_1 的 Q 值，第二列是第二个动作 a_2 的 Q 值。因此在编程实现时可以将 Q 值函数定义为一个二维数组。当状态变量和动作变量在连续区间内取值时，可以考虑采用离散化技术或函数逼近技术加以解决。

2）步骤 2 之所以要采用探索–利用策略，是因为每次都选择具有最大 Q 值容易让学习过早收敛，有可能导致收敛到次优动作，而错过了更好的动作。因此，应当以一定概率探索 Q 值较小的动作。常见的探索–利用策略有两种，即 ε-greedy 策略和 Boltzmann 策略。ε-greedy 策略如下：

$$a = \begin{cases} \arg\max_a Q(s,a) \text{ with probability of } 1 - \varepsilon \\ \text{a random action with probability of } \varepsilon \end{cases} \tag{5.7}$$

式中，$\varepsilon \in [0,1]$ 表示探索率。这种选择动作的方法会以 ε 的概率均匀分布地随机选择一个动作，以 $1 - \varepsilon$ 概率选择具有最大 Q 值的动作。有些文献会把 ε 设置为一个比较小的常数，而在另一些文献中会把 ε 的初始值设置为比较大的数值，然后随学习情节数递减。

另一种方法是采用 Boltzmann 策略选择动作，该策略规定了状态 s 下选择动作 a_i 的概率：

$$P(a_i \mid s) = \frac{e^{\frac{\hat{Q}(s,a_i)}{T}}}{\sum_j e^{\frac{\hat{Q}(s,a_i)}{T}}} \tag{5.8}$$

其中，T 是温度参数，用于调节利用–探索的比重，较小的 T 值会将较高的概率赋予超出平均 $\hat{Q}$ 的动作，致使智能体利用它所学习到的知识来选择它认为会使回报最大的动作；相反，较大的 T 值会使其他动作有较高的概率，导致智能体探索那些当前 $\hat{Q}$ 值还不高的动作，当 T 取无穷大时，选择各个动作的概率相等。一般来说，T 的初始值比较大，保证一定的探索，随着学习情节数的增加 T 逐渐减小，动作选择以利用为主。

3）有关 Q 学习的收敛性由以下定理给出。

定理 5.1　确定性马尔可夫决策过程的 Q 学习的收敛性。考虑一个 Q 学习智能体，在一个有界回报 $(\forall s,a)|r(s,a)| \leqslant c$ 的确定性 MDP 中，Q 学习智能体使用式（5.7）的训练规则，将表 $\hat{Q}(s,a)$ 初始化为任意有限值，并且使用折算因子 γ，$0 \leqslant \gamma < 1$。令 $\hat{Q}_n(s,a)$ 代表在第 n 次更新后智能体的假设 $\hat{Q}(s,a)$。如果每个状态–动作对都被无限频繁地访问，那么对所有 s 和 a，当 $n \to \infty$ 时 $\hat{Q}_n(s,a)$ 收敛到 $\hat{Q}(s,a)$。

2. 非确定性回报函数和非确定性状态转移函数下的情形

在非确定性情况下，学习目标应当变为学习一个策略 π，最大化折扣累积回报的期望：

$$V^{\pi}(s_t) \equiv E\left[\sum_{i=0}^{\infty} \gamma^i r_{t+i}\right] \tag{5.9}$$

现在，可以把 Q 值函数的定义一般化：

$$\begin{aligned} Q(s,a) &\equiv E[r(s,a) + \gamma V^*(s')] \\ &= E[r(s,a)] + \gamma E[V^*(s')] \\ &= E[r(s,a)] + \gamma \sum_{s'} P(s' \mid s,a) V^*(s') \end{aligned} \tag{5.10}$$

其中，s' 表示在状态 s 下执行动作 a 后转移到的状态，$V^*(s')$ 表示从状态 s' 开始获得的最大

期望折算累积回报。$P(s'|s,a)$ 为之前介绍的状态转移函数。非确定性情况下，要想保证收敛到最优策略对应的 Q 值函数，必须对 Q 学习算法中的 Q 值更新公式进行修改，Q 学习算法的步骤 4 改为下式：

$$\hat{Q}(s,a) \leftarrow \hat{Q}(s,a) + \alpha(r + \gamma \max_{a'} \hat{Q}(s',a') - \hat{Q}(s,a)) \tag{5.11}$$

非确定性情况下的 Q 学习收敛性通过下列定理给出。

定理 5.2　非确定性马尔可夫决策过程的 Q 学习的收敛性。考虑一个 Q 学习智能体在一个有界的回报 $(\forall s,a)|r(s,a)| \leqslant c$ 的非确定性马尔可夫决策过程中，此 Q 学习智能体使用式（5.11）的训练规则。初始化表 $\hat{Q}(s,a)$ 为任意有限值，并且使用折算因子 $0 \leqslant \gamma < 1$，令 $n(i,s,a)$ 为对应动作 a 第 i 次应用于状态 s 迭代。如果每个状态-动作对被无限频繁访问，$0 \leqslant \alpha_n < 1$，并且

$$\sum_{i=1}^{\infty} \alpha_n(i,s,a) = \infty, \sum_{i=1}^{\infty} [\alpha_n(i,s,a)]^2 < \infty$$

那么对所有 s 和 a，当 $n \to \infty$ 时，$\hat{Q}_{n(s,a)} \to Q(s,a)$，概率为 1。

虽然 Q 学习和有关的增强算法可被证明在一定条件下收敛，在使用 Q 学习的实际系统中，通常需要经历成千上万的情形来达到收敛。例如，Tesauro 的西洋双陆棋对弈使用 150 万个对弈棋局进行训练，每次包括数十个状态-动作转换。在本章第二个应用案例五子棋对弈中，在 6 万局对弈训练之后，强化学习才取得一定的学习效果。

3. Q 学习算例

为了更加清晰地展示 Q 值函数更新公式（5.11）计算步骤，本节提供了一个示例，供读者参考。图 5.2 展示了一个马尔可夫决策过程的一部分状态转移过程。图 5.3 给出了立即回报函数 $r(s,a)$ 和初始 Q 值函数 $\hat{Q}(s,a)$，这两个函数都以列表的形式出现。学习率 α 设置为 0.7，折扣因子 γ 设置为 0.9。在第一次状态转移 $s_1 \to s_3$ 完成时，依据 Q 学习算法的步骤 4 中的 Q 值更新公式，需要按照图 5.3 中的 Q 值函数更新 $\hat{Q}(s_1,a_1)$：

$$\begin{aligned}
\hat{Q}(s_1,a_1) &= \hat{Q}(s_1,a_1) + \alpha(r(s_1,a_1) + \gamma \max_{a'} \hat{Q}(s_3,a') - \hat{Q}(s_1,a_1)) \\
&= 0 + 0.7 \times (1 + 0.9 \times 0 - 0) \\
&= 0.7
\end{aligned}$$

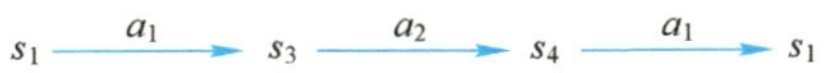

$$s_1 \xrightarrow{a_1} s_3 \xrightarrow{a_2} s_4 \xrightarrow{a_1} s_1$$

图 5.2　Q 学习算例使用的 MDP 的一部分状态转移过程

第二次状态转移 $s_3 \to s_4$ 完成时，需要按照图 5.4 中第一次迭代后的 Q 值函数更新 $\hat{Q}(s_3,a_2)$：

$$\begin{aligned}
\hat{Q}(s_3,a_2) &= \hat{Q}(s_3,a_2) + \alpha(r(s_3,a_2) + \gamma \max_{a'} \hat{Q}(s_4,a') - \hat{Q}(s_3,a_2)) \\
&= 0 + 0.7 \times (3 + 0.9 \times 0 - 0) \\
&= 0.21
\end{aligned}$$

第三次状态转移 $s_4 \to s_1$ 完成时，需要按照图 5.4 中第二次迭代后的 Q 值函数更新

$\hat{Q}(s_4,a_1)$：

$$\begin{aligned}\hat{Q}(s_4,a_1) &= \hat{Q}(s_4,a_1)+\alpha(r(s_4,a_1)+\gamma\max_{a'}\hat{Q}(s_1,a')-\hat{Q}(s_4,a_1))\\ &=0+0.7\times(0+0.9\times 0.7-0)\\ &=0.441\end{aligned}$$

至此，得到图 5.4 第三次迭代后的 Q 值函数。

立即回报函数 $r(s,a)$

状态	a_1	a_2
s_1	1	0
s_2	0	1
s_3	2	3
s_4	0	0
⋮	⋮	⋮
s_N	0	0

初始 Q 值函数

状态	a_1	a_2
s_1	0	0
s_2	0	0
s_3	0	0
s_4	0	0
⋮	0	0
s_N	0	0

图 5.3　立即回报函数和初始 Q 值函数

第一次迭代后的 Q 值函数

状态	a_1	a_2
s_1	0.7	0
s_2	0	0
s_3	0	0
s_4	0	0
⋮	0	0
s_N	0	0

第二次迭代后的 Q 值函数

状态	a_1	a_2
s_1	0.7	0
s_2	0	0
s_3	0	0.21
s_4	0	0
⋮	0	0
s_N	0	0

第三次迭代后的 Q 值函数

状态	a_1	a_2
s_1	0.7	0
s_2	0	0
s_3	0	0.21
s_4	0.441	0
⋮	0	0
s_N	0	0

图 5.4　每次迭代后的 Q 值函数

可以看出，Q 值的更新是一个传递的过程，当后续状态的 Q 值更新后，前继状态的 Q 值才能得到进一步更新，该过程通常很慢，因此需要智能体经历大量的情节进行学习。

4. 函数逼近技术

在 Q 学习中可能最具有约束性的假定是其目标函数被表示为一个显式的查找表，每个不同输入值（即状态-动作对）有一个表项。因此上面讨论的算法执行一种机械的学习方法，并且不会尝试通过从已看到的状态-动作对中泛化来估计未看到的状态-动作对的 Q 值。这个机械学习假定在收敛性证明中反映出来，它证明了只有每个可能的状态-动作被无限频繁地访问，学习过程才会收敛。在大的或无限的空间中，或执行动作的开销很大时，这显然是不切实际的假定。另外，从编程实现的角度来看，计算机内存有限，像五子棋这样的棋类游戏，状态数很多，不可能把 Q 值函数或 V 值函数保存在一个数组中，因此必须结合函数逼近技术处理这一问题。

一种常用的方法是把神经网络和强化学习结合起来。在实践中常用的方法是为每个离散动作单独训练一个神经网络，状态作为输入，输出就是该动作的 Q 值。神经网络依然按照梯度反传法进行训练，因为强化学习是无监督学习，而神经网络在计算误差时需要有一个标记好的期望输出，所以当神经网络的实际输出是 $Q(s,a)$ 时，期望输出是 $r(s,a) + \gamma \max\limits_{a'} \hat{Q}(s',a')$，因此此误差 e 的定义如下：

$$e = r(s,a) + \gamma \max\limits_{a'} \hat{Q}(s',a') - \hat{Q}(s,a) \tag{5.12}$$

其中，s' 表示在状态 s 下执行动作 a 后转移到的状态。注意，计算误差并进行梯度反传是发生在状态从 s 转移到 s' 之后。使用了神经网络进行函数逼近的 Q 学习算法不再具备前面定理所描述的收敛性，因此在实际使用时要多加小心。

5.1.4　资格迹

之前介绍的 Q 学习算法每当发生一次状态转移只更新一次 Q 值，并且只利用当前步长的立即回报，来更新状态转移发生之前的那个状态-动作对 $s\text{-}a$ 的 Q 值，因此收敛速度较慢。而本节介绍的资格迹算法，每发生一次状态转移可以一次性更新整个 Q 表，因此收敛速度比 Q 学习算法更快。

在之前的内容中，累积折扣回报可以写成下列形式，

$$R_t = r_{t+1} + \gamma r_{t+2} + \gamma^2 r_{t+3} + \cdots + \gamma^T V_t(s_{t+T+1}) \tag{5.13}$$

若利用未来两个时间步长内获得的立即回报，则两步预测的形式为

$$R_t = r_{t+1} + \gamma_{t+2} + \gamma^2 V_t(s_{t+2}) \tag{5.14}$$

资格迹方法可以利用 λ 步长内的立即回报来更新整个 Q 表（或 V 表）。它通过跟踪上次访问特定状态的轨迹——资格迹来实现这一点。定义时刻 t 每个状态的资格迹为 $e_t(s)$。每个状态的资格迹以 $\gamma\alpha$ 速率衰减，且对于刚访问过的状态，其资格迹会增大 1。资格迹的更新法则如下：

$$e_t(s) = \begin{cases} \gamma\lambda e_{t-1}(s), & s \neq s_t \\ \gamma\lambda e_{t-1}(s) + 1, & s = s_t \end{cases} \tag{5.15}$$

一步预测误差为

$$\delta_t = r_{t+1} + \gamma V_t(s_{t+1}) - V_t(s_t) \tag{5.16}$$

每个状态的校正为

$$\Delta V_t(s) = \alpha\delta_t e_t(s), \quad \forall s \tag{5.17}$$

现在介绍使用了资格迹方法的 Q 学习——$Q(\lambda)$ 学习算法。资格迹函数变为 $e(s,a)$。计算预测误差：

$$\delta_t = r_{t+1} + \gamma\hat{Q}_t(s_{t+1},\alpha_{t+1}) - \hat{Q}_t(s_t,a_t) \tag{5.18}$$

而资格迹为

$$e_t(s,a)=\begin{cases} \gamma\lambda e_{t-1}(s,a)+1, & s=s_t\text{且}a\neq a_t \\ \gamma\lambda e_{t-1}(s), & \text{否则} \end{cases} \tag{5.19}$$

更新 $\hat{Q}(s,a)$ 为

$$\hat{Q}_{t+1}(s,a)=\hat{Q}_t(s,a)+\alpha\delta_t e_t(s,a),\quad \forall s,a \tag{5.20}$$

具体算法如图 5.5 所述。

算法 5.1　$Q(\lambda)$ 学习

初始化 $\hat{Q}(s,a)$，$Q(s,a)$ 为任意值（随机数）

初始化 s 为任意值

初始化 $e(s,a)=0$

重复下列步骤，直到满足预设的终止条件：

对于每一时间步

根据策略 $\pi(s)$ 选择行为 a

执行行为 a，观察回报 r 并转移到下一状态 s'

基于 ε-greedy 策略，在状态 s' 中选择行为 a'

计算 TD 误差，$\delta=r+\gamma\hat{Q}(s',a')-\hat{Q}(s,a)$

计算 $e(s,a)=e(s,a)+1$

对于所有状态 s 和 a

$\hat{Q}(s,a)=\hat{Q}(s,a)+\alpha\delta e(s,a)$

$e(s,a)=\gamma\lambda e(s,a)$

图 5.5　$Q(\lambda)$学习算法

5.2　应用案例

本节介绍两个应用案例，应用强化学习方法分别设计五子棋 AI 和交通信号控制器。五子棋案例侧重于使用神经网络的函数逼近能力评估每个局面的 V 值，而交通信号控制器则侧重于回报函数的设计，并借助交通微观仿真软件 VISSIM 模拟城市道路单交叉口的交通状况。希望通过这两个案例能使读者对强化学习产生更多的兴趣，并学会如何应用强化学习解决问题。

5.2.1　基于强化学习的五子棋 AI 设计

本案例将介绍如何通过神经网络和强化学习技术，通过两个五子棋 AI 程序相互对弈的方式，训练出具有一定水平的五子棋 AI。五子棋（Gomoku/five-in-a-row）是一种双人进行的棋类游戏，双方各执黑白子，黑方先手，白方后手，每个玩家交替在 15×15 的棋盘上落子。棋盘中水平方向和垂直方向的线被称为阳线，对角线方向的直线被称为阴线（棋盘上并没有画出，故得此名）。首先在阳线或阴线上达成五子相连的一方获胜。所采用的规则是无禁手。使用强化学习解决五子棋问题，就要搞清楚在这个问题中，强化学习的三要素——状态、动作和回报函数分别是什么。

（1）状态

在五子棋问题中，局面即为状态。如果用棋盘上每个位置的落子情况表示局面，用 V 值函数表示局面的获胜概率，使用表格存储每个局面的 V 值函数是不可行的存储。而且，根据强化学习的收敛条件，每个局面遍历无数次也是不可能的。为了把状态空间压缩，人工提取了一些特征（模式），用以描述局面。基于莫建文等人的研究工作，本节提取了 20 种特征，并应用于黑白双方，这样，一个局面由黑方的 20 种特征和白方的 20 种特征描述。更具体地讲，给定一个局面，计算棋盘所有阳线和阴线上出现的 20 种特征的个数，来表示当前给定的局面。图 5.6 给出了其中 8 种特征，注意特征 a 和特征 c 是有区别的，特征 a 左右两侧的位置为空，被称为"活四"，特征 c 右侧的位置为空，左侧的位置被黑方占据或是棋盘外侧，被称为"冲四"。

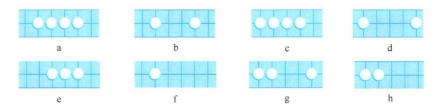

图 5.6　在表示局面时使用到的一些特征

在计算特征数量时，使用了字符串匹配的方法，把 20 种特征设置为常量字符串，把所有阳线和阴线上的落子情况也编码为字符串，然后通过字符串匹配来得到每种特征的数量。字符串使用的是 C++标准库提供的 string 类。这种匹配方式实现起来比较快捷，但运行速度较慢，如果想要达到更快的速度，可以采用二进制编码的方式来进行特征匹配。除了特征外，还有一个重要的信息是走棋顺序，也就是该轮到谁走棋。在图 5.6 所示的局面中，黑白双方都有一个"活三"，显然接下来轮到谁走谁获胜。此外，先、后手也被考虑进来，作为描述局面的状态。

目前，状态变量已经从原来的 225 个减少到 42 个，尽管如此，状态空间还是不小，使用表格的方法存储 V 值函数仍然不可行。因此用一个神经网络逼近 V 值函数。为什么在这里不使用 Q 值函数？回顾 5.1 节使用 V 值函数选择最优动作的条件。一方面，之前棋类对弈的研究中对回报函数 r 的设计已经比较成熟，可以认为是先验知识（会在后面介绍回报函数 r 的设计）；另一方面，五子棋是一个确定性马尔可夫决策过程，而且状态转移是显然的——从一个局面开始，落子之后转移到的局面是一目了然的，因此状态转移函数也可以被认为是先验知识，有了这两个函数的完美知识，只需要选择一个动作能够转移到具有最大 V 值的状态就可以了。另外，如果逼近 Q 值函数，神经网络的设计会比较复杂，每个可行动作都要设计一个神经网络，其输入为状态，输出为该动作的 Q 值，而逼近 V 值函数所用的神经网络，设计起来较为简单，只需要一个神经网络，其输入为状态，输出为 V 值。综上所述，最终选用时间差分的方式（学习 V 值）来设计五子棋 AI。下面介绍神经网络的结构、参数设置和训练方法。

（2）用于逼近局面 V 值函数的神经网络

本案例使用的是前向全连接神经网络，仅包含单个隐含层，如图 5.7 所示。

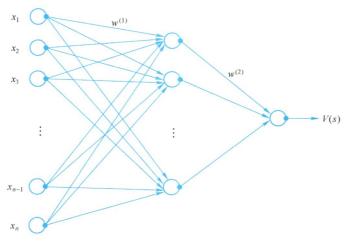

图 5.7　用于逼近五子棋 V 值函数的神经网络

　　输入层包含 274 个神经元，隐含层包含 100 个神经元，输出层包含 1 个神经元。隐含层和输出层神经元没有引入偏置项。神经网络的输出代表 V 值函数，表示获胜概率。为了提高学习效果，对每种特征的数量进行了编码，然后作为神经网络的输入。编码方法类似于 Gerry Tesauro 在 TD-Gammon 中采用的方法，用五个输入神经元表示一种特征的数量，见表 5.1。注意，一种特殊的特征——"五子相连"的数量只使用了一个输入神经元表示，如果这种特征出现，则对应的输入为 1，否则为 0。因此，特征数量对应 $5×19×2+1×2=192$ 个输入神经元。因为五子棋的值函数不像西洋双陆棋那样平滑，所以为每个特征配备了 2 个输入神经元作为走棋顺序，这样走棋顺序对应 $2×20×2=80$ 个输入神经元。因为两个玩家共用同一个神经网络逼近 V 值函数，因此规定，当玩家 1 走棋时，只要特征数量大于 0，与其相关的表示顺序的第一个输入为 1，第二个输入为 0；当玩家 2 走棋时，只要特征数量大于 0，与其相关的表示顺序的第一个输入为 0，第二个输入为 1。先、后手用 2 个输入神经元表示，如果玩家 1 先手，则第一个输入为 1，第二个输入为 0，如果玩家 2 先手，那么第一个输入为 0，第二个输入为 1。总计 $192+80+2=274$ 个输入神经元。V 值函数的计算过程如下：

$$h_i(t) = \sum_{j=1}^{n} x_j(t) w_{ji}^{(1)}(t) \tag{5.21}$$

$$g_i(t) = \frac{1}{1 + e^{-h_i(t)}} \tag{5.22}$$

$$p(t) = \sum_{i=1}^{m} w_i^{(2)}(t) g_i(t) \tag{5.23}$$

$$V(s(t)) = \frac{1}{1 + e^{-p(t)}} \tag{5.24}$$

表 5.1　表示一种特征出现的数量所使用的编码方法（n 表示一种特征出现的数量）

n	输入神经元 1	输入神经元 2	输入神经元 3	输入神经元 4	输入神经元 5
0	0	0	0	0	0
1	1	0	0	0	0
2	1	1	0	0	0
3	1	1	1	0	0
4	1	1	1	1	0
>4	1	1	1	1	$(n-4)/2$

其中，$w_{ji}^{(1)}$ 表示从第 j 个输入神经元到第 i 个隐含层神经元的权重；x_j 表示神经网络的第 j 个输入；n 表示输入层神经元的个数；h_i 表示第 i 个隐含层神经元的输入；g_i 表示第 i 个隐含层神经元的输出；$w_i^{(2)}$ 表示第 i 个隐含层神经元到输出神经元的权重；m 表示隐含层神经元的个数；p 表示输出层神经元的输出（未经过激活函数运算）；$V(s)$ 表示神经网络的输出，在状态 s 下的胜率。

至此，每个局面的 V 值都存储在神经网络中，要学习 V 值函数还需要施教者提供回报函数。在一盘棋结束之前，即使是专家也很难给出每个局面的精确的获胜概率，因此每走一步棋之后，获得的立即回报都为 0。当棋局结束时，如果获胜，则获得 1 的立即回报，如果失败，获得-1 的立即回报，如果平局，获得 0.5 的立即回报。由于强化学习是无监督学习，没有正确的状态——V 值样本可供训练，因此误差定义如下：

$$e(t) = \alpha[r(t+1) + V(s(t+1)) - V(s(t))] \tag{5.25}$$

要最小化的目标误差如下：

$$E(t) = \frac{1}{2}e^2(t) \tag{5.26}$$

α 是强化学习中的学习率。神经网络的训练方法是梯度反传法，每次训练时权重的变化量为

$$\Delta w(t) = -l(t)\frac{\partial E(t)}{\partial W(t)} \tag{5.27}$$

其中，l 是神经网络更新权重的学习率。使用这种误差后向传递方法，每层权重的具体更新公式如下：

$$
\begin{aligned}
\Delta w_i^{(2)}(t) &= l_2(t)\left[-\frac{\partial E(t)}{\partial w_i^{(2)}(t)}\right] \\
&= l_2(t)\left[-\frac{\partial E(t)}{\partial e(t)}\frac{\partial e(t)}{\partial V(s(t))}\frac{\partial V(s(t))}{\partial p(t)}\frac{\partial p(t)}{\partial w_i^{(2)}(t)}\right] \\
&= l_2(t)\alpha e(t)\mathrm{e}^{-p(t)}V^2(s(t))g_i(t)
\end{aligned}
\tag{5.28}
$$

$$
\begin{aligned}
\Delta w_{ji}^{(1)}(t) &= l_1(t)\left[-\frac{\partial E(t)}{\partial w_{ji}^{(1)}(t)}\right] \\
&= l_1(t)\left[-\frac{\partial E(t)}{\partial e(t)}\frac{\partial e(t)}{\partial V(s(t))}\frac{\partial V(s(t))}{\partial p(t)}\frac{\partial p(t)}{\partial g_i(t)}\frac{\partial g_i(t)}{\partial h_i(t)}\frac{\partial h(t)}{\partial w_{ji}^{(1)}(t)}\right] \\
&= l_1(t)\alpha e(t)\mathrm{e}^{-p(t)}V^2(s(t))w_i^{(2)}(t)g_i^2(t)\mathrm{e}^{-h_i(t)}x_j(t)
\end{aligned}
\tag{5.29}
$$

接下来完整地介绍一下训练流程，这里设计了两个一模一样的 AI，这两个 AI 使用同一个神经网络，通过平台 Piskvorky 进行大量对弈。因为两个 AI 是两个独立的可执行程序，所以需要通过数据文件（实际使用的是一个文本文件）共享一个神经网络，神经网络的权重参数存储在文本文件中。假设玩家 1 先手，玩家 1 读取文本文件中的神经网络的权重，根据神经网络走第一步棋，然后玩家 2 读取文本文件中的神经网络的权重，根据神经网络走第二步，第二步结束时（第一个状态转移结束），玩家 2 按照式（5.28）、式（5.29）更新权重，并把更新后的权重保存回原先的文本文件中。然后，玩家 1 读取文本文件中的神经网络的权重，根据神经网络走第三步，第三步结束时，玩家 1 按照式（5.28）、式（5.29）更新权重，并把更新后的权重保存回原先的文本文件中，如此反复，直到一盘棋结束。这个版本的 AI 对弈 6 万局所需的时间是 30h。文件操作的速度相对内存操作是相当慢的，为了加快读取更新权重的速度，可以采用共享内存的方法实现两个 AI 进程之间的数据交互。

（3）动作

在五子棋的棋盘上，每一个空位置都是可行动作，但是好棋大都出现在已经被占据的位置附近，因此可以将动作集进行压缩，只考虑黑白子附近位置作为可行动作。在使用神经网络选择动作时，遍历每个可行动作，然后计算所转移到局面的 V 值，导致最大 V 值的动作即为最优落子。在学习训练阶段，我们发现，如果每次都选择最优落子，几百盘之后神经网络就会收敛，之后的棋局都是一模一样的。为了避免这种情况发生，使用了两种动作探索策略。第一种探索策略是，玩家 2 无论是先手还是后手，第一步棋是随机落子，玩家 1 如果是先手，则第一步棋落在天元，如果是后手，第一步棋是随机落子；第二种探索策略采用 ε-greedy 策略，应用于双方第一步棋之后的行棋策略。训练一段时间之后，去掉第一种探索策略，只保留第二种探索策略。采用了两种方法加快训练速度，第一种方法是每个状态转移训练 50 遍，而不是 1 遍，第二种方法是当检测到可以五子相连时，直接五子相连。

（4）实验结果

尝试构建了五个不同的神经网络，对它们的逼近性能进行比较。比较方法是，与一款名为 5-star Gomoku 的商用五子棋程序进行对弈，胜率越高说明效果越好，结果见表 5.2。5-star Gomoku 的特点是应对相同局面时会走出不一样的着数，同时，也让自己的 AI 在每次选择动作时，如果遇到多个相同的最大 V 值，从导致这些最大 V 值的动作中随机选择一个，从而避免每次对弈结果都一样。接下来对这五个神经网络一一进行介绍。

神经网络 1：就是前面所构建的神经网络。学习率 α 设置为 0.2，l_1 和 l_2 都设置为常数 0.05。学习训练阶段共进行了 60000 局对弈，选择落子的方法为，在前 20000 局中，采用前面介绍的两种动作探索策略，$\varepsilon = 0.1$。在后 40000 局中，去掉第一种动作探索策略，只保留 ε-greedy 策略。在学习训练阶段的第三、第四、第五、第六个 10000 局中，ε 分别设置为 0.1、0.8、0.7、0.5。

经过 60000 局对弈训练后，拿出玩家 1 所对应的 AI 与 5-star Gomoku 进行对弈。5-star Gomoku 共包含五个难度，与其中最低的三个难度 Beginner、Dilettante 和 Candidate 各自对弈 30 局。结果见表 5.2，与 Beginner 对弈 30 局取得全胜，与 Dilettante 对弈赢得 22 局、输掉 8 局，与 Candidate 对弈赢得 13 局、输掉 17 局。这说明自己的 AI 基本达到了 5-star

Gomoku 中等难度的水平。在 60000 局的训练基础上，又进行了 20000 局的训练，动作探索策略采用 ε-greedy 策略，$\varepsilon = 0.1$。然后又与 5-star Gomoku 进行对弈，发现胜率没有明显的变化。

神经网络 2：尝试减小神经网络 1 的规模，每种特征的数量仅用一个输入神经元来处理，其他输入不做变化，这样神经网络包含 20×2+80+2=122 个输入神经元。隐含层神经元也减少到了 60。按照神经网络 1 的训练方法进行了 80000 局对弈。

神经网络 3：在神经网络 1 的基础上，行棋顺序只用 2 个输入表示。这样，神经网络包含 192+2+2=196 个输入神经元。隐含层神经元也减少到了 60。按照神经网络 1 的训练方法进行了 80000 局对弈。

神经网络 4：在神经网络 1 的基础上，去掉了所有表示行棋顺序的输入。这样神经网络包含 192+2=194 个输入神经元，隐含层神经元也减少到了 60。训练了 30000 局后，效果非常不理想，与 Beginner 的 30 场对局全部输掉。

神经网络 5：不使用人工特征，而是直接使用局面的原始信息作为神经网络的输入。每个位置用 2 个输入表示其落子状态，如果该位置为空，则两个输入都为 0；如果被玩家 1 占据，则第一个输入为 1，第二个输入为 0；如果被玩家 2 占据，则第一个输入为 0，第二个输入为 1。此外，行棋顺序用 2 个输入表示。这样，神经网络总共包含 2×225+2=452 个输入神经元，隐含层使用了 100 个神经元。训练了 30000 局，结果非常糟糕，与 Beginner 的 30 场对局全部输掉。

表 5.2　五种不同神经网络与 5-star Gomoku 的对弈结果

神经网络编号	输入层	隐含层	训练局数	Beginner	Dilettante	Candidate
1	274	100	60000	30：0	22：8	13：17
2	122	60	80000	30：0	15：15	14：16
3	196	60	80000	30：0	23：7	11：19
4	194	60	30000	0：30	—	—
5	452	100	30000	0：30	—	—

通过实验，可以看出一些有趣的现象：

1）通过对比神经网络 1 和神经网络 2，特征的数量可以用更少的输入表示，从而保持近似一样的效果。这是因为五子棋中的一些关键特征，如特征 a、特征 c 和特征 e 在大多数时候只有 1～2 个，因此可以用更少的输入来表示。

2）通过比较神经网络 4 和神经网络 1 可以看到，行棋顺序是一个非常重要的信息。这是因为两个 AI 使用的是同一个神经网络，如果分别用各自的神经网络，则可以去掉这个信息。

3）神经网络 5 采用棋局的原始信息，效果很糟。这是因为使用的神经网络规模太小，没有能力逼近如此多局面的 V 值函数。目前流行的深度强化学习方法可以解决这一问题。

5.2.2　基于强化学习的城市道路单交叉口交通信号优化控制

本案例要解决的是图 5.8 所示的单交叉口交通信号控制问题，使每个相位的绿灯时间能够根据车辆排队长度动态调整。使用强化学习方法解决交通信号控制问题，主要包括三方面的工作。首先需要选择合适的状态变量，既能反映单点交叉口的主要交通状况，又不至于引发维数灾难问题。然后需要选择控制策略和动作选择方法，这里使用固定相序控制策略，而动作选择方法主要是解决探索与利用的问题。最后是立即回报函数的设计。

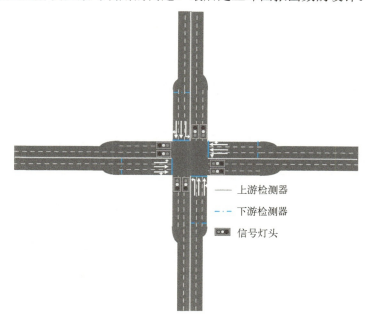

图 5.8　单交叉口示意图

1. 方法设计

（1）状态选择和表示

影响交叉口交通状况的因素可以分为三类，第一类是长期保持不变的因素，比如交叉口的类型、渠化方案和道路的设计通行能力等。第二类是在一段时间之内相对稳定的因素，比如早晚高峰时段、节假日和周末时段，以及天气等。第三类是实时发生变化的因素，比如车辆到达率、交叉口排队长度、突发事件等。第一类因素可作为环境的一部分，第二类因素可以按照具体情况进行考虑，第三类因素对交通信号控制产生了主要的影响，应该予以重点考虑。在设计单点交叉口信号控制器时，这里只考虑了第三类因素。尽管如此，可供选择的状态变量还有很多。

交叉口信号控制问题必须满足马尔可夫过程的定义，才可以使用强化学习或动态规划方法对其进行求解。即，只有当交叉口下一时间步长的交通状态仅取决于当前状态和采取的相位动作，该过程才是一个马尔可夫过程。从这一点出发，选取的状态变量必须能够反映基本的交通状况。同时，还要兼顾强化学习的状态空间大小，不宜选取过多的状态变量。综合考虑之后，选取当前绿灯相位编码和车辆排队长度作为状态变量，同时，对车辆排队长度进行适度的离散化，使状态空间的大小对于表格形式的 Q 值函数较为合适。

最终使用三个状态变量描述交叉口状态：p、l_1、l_2，分别表示当前绿灯相位编号、当前相位的排队长度以及下一相位的排队长度。只用 l_1、l_2 描述状态是不可行的，原因如下：我国交叉口的车辆组织形式和交通渠化方式多种多样。在某些交叉口，不同相位控制的车道数有可能不一样，由此导致了每个相位动作产生的影响是不对等的。在平均排队长度相等的条件下，车道数多的相位变为绿灯时，单位时间内放行的车辆必然更多。因此在这种情况下，p 是不可或缺的状态变量。

（2）控制策略和动作选择

为了与驾驶员的驾驶习惯保持一致，采用了 4 相位固定相序控制方案，参见图 5.9，相位 1：东西方向直行；相位 2：东西方向左转；相位 3：南北方向直行；相位 4：南北方向左转。黄灯时间设置为 2s。决策时间间隔设置为 10s（不包括相位切换时的黄灯时间）。

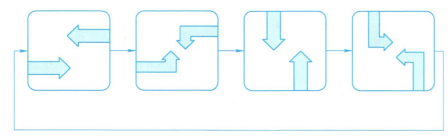

图 5.9　相位时序图

图 5.10 展示了基于 Sarsa（State Action Reward State Action）算法的固定相序信号控制流程图。决策时刻，若没有超过最小绿灯时间则延长当前相位 10s 绿灯时间，若超过最大绿灯时间则切换到下一相位；否则，相位动作会根据交叉口的状态和 Q 值函数进行选择。共有 2 种相位动作，延长当前相位绿灯时间 10s，或者切换到下一相位并保持最小绿灯时间 10s。学习结束后，将不再探索动作。将决策时间设置为 10s 主要是从学习的角度和感应控制中的单位延时时间这两方面进行综合考虑的。从学习的角度来看，如果决策时间间隔太短，即绿灯的持续时间太短，那么该段时间前后排队长度的变化将不够明显，尤其是当排队长度的离散化粒度较粗时，这一问题将更为严重，这对于学习来说是不利的。这里采用 30m 作为离散化排队长度的单位长度，当车道上的车辆达到一定数量时，单车道在 10s 内放行的车辆大概为 9 辆小汽车（排队时平均车头间距为 6m 左右），造成排队长度的变化为 1～2 个单位长度，这对于学习来说是合适的，仿真实验部分将进一步阐述离散化粒度对学习的影响。决策时间间隔太长则显得不够灵活。另外，当交通流量较低时，参考了感应控制中单位绿灯延长时间的设置，如式（5.30）所示：

$$T_{\mathrm{p}} = d / v \qquad (5.30)$$

式中，T_{p} 表示单位绿灯延长时间；d 表示路段上游检测器和停车线之间的距离；v 表示车辆在该条道路上的正常行驶速度。这里 d 的值为 120m，期望车速为 50km/h（13.89m/s）。通过式（5.30）可计算得出单位绿灯延长时间为 8.64s。因此 10s 能够保证被检测到的车辆以正常行驶速度驶离停车线。综上所述，10s 的决策时间间隔和绿灯延长时间是合理的。

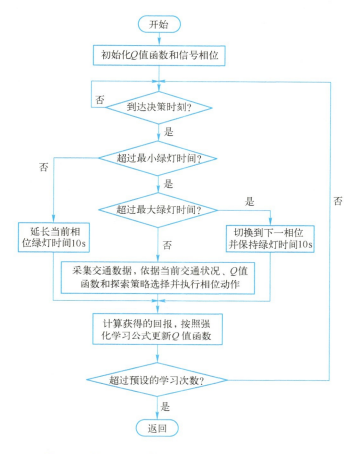

图 5.10 基于 Sarsa 算法的固定相序信号控制流程图

最初使用的动作选择策略是 ε-greedy 策略，即以 $1-\varepsilon\frac{1-|A|}{|A|}$ 的概率选择贪婪动作，以 $\varepsilon\frac{1-|A|}{|A|}$ 的概率选择一个非贪婪动作。但在随后的实验中，发现仅仅依靠 ε-greedy 策略进行探索是不够的，于是参考了 Mdedian 等提出的启发式动作选择策略。该动作选择策略包含如下四条准则：①当一个状态首次被访问时，综合考虑道路上的车辆数和车辆等待时间，这两项指标都较高的路段有更高的概率放行；②如果已经访问过某个状态，但是该状态下还有未被访问过的动作，那么选择未访问过的动作，这被称为强制探索；③在一个状态被访问 15 次之前，使用 Boltzman 方法选择最优动作；④在学习的后期使用 ε-greedy 策略进行搜索。

对于准则①，可能会对强化学习产生太多人为的干预，因此没有使用启发式的方法选择动作。当离散化粒度较为精细时，状态空间较大，很难在学习阶段多次访问到每一个状态-动作对，在这种情况下，通过实验发现强制探索会大大降低学习效果，因此准则②未被采用。在实验时发现，Q 值函数被初始化为 0，返回的总是该状态下的第一个动作，这是一种对学习不利的偏好。因此，这里除了使用 ε-greedy 策略进行探索，还加入了一条规则——

如果贪婪动作不止一个，按照相同概率随机返回一个贪婪动作。

（3）立即回报函数

当动作被执行后，环境会产生即时回报 r 并反馈给控制器。而即时回报会影响累积回报 R，从而决定该动作的好坏。因此，对强化学习来说，合理的回报函数是学习成功的关键之一。一般来说，回报函数需要设定为优化目标。交通信号控制问题的潜在优化目标有很多，包括平均延误、平均车速、平均停车次数、路网吞吐量等。这里选取了平均延误和路网吞吐量作为优化目标。但是这两个量不便于直接获得，因此选择决策间隔 10s 内绿灯相位通过停车线的车辆数 n_p 和处于红灯相位车辆的总等待时间 t_w 作为回报函数的输入。t_w 越大，获得的回报越少，说明单步的控制效果越差；n_p 越大，获得的回报越多，说明单步的控制效果越好。注意回报值代表的是动作在 10s 之内获得的直接好处，而非从长远来看动作的好坏。这里提出一种无量纲的归一化的回报函数，如式（5.31）所示：

$$r = \begin{cases} w_1\left(\dfrac{n_p}{6.5}-1.0\right) + w_2\left(-\dfrac{t_w/60}{10.0}+1.0\right), \text{相位1或相位3} \\ w_1\left(\dfrac{n_p}{4.5}-1.0\right) + w_2\left(-\dfrac{t_w/60}{10.0}+1.0\right), \text{相位2或相位4} \end{cases} \tag{5.31}$$

在式（5.31）等号的右边，加号左边的项是 n_p 对回报的贡献，右边的项代表 t_w 的贡献。w_1 用于调节 n_p 对回报贡献的大小，w_2 用于调节 t_w 对回报贡献的大小。常数项系数是为了保证回报值 r 在[-1,1]范围内，是根据实验调整得到的。这里仿真使用的交叉口可参考图 5.8，相位 1 和相位 3 在每个方向控制 2 条车道，相位 2 和相位 4 在每个方向控制 1 条车道，因此在车辆足够多的情形下，相位 1、3 放行的车辆 n_p 是后者的 2 倍。这也是系数 6.5 和 4.5 对应于不同相位的原因。在这种系数设定下，当各相位的车辆排队长度一样长时，更偏向于选择相位 1 和相位 3。式（5.31）适用于直行车道数是左转车道数的 2 倍，且直行车道有一定流量的情形。

（4）数据获取

仿真时获得的数据是由 VISSIM 提供的 COM 接口获取的。其中，路段的车辆排队长度可由排队计数器及其对应的接口 IQueueCounter 获得。排队计数器安置在停车线处，用以检测排队长度。考虑到十字交叉口的对称性，选取单个车道最大排队长度作为该相位的排队长度。绿灯相位下行驶的车辆不满足排队车辆的定义，因此检测到的排队长度为 0m，这显然不能代表该路段的交通需求。因此在这种情况下，先通过 Ilink 接口获得某一路段上的车辆数，然后乘以平均车头间距（6m），从而折合成长度作为该路段的交通需求。也可通过如下方法获取某一车道上的车辆数：在停车线处和其上游 120m 处安置检测器，则它们之间路段上的车辆数为

$$n_{\text{section}}(t) = n_{\text{section}}(t-1) + n_{\text{upstream}}(t) - n_{\text{downstream}}(t) \tag{5.32}$$

式中，$n_{\text{upstream}}(t)$ 和 $n_{\text{downstream}}(t)$ 分别表示在时间间隔[$t-1$, t]内通过上游检测器和下游检测器的车辆数。决策时间间隔内通过停车线处的车辆由 VISSIM 提供的数据采集点及其接口提供。而在 ΔT_d 的决策时间间隔内，处于红灯相位的某一车道所有车辆的等待时间 t_w^i 按照

式（5.33）进行估算：

$$t_{\mathrm{w}}^{l} = \Delta T_{\mathrm{d}} \frac{l(t - \Delta T_{\mathrm{d}})}{h} + \Delta T_{\mathrm{d}} \frac{l(t) - l(t - \Delta T_{\mathrm{d}})}{2h} \qquad (5.33)$$

式中，$l(t - \Delta T_{\mathrm{d}})$ 表示时刻 $t - \Delta T_{\mathrm{d}}$ 该车道的排队长度；$l(t)$ 表示当前时刻的排队长度；h 代表排队时的车头间距。等式右边，加号左边的项表示从时刻 $t - \Delta T_{\mathrm{d}}$ 开始已经在排队的所有车辆的等待时间，右边的项表示从时刻 $t - \Delta T_{\mathrm{d}}$ 到当前时刻 t 为止后来加入排队的所有车辆的等待时间。右边的项只是一个粗略的估计值，它假设车辆是按照均匀分布的规律到达的。因此即时回报的输入 $t_{\mathrm{w}} = \sum_{l=1}^{k} t_{\mathrm{w}}^{l}$，其中，$k$ 表示处于红灯相位的车道数。

2. 仿真实验

为了测试强化学习方法的有效性，设置了四个不同的交通场景，进行了大量的仿真实验，实验内容包括以下四个部分：①对 Sarsa 算法和定时控制进行比较，分析 Sarsa 算法产生的学习策略，用实验说明算法的收敛性；②展示车辆排队长度的离散化粒度的影响；③对归一化回报函数和比值型回报函数的效果进行比较，验证归一化回报函数的优越性；④对非固定相序控制和固定相序控制进行比较和分析。

为了测试和研究强化学习自适应控制方法，这里使用 VISSIM 搭建了一个十字交叉口。如图 5.8 所示，交叉口由两条道路垂直交叉形成。每条道路本身为双向四车道，在交叉口处渠化为六车道。单向包括一个左转车道、一个直行车道和一个直行兼右转车道。右转车辆不受红绿灯控制。路网入口到停车线的距离为 300m。车流从路网的入口，期望速度设置为 50km/h，一旦进入距离停车线上游 120m 处距离后，不允许发生换道行为。车辆按照一定的转弯比例进入目的车道。所有参数均按照 VISSIM 默认设置。为了便于算法的研究，车流构成中含有 98% 的小汽车、2% 的重型货车，因此在算法中设置停车时的车头间距 h 为 6m。仿真精度设置为 5step/s。

VISSIM 提供了多种手段进行交通信号控制程序的开发，包括 VAP 开发、外部控制和固定配时控制等。VAP 简单易用，生成的代码能够直接使用在信号控制机上，是 VISSIM 大力提倡的开发手段。但是它提供的函数、方法太少，很难满足自适应控制程序的开发需求。而外部控制的开发资料太少，也不便于调试。这里使用了一种变通的方式，把 VISSIM 提供的定时控制改造为自适应控制算法，用 VC++实现。VISSIM 提供了 COM 接口，可以方便获取路网的物理信息，如路段编号、检测器编号；实时信息，包括在指定路段上正在行驶的车辆数、信号灯状态；以及评价信息，如排队长度、通行车辆数，可以全程控制仿真的进行，因此完全满足了自适应算法开发的需求。由于在每一个仿真秒都可以重新设置各个相位的状态，因此无论是固定相序控制还是非固定相序控制都可以满足需求。

（1）交通流设置

为了测试基于 Sarsa 的自适应控制方法的适用性，共设置了四种场景，交通流量设置见表 5.3～表 5.6。场景 1、2 的仿真时长是 1800s，流量变化主要是由发车的随机性造成的。场景 3、4 的仿真时长是 2400s，场景 3 大部分时段为场景 1 的流量模式，中间有一个到场景 2 的跳变，可视为突发流量模式。而场景 4 是从场景 1 到场景 2 的流量模式转换，这种流量变化比发车随机性的变化大得多。VISSIM 提供了两种发车模型，即精确流量和随机流量，为了模拟交通流的随机性，这里使用随机流量模式，车辆到达率在仿真时间段内服从泊松分布。依照下面的四个表可计算出转弯比例，以场景 1 为例，从西到东方向的车辆到达率的期望值为 1500veh/h。其中，左转车辆的比例为 180/1500×100% = 12%；直行 1 表示在中间直行车道上的车辆比例为 600/1500×100% = 40%；直行 2 表示在直行兼右转车道上，直行车辆比例是 600/1500×100% = 40%，右转车辆比例为 120/1500×100% = 8%，该车道车辆到达率的期望值为 600veh/h+ 120veh/h = 720veh/h。

表 5.3 场景 1 交通流量设置

方向	左转车辆 /（veh/h）	直行 1 车辆 /（veh/h）	直行 2 车辆 /（veh/h）	右转车辆 /（veh/h）
从西到东	180	600	600	120
从东到西	120	200	200	80
从北到南	180	600	600	120
从南到北	120	200	200	80

表 5.4 场景 2 交通流量设置

方向	左转车辆 /（veh/h）	直行 1 车辆 /（veh/h）	直行 2 车辆 /（veh/h）	右转车辆 /（veh/h）
从西到东	180	600	600	120
从东到西	180	600	600	120
从北到南	120	200	200	80
从南到北	120	200	200	80

表 5.5 场景 3 交通流量设置

仿真时间/s	流量设置
0～800	场景 1
800～1200	场景 2
1200～2400	场景 1

表 5.6 场景 4 交通流量设置

仿真时间/s	流量设置
0～1200	场景 1
1200～2400	场景 2

（2）固定相序强化学习控制和定时控制的比较

比较的性能指标包括：平均延误、平均速度和吞吐量（离开路网的车辆数）。相关数据全部由 VISSIM 的路网评价功能提供。每种控制方法都提供了学习阶段和评价阶段的数据。每运行一次仿真称为一个 episode。学习阶段运行了 120 次仿真（相当于监督式学习中的训练集），评价阶段进行了 30 次仿真（相当于测试集）。为了使每次仿真过程都有所差异，每次仿真都设置了不同的种子。对基于 Sarsa 的自适应控制算法，在学习阶段，按照前面所述的方法进行探索和利用，学习率 α 设置为 0.2 保持不变，折扣因子 γ 设置为 0.9 保持不变，探索率 ε 在前 50 次仿真中设为 0.2 保持不变，这是为了进行大量的探索，第 51 次仿真开始到第 100 次从 0.2 线性减小到 0，最后 20 次为 0。评价阶段只进行利用，即总是选择贪婪动作。仿真刚开始时交叉口并没有车辆，为避免其对学习的影响，在 80s "预热" 时间后，有车辆到达交叉口，才开始进行学习。因为每次仿真过程具有随机性，车辆到达一定的变化，所以对最近 10 次的指标求平均值进行平滑。如无特别说明，这些设置在后面的实验中保持不变。本实验中，Sarsa 算法使用式（5.31）作为回报函数，w_1 和 w_2 都设置为 0.5，离散化车辆排队长度的单位长度是 30m。

定时控制不存在学习的问题，但是为了进行比较，也给出了每次仿真的结果。定时控制使用的黄灯时间是 2s，没有全红时间。周期和各个相位的绿灯时间根据 TRRL 方法进行初步计算，然后根据实验进行调整，力求获得最好的效果。在场景 1、3、4 中，相位 1、2、3、4 的绿灯时间分别为 40s、10s、40s、10s，场景 2 则设置为 40s、12s、18s、10s。

图 5.11～图 5.14 分别显示了场景 1、2、3、4 的控制效果，其中，图 5.11a、c、e 是学习阶段的控制效果，图 5.11b、d、f 是评价阶段的控制效果。如图 5.11a、c、e 所示，场景 1 中，学习的初期进行了大量探索，控制效果的波动性较大，没有看出明显提升。随着学习的进行，探索率逐渐下降，Sarsa 算法的控制效果逐渐提升，当进行到第 110 次仿真时，Sarsa 算法的效果已经优于定时控制。在评价阶段，如图 5.11b、d、f 所示，Sarsa 算法的控制效果在平均延误、平均车速和路网吞吐量上均优于定时控制。如图 5.12b、d、f 所示，在场景 2 中，Sarsa 算法在平均延误上略好一些，其他指标与定时控制相当。由图 5.13b、d、f 可以看出，在场景 3 中，Sarsa 算法的性能指标明显优于定时控制，说明 Sarsa 算法学习的策略能够很好地适应突发流量。场景 4 是场景 1 到场景 2 的转换过程，流量分布在仿真过程前后半段发生了很大的变化，来车较多的一个方向从北边变成了东边。该场景充分反映了自适应控制的优越性。如图 5.14b、d、f 所示，三项指标都明显优于定时控制。定时控制算法显然无法适应交通流模式的转换。注意，在场景 1、2、4 中，在学习的末期，Sarsa 算法和定时控制在吞吐量上都有所下降，这是由于发车的随机性造成的，而非 Sarsa 算法控制效果变差。本节末尾给出了算法收敛的证据。表 5.7 列出了 Sarsa 算法和定时控制在 30 次评价过程的平均性能指标。平均延误方面的提升是指延误减少的百分比。可以看出在场景 1、3、4 中，Sarsa 算法在平均延误和平均车速的优势较明显，路网吞吐量略高于定时控制，而在场景 2 中与定时控制相差不大。

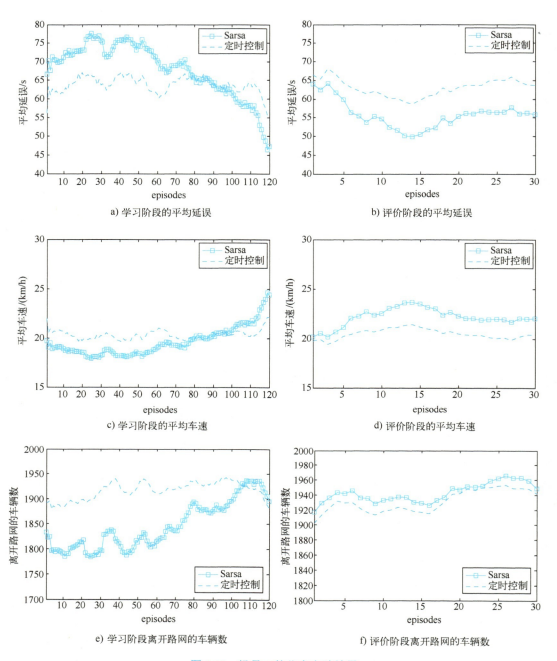

a) 学习阶段的平均延误

b) 评价阶段的平均延误

c) 学习阶段的平均车速

d) 评价阶段的平均车速

e) 学习阶段离开路网的车辆数

f) 评价阶段离开路网的车辆数

图 5.11　场景 1 的仿真实验结果

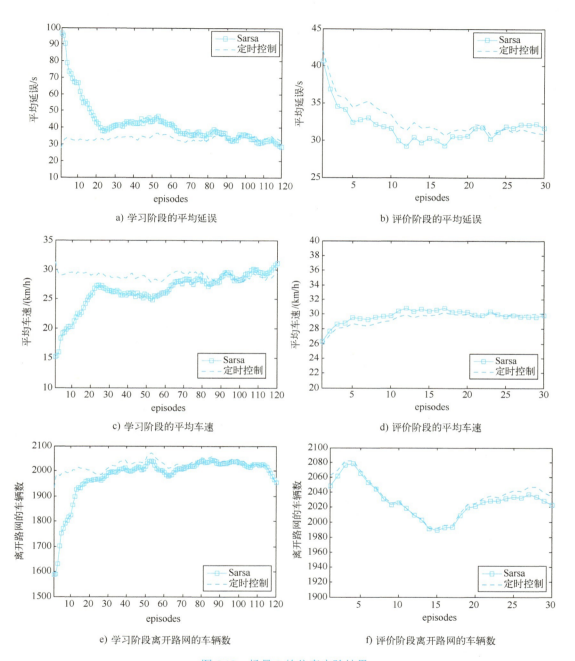

a) 学习阶段的平均延误

b) 评价阶段的平均延误

c) 学习阶段的平均车速

d) 评价阶段的平均车速

e) 学习阶段离开路网的车辆数

f) 评价阶段离开路网的车辆数

图 5.12　场景 2 的仿真实验结果

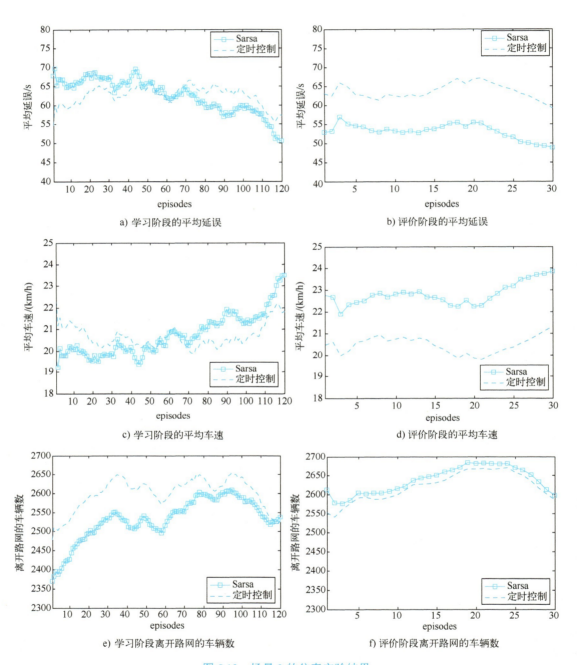

a) 学习阶段的平均延误

b) 评价阶段的平均延误

c) 学习阶段的平均车速

d) 评价阶段的平均车速

e) 学习阶段离开路网的车辆数

f) 评价阶段离开路网的车辆数

图 5.13　场景 3 的仿真实验结果

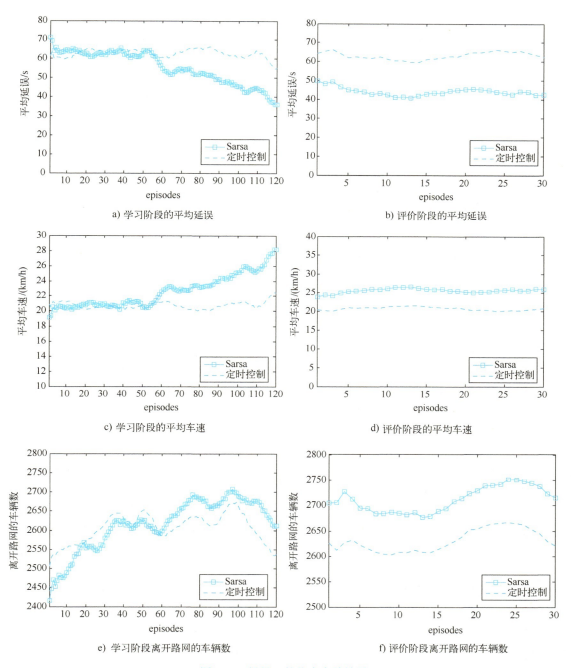

图 5.14　场景 4 的仿真实验结果

表 5.7　Sarsa 算法与定时控制的比较（30 次评价过程的平均结果）

场景	性能指标	Sarsa 算法	定时控制	性能提升（%）
场景 1	平均延误/s	55.2	62.6	11.8
	平均车速/（km/h）	22.3	20.6	8.3
	平均吞吐量/veh	1943	1934	0.4
场景 2	平均延误/s	31.3	31.9	1.9
	平均车速/（km/h）	29.9	29.6	1.0
	平均吞吐量/veh	2023	2029	−0.3
场景 3	平均延误/s	52.5	62.9	16.5
	平均车速/（km/h）	23.0	20.6	11.7
	平均吞吐量/veh	2631	2617	0.5
场景 4	平均延误/s	43.3	62.5	30.7
	平均车速/（km/h）	25.7	20.8	23.6
	平均吞吐量/veh	2709	2627	3.1

　　为了分析 Sarsa 算法在不同的场景中究竟学习到了怎样的策略，绘制了信号时序图。图 5.15～图 5.18 分别显示了在场景 1、2、3、4 中，基于 Sarsa 的固定相序控制时序图，横坐标代表仿真时间（s）。信号时序图的数据来源是评价阶段的第一次仿真过程，当然，这里只并截取了一部分时间段，足以说明问题。在相位时序图中，从上到下按照相位 1、2、3、4 的顺序展示了排队长度和相位的时序。排队长度每隔 2s 更新一次数据。而在仿真时间轴上，一个矩形框表示该相位持续 10s 的绿灯时间，没有矩形框的时段为该相位禁止通行的时段。场景 1 的流量分布特点是西方和北方到达车辆较多，且直行车辆所占比例很高，而另外两个方向的到达车辆要少将近一半。在图 5.15 中可以看到，相位 1（东西直行）和相位 3（南北直行）的绿灯时间明显多于其他两个相位，而且，一旦当前相位的排队长度小于下一相位的排队长度，会切换至下一相位。图 5.15 中，相位 3 的排队长度在 904s 左右时有一个跳变，反复检查后发现该跳变并非由代码错误引起，而是 VISSIM 的排队长度计数器导致。经大量测试后发现，这种不正确的跳变次数并不多见，而且仅发生在决策时间间隔之内，这可能与数据采集时间间隔太短有一定关系。决策时刻获取的排队长度是正确的，因而不影响控制决策。从图中也可以看到，此跳变发生时，相位 4 尚未执行完最小绿灯时间。

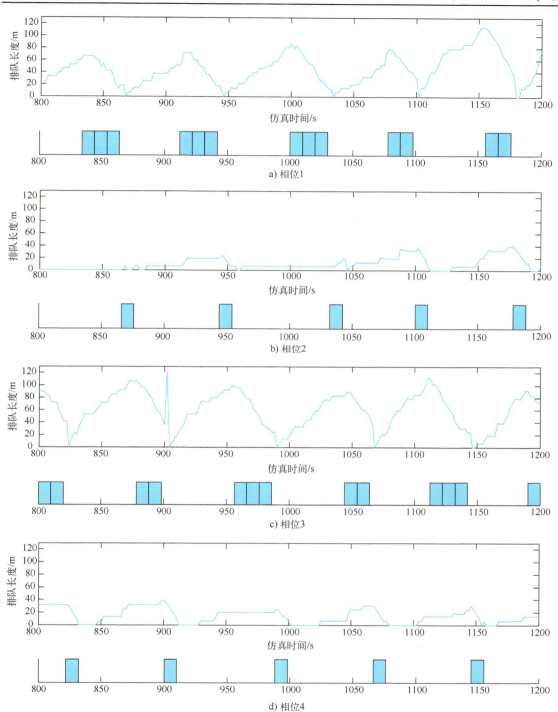

图 5.15　基于 Sarsa 的固定相序控制信号时序图（场景 1）

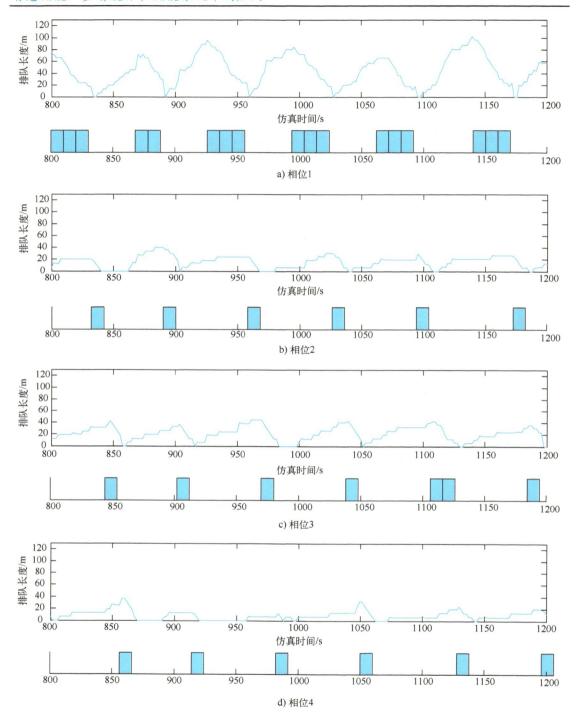

图 5.16　基于 Sarsa 的固定相序控制信号时序图（场景 2）

　　场景 2 的流量分布特点是东西方向车辆到达较多，且以直行为主，而南北方向较少。从图 5.16 中可以看出，相位 1（东西直行）的绿灯时间大致等于其他三个相位时间之和。该场景下，定时控制的配时方案为 40s—12s—18s—10s，与 Sarsa 学习到的每个相位的绿灯时长基本相同，只是周期时长要长一些。

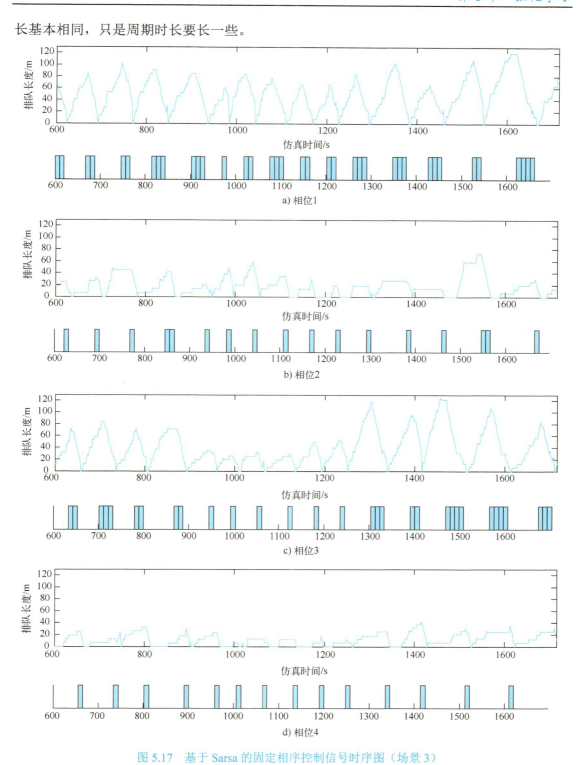

图 5.17　基于 Sarsa 的固定相序控制信号时序图（场景 3）

如图 5.17 所示，在场景 3 中，车辆到达率在 800s 和 1200s 处各有一次突变，即流量模式从场景 1 变为场景 2，持续 400s 后再变回场景 1，可以视为在场景 1 中有一股突发的流量。在这个场景中相位 3 的排队长度变化最为明显，而相位 3 的信号也相应变化，可以看出 Sarsa 算法学到的策略很好地适应了这种突发流量模式。

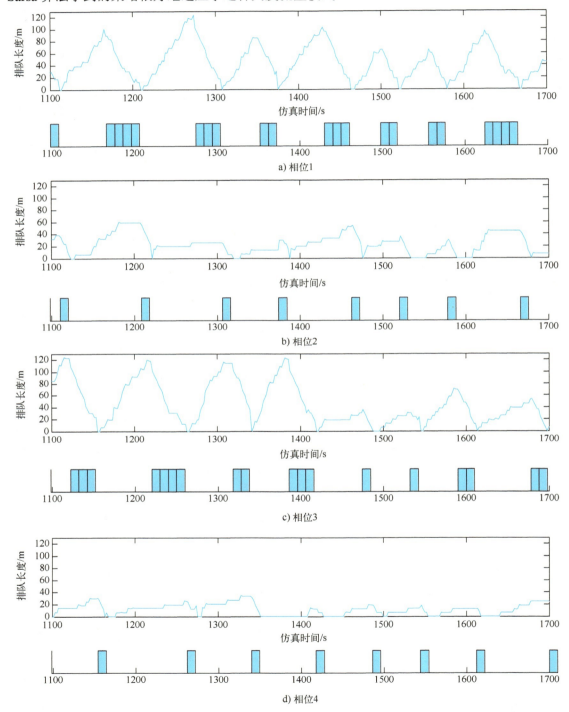

图 5.18　基于 Sarsa 的固定相序控制信号时序图（场景 4）

如图 5.18 所示，在场景 4 中，在 1200s 时，流量分布由场景 1 切换到场景 2。由于车辆到达有一定的滞后性，因此截取了 1100～1700s 的信号时序图。从图 5.18 中可以很明显地看到，以 1450s 为分界点，之前的信号时序图与场景 1 相似，之后的信号时序图与场景 2 相似。因此，基于 Sarsa 算法的信号控制方法确实能够很好地适应流量分布的变化。

5.3　本章小结

本章介绍了强化学习的相关概念，详细说明了 Q 学习算法和资格迹方法的步骤，最后给出了强化学习在五子棋 AI 设计和单交叉口交通信号灯相位优化问题中的应用。Q 学习算法和资格迹方法都是表格型算法，可以很容易地使用深度神经网络替代表格，用以解决连续状态的优化问题。事实上，当前流行的单智能体强化学习方法都是深度强化学习方法，如 SAC 算法和 PPO 算法，这些方法在很多任务中都表现出了优越的性能。

在两个应用案例中，学习成功的关键在于回报函数的设计。在人类看来较为复杂的棋类游戏中，可以较为容易地人为定义回报函数，而在一些从人的角度来看不算复杂的任务中，如给水杯倒水，人为定义回报函数较为困难。因此，如何设计回报函数是一个具有挑战性的问题，感兴趣的读者可以查阅回报塑造（Reward Shaping）方面的工作。

在交通信号优化问题中，交通流本身带有不确定性，并且，车流分布还会随时间变化，即状态转移函数是时变的。当时变性不强时，也就是本章第二个案例对应的情况，应用常规强化学习方法还可以取得较为理想的效果，当状态转移函数的时变性很强时，就要对算法进行改进，以适应时变性对学习的影响。

第6章 多智能体强化学习

智能体（Agent）是具有高度自治性，能够从环境中接收反馈信息，并能够利用这些信息采取行动的个体。在第5章里，介绍了单个智能体如何通过强化学习优化自己的策略。本章将介绍环境中存在多个智能体的情形。多智能体环境是指存在两个或两个以上相互作用的智能体的环境，且这些智能体的感知功能可能受到一定的限制，比如无法获取外部环境的状态，甚至其他智能体的内部状态也不可知。多个智能体如何在系统中协调，以便高效地共同完成任务是多智能体学习的主要问题。按照任务的内在属性来分，任务可划分为合作、对抗和两者的混合三种情形。本章只介绍如何让多个智能体通过强化学习完成合作任务。

6.1 多智能体强化学习算法

6.1.1 概述

多智能体强化学习的理论研究侧重于分析算法的收敛性，研究成果集中于重复博弈。研究人员的最终目的是设计出稳定可靠的多智能体强化学习算法，并将其应用于包含多个状态的优化任务中，而相当多的任务可以用随机博弈（Stochastic Game）进行描述。下面针对合作任务介绍随机博弈，并形式化地描述优化目标。

随机博弈由一个元组描述，即$<S, A_1, A_2, \cdots, A_n, p, r_1, r_2, \cdots, r_n>$，其中，$n$ 表示系统中智能体的数量，S 表示环境状态的集合，A_i 表示智能体 i 的可行动作的集合，$A = A_1 \times A_2 \times \cdots \times A_n$ 表示联合动作的集合，$p: S \times A_1 \times A_2 \times \cdots \times A_n \times S \rightarrow [0,1]$ 被称为转移函数，其实是一个条件概率，表示在当前状态 s 下采取一个联合动作 $a \in A$ 后，转移到下一状态 s' 的概率。$r_i: S \times A_1 \times A_2 \times \cdots \times A_n \times S \rightarrow \mathbf{R}$ 被称为智能体 i 的局部立即回报，表示智能体 i 自己获得的立即回报，全局立即回报是所有智能体获得的局部立即回报之和，定义为 $r = \sum_{i=1}^{n} r_i$。

在合作任务中，多智能体强化学习的目标是最大化每个时刻 t 开始能够获得的折扣全局累积回报（对于非确定性状态转移过程和非确定性策略来说，应当最大化期望），定义如下：

$$R(t) = r(t+1) + \gamma r(t+2) + \gamma^2 r(t+3) + \cdots = \sum_{k=0}^{K} \gamma^k r(t+k+1)$$

其中，$r(t+1)$ 表示 $t+1$ 时刻的全局立即回报；K 是一个 episode 结束时的时间步长；$\gamma \in (0,1)$ 表示折扣因子，γ 越小，当前的全局立即回报就越重要。

多智能体强化学习主要包括两大类算法：一类是从博弈论的观点进行研究而得到的算法，大多针对同时行动博弈，序贯行动博弈的典型例子是机器博弈；另一类是各种启发式算法，多用以解决某一类问题或某一个具体问题，这类算法的设计初衷不是达到均衡，而是最优性能指标。

第一类多智能体强化学习算法主要采用了博弈论中各种"均衡"的概念,并且以达到 Nash 均衡或最优反应为目标。按照系统状态数目的不同,博弈可以分为静态博弈和动态博弈。静态博弈对应系统中只有一个状态时的情形,多于一个状态的情形则为动态博弈。将一个静态博弈重复进行多次,即为重复博弈。学习动力学和收敛性是多智能体强化学习理论研究的基础。

第二类多智能体强化学习算法并没有强调均衡的作用,而是从启发式的角度解决问题。最简单的情形是将单智能体强化学习直接扩展为多智能体强化学习,这种算法没有考虑稳定性和智能体之间的相互适应。

各种启发式算法固然能够在某个问题或者某几个问题上取得一些不错的结果,但是很难保证在其他问题中依然好用。对于多智能体强化学习的算法设计,还是应当从理论分析入手,才能从根本上解决算法收敛性和最优性的问题。通过梳理多智能体强化学习的理论成果可以发现,Singh、Bowling 和 Veloso、Tuyls 和 Kianercy 等人的工作为多智能体强化学习算法的收敛性、最优性分析提供了一种研究方法,即建立 Q 学习的连续系统模型,并使用系统稳定性理论分析收敛结果。这种研究手段的优点在于,能够透彻理解多智能体强化学习的动力学特性,当改变回报、动作探索方式以及 Q 值更新公式后,可以定性、定量地分析这种改变对收敛性的影响。然而这种研究手段的缺点也很明显,目前多限于两人–两动作的重复博弈,如果要包含更多动作或更多参与者,收敛性分析将会变得难以进行。而且,每次分析只能针对一个特定的支付矩阵,无法证明算法在一般情况下的收敛性。作者认为,要解决上述问题,仅采用系统稳定性理论这一工具是不够的,还需要从博弈论、演化博弈、微分博弈中寻找合适的理论工具。

6.1.2　梯度上升算法

梯度上升(Gradient Ascent,GA)算法,以及无穷小学习率梯度上升(Infinitesimal Gradient Ascent,IGA)算法是一种用于学习重复博弈的多智能体强化学习算法。该算法可用于两人–两动作一般和博弈。理论上,该算法无法收敛,但通过引入趋于零的可变学习速率,即 $\lim_{t \to \infty} \eta \to 0$,表明 GA 算法将会收敛。下面对 IGA 方法进行描述。

以一个由行玩家和列玩家两个支付矩阵构成的两人–两动作一般和博弈为例,行玩家支付矩阵 $\boldsymbol{R}_r$ 和列玩家支付矩阵 $\boldsymbol{R}_c$ 如下:

$$\boldsymbol{R}_r = \begin{bmatrix} r_{11} & r_{12} \\ r_{21} & r_{22} \end{bmatrix}, \boldsymbol{R}_c = \begin{bmatrix} c_{11} & c_{12} \\ c_{21} & c_{22} \end{bmatrix}$$

如果行玩家选择动作 1,列玩家选择动作 2,则行玩家的回报为 r_{12},列玩家的回报为 c_{12}。假设存在一个混合策略(按照某个概率分布选择动作的策略),当然该算法也可用于纯策略博弈(每次选择某个动作的概率为 1,选择其他动作的概率为 0 的策略称为纯策略),在混合策略博弈中,行玩家选择动作 1 的概率为 α,因此,该玩家选择动作 2 的概率必须为 $1-\alpha$;列玩家选择动作 1 的概率为 β,选择动作 2 的概率必须为 $1-\beta$。矩阵博弈的策略完全由联合策略 $\pi(\alpha, \beta)$ 确定。定义行玩家和列玩家的期望回报(按照策略 $\pi(\alpha, \beta)$ 博弈无数次的平均回报的极限)分别为 $V_r(\alpha, \beta)$ 和 $V_c(\alpha, \beta)$,可表示为

$$\begin{aligned} V_r(\alpha, \beta) &= \alpha\beta r_{11} + \alpha(1-\beta)r_{12} + (1-\alpha)\beta r_{21} + (1-\alpha)(1-\beta)r_{22} \\ &= u_r\alpha\beta + \alpha(r_{12} - r_{22}) + \beta(r_{21} - r_{22}) + r_{22} \end{aligned}$$

$$V_c(\alpha, \beta) = \alpha\beta c_{11} + \alpha(1-\beta)c_{12} + (1-\alpha)\beta c_{21} + (1-\alpha)(1-\beta)c_{22}$$
$$= u_c\alpha\beta + \alpha(c_{11}-c_{22}) + \beta(c_{21}-c_{22}) + c_{22}$$

其中,

$$u_r = r_{11} - r_{12} - r_{21} + r_{22}$$
$$u_c = c_{11} - c_{12} - c_{21} + c_{22}$$

此时可计算期望回报相对于策略的梯度:

$$\frac{\partial V_r(\alpha, \beta)}{\partial \alpha} = \beta u_r + (r_{12} - r_{22})$$
$$\frac{\partial V_c(\alpha, \beta)}{\partial \beta} = \alpha u_c + (c_{21} - c_{22})$$

按照 GA 算法,行玩家和列玩家都按照梯度上升的方向更新策略:

$$\alpha_{k+1} = \alpha_k + \eta\frac{\partial V_r(\alpha_k, \beta_k)}{\partial \alpha_k}$$
$$\beta_{k+1} = \beta_k + \eta\frac{\partial V_c(\alpha_k, \beta_k)}{\partial \beta_k}$$

如果双方都执行 IGA 算法,即 $\eta \to 0$,则各自策略将收敛于 Nash 均衡,或整个过程内的平均回报将收敛于 Nash 均衡对应的期望回报。本章接下来的内容中,博弈论中的玩家(亦称参与者)将被看作智能体,如无特别说明将不加区别地使用这些名称相互指代。

6.1.3　WoLF-PHC 算法

1. WoLF-IGA 算法

WoLF-IGA(Win or Learn Fast-Infinitesimal Gradient Ascent)算法是由 Bowling 和 Veloso 在 IGA 算法的基础上提出的一种学习重复博弈的多智能体强化学习算法。作为一种梯度上升学习算法,WoLF-IGA 算法允许玩家根据当前梯度和可变学习速率来更新策略。其特点在于,玩家获胜时,学习速率较小,而玩家落败,则学习速率较大。假设 p_1 为玩家 1 选择第一个动作的概率,则玩家 1 选择第二个动作的概率为 $1-p_1$。相应地,假设 q_1 为玩家 2 选择第一个动作的概率,而 $1-q_1$ 为玩家 2 选择第二个动作的概率。WoLF-IGA 算法的更新规则如下:

$$p_1(k+1) = p_1(k) + \eta\alpha_1(k)\frac{\partial V_1(p_1(k), q_1(k))}{\partial p_1}$$

$$q_1(k+1) = q_1(k) + \eta\alpha_2(k)\frac{\partial V_2(p_1(k), q_1(k))}{\partial q_1}$$

$$\alpha_1(k) = \begin{cases} \alpha_{\min}, & V_1(p_1(k), q_1(k)) > V_1(p_1^*, q_1(k)) \\ \alpha_{\max}, & \text{否则} \end{cases}$$

$$\alpha_2(k) = \begin{cases} \alpha_{\min}, & V_1(p_1(k), q_1(k)) > V_1(p_1^*(k), q_1^*) \\ \alpha_{\max}, & \text{否则} \end{cases}$$

式中,η 为随时间趋于零的学习率;$\alpha_i(i=1,2)$ 为玩家 $i(i=1,2)$ 的学习速率;$V_i(p_1(k), q_1(k))$ 是指给定当前两个玩家的联合策略 $(p_1(k), q_1(k))$ 下,时刻 k 时玩家 i 的期望回报;(p_1^*, q_1^*) 为均衡策略。

在两人-两动作矩阵博弈中，如果每个玩家均采用 $\alpha_{max} > \alpha_{min}$ 的 WoLF-IGA 算法，则随着步长 $\eta \to 0$，玩家策略收敛于 Nash 均衡。

上述算法是一种在两人-两动作一般和矩阵博弈的完全混合策略或纯策略中可以保证收敛于 Nash 均衡的梯度上升算法。然而，该算法不是一种真正意义上的分布式学习算法。这是因为在学习过程中，需要已知 $V_1(p_1^*, q_1(k))$ 和 $V_2(p_1(k), q_1^*)$ 来选择相应的学习参数 α_{max} 和 α_{min}，而为了得到 $V_1(p_1^*, q_1(k))$ 和 $V_2(p_1(k), q_1^*)$，需要已知时刻 k 每个玩家的支付矩阵及其对手的策略。而在一个真正意义上能够做到分布式的学习算法中，智能体仅需已知时刻 k 的自身动作和回报。

2. PHC 算法

PHC（Policy Hill Climbing，策略爬山）算法是一种更为实用的梯度下降算法，当其他玩家均不学习并采用固定策略，则使用该算法学习策略的玩家将收敛于（对自己来说的）最优混合策略。在混合策略空间中可通过 PHC 算法来实现爬山过程。该算法最初由 Bowling 和 Veloso 提出。相比 IGA 算法，PHC 算法无须知晓其他玩家的策略和回报，仅需要知道自己的动作和回报。智能体选择动作值最大的概率，以一个较小的学习速率 $\delta \in (0,1]$ 增大。其他玩家采用固定策略时，PHC 算法能够收敛于最优解。然而，如果其他玩家也进行学习，PHC 算法则可能不会收敛到一个固定策略。该算法从 Q 学习算法开始，表示为

$$Q_{t+1}^j = (1-\alpha)Q_t^j(a) + \alpha(r^j + \gamma \max_{a'})Q_t^j(a')$$

$$\pi_{t+1}^j(a) = \pi_t^j(a) + \Delta_a$$

$$\Delta_a = \begin{cases} -\delta_a, & a \neq \arg\max_{a'} Q_t^j(a') \\ \sum_{a' \neq a} \delta_{a'}, & \text{否则} \end{cases}$$

其中，$\delta_a = \min\left(\pi_t^j(a), \dfrac{\delta}{|A_j|-1}\right)$，$j=1,2$ 表示智能体的编号。PHC 算法的具体步骤如图 6.1 所示。

初始化：

学习速率 $\alpha \in (0,1]$，$\delta \in (0,1]$

折扣因数 $\gamma \in (0,1)$

探索率 $\varepsilon \in (0,1)$

$Q_j(a) \leftarrow 0$ 且 $\pi_{t+1}^j \leftarrow \dfrac{1}{|A_j|}$

重复下列步骤，直到满足学习终止的条件：

(1) 依据具有一定探索率 ε 的策略 $\pi_t^j(a)$ 选择行为 a

(2) 观测直接回报 r^j

(3) $Q_{t+1}^j = (1-\alpha)Q_t^j(a) + \alpha(r^j + \gamma \max_{a'})Q_t^j(a')$

(4) $\pi_{t+1}^j(a) = \pi_t^j(a) + \Delta_a$

图 6.1　智能体 j 的 PHC 算法

3．WoLF-PHC 算法

L. Busoniu 等提出了如下可变学习规则：

$$\alpha_{k+1} = \alpha_k + \eta l_k^r \frac{\partial V_r(\alpha_k, \beta_k)}{\partial \alpha_k}$$

$$\beta_{k+1} = \beta_k + \eta l_k^c \frac{\partial V_c(\alpha_k, \beta_k)}{\partial \beta_k}$$

式中，$l_k^r, l_k^c > 0$，且 $l_k^r, l_k^c \in [l_{min}, l_{max}]$，为可变学习速率，分别表示行参与者和列参与者在第 k 个步长的学习率。

调节学习速率的方法称为 WoLF-PHC 法。该方法的主要思想是，当玩家博弈获胜时，减慢学习，以维持当前的"好"策略；而在玩家落败或表现不佳时，则加快学习，以跳出当前的"坏"策略。获胜和落败的定义如下：如果实际回报大于当前玩家 Nash 均衡策略和其他玩家当前策略能够取得的期望回报，则智能体获胜，否则落败。两位玩家各自独立选择一个 Nash 均衡，并不需要选择相同的平衡点。如果博弈中有多个 Nash 均衡点，则智能体可以选择不同的点。因此，玩家 1 可能选择 Nash 均衡点 α^e，而玩家 2 选择 Nash 均衡点 β^e，且学习速率为

$$l_k^r = \begin{cases} l_{min}, & \text{如果} V_r(\alpha_k, \beta_k) > V_r(\alpha^e, \beta_k) \text{获胜} \\ l_{max}, & \text{其他} \qquad\qquad\qquad\qquad\qquad \text{落败} \end{cases}$$

$$l_k^c = \begin{cases} l_{min}, & \text{如果} V_c(\alpha_k, \beta_k) > V_c(\alpha_k, \beta^e) \text{获胜} \\ l_{max}, & \text{其他} \qquad\qquad\qquad\qquad\qquad \text{落败} \end{cases}$$

采用 WoLF 可变学习速率的 IGA 算法，称为 WoLF-IGA 算法。尽管该算法实现起来有一定困难，但具有良好的理论性能：如果在双动作迭代一般和博弈中，两个玩家都采用 WoLF-IGA 算法（且 $l_{max} > l_{min}$），则所采取的策略将会收敛到 Nash 均衡。

WoLF-IGA 算法的缺点在于玩家必须已知大量信息，需要已知自身的支付矩阵、其他玩家的策略以及自己的 Nash 均衡。当然，如果玩家已知自身的支付矩阵，那么也会知晓其 Nash 均衡点。因此，该算法不是一种真正意义上的分布式学习算法。

WoLF-PHC 算法是 PHC 算法的扩展。该算法采用 WoLF 机制使得 PHC 算法可自身收敛于 Nash 均衡。算法中具有两个不同的学习速率，获胜时为 δ_w，而落败时为 δ_l。平均策略和当前策略之间的差异可作为判断算法获胜与否的标准。学习速率 δ_l 要大于 δ_w。为此，玩家落败时，要比获胜时学习速度更快。这使得玩家在比预期表现较差时能够快速适应其他玩家的策略，而比预期表现较好时谨慎学习。同时，这也让其他玩家有足够的时间来适应玩家的策略变化。由于能够使得玩家策略收敛于某个 Nash 均衡，因此 WoLF-PHC 算法具有收敛性。另外，该算法也是一种具有"理性"的算法，所谓"理性"（Rationality）是指在对手执行固定策略时，该算法能使得玩家收敛到（对自己来说的）最优策略的一种性质。这些特性使得 WoLF-PHC 算法可广泛应用于各种随机博弈中。

图 6.2 描述了智能体 j 的 WoLF-PHC 算法的具体步骤，与 PHC 算法的区别在于 δ 的计算方法不同。

$$\delta = \begin{cases} \delta_{\mathrm{w}}, & \text{如果} \sum_{a'} \pi_t(a') Q^j{}_{t+1}(a') > \sum_{a'} \bar{\pi}_{t+1}(a') Q^j{}_{t+1}(a') \\ \delta_{\mathrm{l}}, & \text{否则} \end{cases}$$

$$\bar{\pi}^j_{t+1}(a') = \bar{\pi}^j_t(a') + \frac{1}{C_{t+1}}(\pi_t(a') - \bar{\pi}^j_t(a')), \quad \forall a' \in A_j$$

其中，$C_{t+1} = C_t + 1$。

初始化：

学习速率 $\alpha \in (0,1), \delta_{\mathrm{l}} \in (0,1), \delta_{\mathrm{w}} \in (0,1)$，且 $\delta_{\mathrm{l}} > \delta_{\mathrm{w}}$

折扣因数 $\gamma \in (0,1)$，探索率 $\varepsilon \in (0,1)$，$C(s) \leftarrow 0$

$Q_j(a) \leftarrow 0$ 且 $\pi^j(a) \leftarrow \dfrac{1}{|A_j|}$

重复下列步骤，直到满足学习终止的条件：

(1) 依据具有一定探索率 ε 的策略 $\pi^j_t(a)$ 选择行为 a

(2) 观测直接回报 r^j

(3) $Q^j_{t+1} = (1-\alpha)Q^j_t(a) + \alpha(r^j + \gamma \max_{a'}) Q^j_t(a')$

(4) $\pi^j_{t+1}(a) = \pi^j_t(a) + \Delta_a$

图 6.2　智能体 j 的 WoLF-PHC 算法

6.1.4　FMRQ 算法

在设计多智能体强化学习时，利用好 Nash 均衡是很关键的。但是，Nash 均衡仅仅表示系统在外界条件不变的前提下处于一种稳定的状态，并不代表系统处于最优的状态。对于合作型多智能体系统来说，需要对所有智能体的策略进行优化，使其共同协作达到系统最优性能指标才是目的，而 Nash 均衡不一定是能够达到这一目的的策略。这里的最优性能指标是指所有参与者获得的回报总和最大。对于随机博弈来说，应使累积回报总和（全局累积回报）最大；对于重复博弈来说，应使立即回报总和（全局立即回报）最大。如图 6.3 所示，在左边的支付矩阵中，策略(a_1, b_1)是 Nash 均衡，能够获得的全局立即回报是 2，而策略(a_2, b_2)能够获得的全局立即回报是 6。因此，Nash 均衡不能获得最大全局立即回报，策略(a_2, b_2)才是最优策略。

智能体A \ 智能体B	b_1	b_2
a_1	**(1, 1)**	5, 0
a_2	0, 5	3, 3

→

智能体A \ 智能体B	b_1	b_2
a_1	2, 2	5, 5
a_2	5, 5	**(6, 6)**

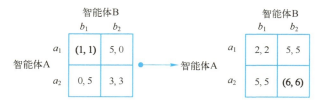

图 6.3　把每个智能体获得的立即回报进行再分配得到的支付矩阵

FMRQ 是一种多智能体强化学习方法，适用于合作型多智能体系统，目标是找到一个纯策略使系统达到最优性能指标。对于图 6.3 左侧的支付矩阵来说，FMRQ 的目标是收敛到策略(a_2, b_2)。FMRQ 需要每个智能体分享自己的立即回报，然后对立即回报进行再分配，使每个智能体获得的立即回报相同，即每个智能体的个体利益与团体利益是一致的（有些合作任务直接给出了代表团体利益的支付矩阵，这时就没有必要共享回报）。图 6.3 展示了两个支付矩阵，左侧支付矩阵和右侧支付矩阵分别代表了个体利益和团体利益。需要把左侧支付矩阵转化为右侧支付矩阵，方法是把左侧支付矩阵中的全局立即回报作为右侧支付矩阵中每个智能体的回报。策略 (a_2, b_2) 对应博弈 1 最大的回报之和。从左侧的支付矩阵来看，虽然对于智能体 B 来说，策略 (a_2, b_2) 不能为其带来最多的个人利益，但是却能为整个团体带来最多的利益。值得注意的是，策略 (a_2, b_2) 恰好是右侧支付矩阵的纯策略 Nash 均衡。

如果右侧支付矩阵中含有多个纯策略 Nash 均衡，那么能够获得最大回报的纯策略对应的是最优纯策略 Nash 均衡，只需要把右侧支付矩阵中的所有纯策略 Nash 均衡都找到，然后把立即回报最大的那个找出来就可以了。FMRQ 并没有去寻找 Nash 均衡，而是通过强化学习的方法保证最终收敛到获得最大全局回报的纯策略。尽管如此，有关 Nash 均衡和多智能体强化学习动力学特性的相关研究对 FMRQ 算法的提出产生了重要影响。

下面具体介绍 FMRQ 算法。用于学习重复博弈的 FMRQ 算法伪代码如图 6.4 所示。该算法要求每个智能体共享自己所处的环境和得到的立即回报，无须观察其他智能体执行的动作，因此智能体 i 存储的 Q 表大小为 $|s| \times |A_i|$。下面以智能体 i 为例，说明 FMRQ 算法用于学习重复博弈的步骤。

步骤 1：定义全局立即回报为所有智能体获得的立即回报之和。

步骤 2：将每个动作的执行次数、获得最大全局立即回报次数等辅助变量清零，智能体 i 使用 Boltzmann 策略进行动作选择，公式如下：

$$p_j(t) = \frac{e^{Q_j(t)/T}}{\sum_{k \in A_i} e^{Q_k(t)/T}} \tag{6.1}$$

其中，$p_j(t)$ 表示智能体 i 在 t 时刻选择动作 j 的概率；$Q_j(t)$ 表示动作 j 在 t 时刻的 Q 值；A_i 表示智能体 i 的动作空间；T 表示温度参数，是一个大于零的常数，用于控制随机动作和贪婪动作执行次数的比率，每个智能体所使用的温度参数 T 的值必须相同。

步骤 3：选择动作之后，智能体 i 获得立即回报，更新历史最大全局立即回报，更新当前动作执行次数以及执行当前动作后获得历史最大全局立即回报的次数，全局立即回报是指所有智能体获得的立即回报之和。

步骤 4：重复博弈进行一定次数后，按照下式更新 Q 值函数：

$$Q_j(t+1) = Q_j(t) + \alpha(r_j(t) - Q_j(t)) \tag{6.2}$$

其中，$\alpha \in (0, 1)$ 表示学习率，用于控制 Q 值更新的幅度。在独立式 Q 学习算法中，$r_j(t)$ 表示智能体 i 执行动作 j 后获得的立即回报。为了收敛到最大全局立即回报，FMRQ 使用频率 $\mathrm{fre}(j) = \frac{n_{\max\_j}}{n_j}$ 替代式（6.2）中的立即回报 $r_j(t)$ 来更新 Q 值，其定义如下：

$$\mathrm{fre}(j) = \frac{n_{\max\_j}}{n_j} \tag{6.3}$$

其中，n_j 表示智能体 i 选择动作 j 的次数；$n_{\max\_j}$ 表示智能体 i 选择动作 j 时，智能体 i 获得历史最大全局立即回报的次数。

步骤 5：清零动作执行次数等辅助变量，若重复博弈进行了预设的次数，则进入步骤 6，否则返回步骤 1。

步骤 6：每个智能体总是选择贪婪动作，即总是选择具有最大 Q 值的动作。

```
 1: for each agent i do
 2:     initialize Q(a_i) for {a_i|a_i ∈ A_i}
 3:     actionCnt(a_i) = 0        ▷ number of times for selecting
        action a_i
 4:     fre(a_i) = 0        ▷ frequency of getting the maximum
        global immediate reward after selecting action a_i
 5:     rewardHis(a_i) = null   ▷ record the global immediate
        reward obtained by action a_i
 6:     gamesCnt = 0        ▷ number of total games played
 7:     sampleGamesCnt = 0       ▷ number of sample games
        played
 8:     maxReward = −∞   ▷ number of times for selecting
        action a_i
 9:     actionCnt(a_i) = 0        ▷ maximum global immediate
        reward Agent i has ever got
10:     repeat for each game
11:         select an action a_i by Boltzmann exploration
        scheme
12:         actionCnt(a_i) = actionCnt(a_i) + 1
13:         gamesCnt = gamesCnt + 1
14:         sampleGamesCnt = sampleGamesCnt + 1
15:         execute action a_i, record the global immediate
        reward with rewardHis(a_i) and update maxReward
16:         if sampleGamesCnt = SAMPLE_CNT then
17:             for each action a_i ∈ A_i do
18:                 evaluate    fre(a_i)    with    actionCnt(a_i),
        rewardHis(a_i), and maxReward
19:                 Q(a_i) = Q(a_i) + α(fre(a_i) − Q(a_i))
20:                 actionCnt(a_i) = 0
21:                 fre(a_i) = 0
22:                 rewardHis(a_i) = null
23:             end for each action
24:             sampleGamesCnt = 0
25:         end if
26:     until gamesCnt = MAX_GAMES_CNT
27: end for each agent
28: return Q-value function for each agent
```

图 6.4　FMRQ 在重复博弈中的伪代码

步骤 4 是 FMRQ 算法的关键步骤，下面通过一个例子说明如何实施步骤 4 计算 $\mathrm{fre}(j) = \dfrac{n_{\max\_j}}{n_j}$。如图 6.4 所示重复博弈，当该博弈进行了 50 次之后（伪代码第 16 行，SAMPLE_CNT 设置为 50），假设智能体 A 在这 50 次博弈中有 10 次选择了动作 1，有 40 次选择了动作 2，智能体 B 在这 50 次博弈中有 20 次选择了动作 1，有 30 次选择了动作 2。那么这两个智能体各自获得的历史最大立即回报等于 6。显然智能体 A 选择动作 1 后不可能取得回报 6，假设智能体 A 在 40 次选择动作 2 后有 25 次获得最大全局回报 6，那么根据式（6.3）可以得到

$$\mathrm{fre}(a_1) = 0/10 = 0$$

$$\mathrm{fre}(a_2) = 25/40 = 0.625$$

对于智能体 B 来说，选择动作 1 不可能获得最大全局回报 6，并且，因为之前假设智能体 A 在选择动作 2 之后有 25 次获得最大全局回报 6，那么智能体 B 在 30 次选择动作 2 后必然也有 25 次获得最大全局回报 6。因此根据式（6.3）有

$$\mathrm{fre}(b_1) = 0/20 = 0$$

$$\mathrm{fre}(b_2) = 25/30 = 0.833$$

关于 FMRQ 的步骤需要强调三点：第一，每个智能体的温度参数 T 需要设置为相同的较小的正数，才能保证 FMRQ 收敛到的贪婪动作能够取得最大全局回报（分析过程见 6.2.2 节）；第二，为了计算式（6.3），需要保证在进行 SAMPLE_CNT 次博弈的过程中，所有智能体的 Q 表保持不变，如步骤 4 所述，只有 SAMPLE_CNT 次博弈进行完，才计算频率，更新 Q 表；第三，达到预设的学习次数 MAX_GAMES_CNT 之后，FMRQ 算法不再计算式（6.3），不再更新 Q 值，也不再使用动作探索策略选择动作，而是每次都选择 Q 值最大的动作。

FMRQ 算法也可以用于优化多阶段决策过程，其伪代码如图 6.5 所示。当多阶段决策过程是一个马尔可夫过程时，每个状态下的决策可以看作进行一个重复博弈。支付矩阵中的元素不再是立即回报，而是从当前状态开始一直到吸收态的累积回报。FMRQ 算法计算每个智能体在每个状态下的每个动作取得最大全局累积回报的频率，并使用该频率更新 Q 值。在单智能体环境中，当智能体处于某一状态时，只需要选择使自己获得最大累积回报的动作。而在多智能体系统中，FMRQ 算法选择让多个智能体的联合动作获得最大累积回报的动作。图 6.6 演示了 FMRQ 如何学习一个包含两个智能体的两阶段决策过程。在每个状态上选择动作（进行决策）相当于进行了一次博弈。第一阶段只有一个状态，当所有智能体都执行一个动作之后，决策会进入第二阶段，并以 100% 的概率转移到箭头所指的状态上，所转移到的状态仅取决于第一阶段执行的联合动作。比如，在第一阶段执行联合动作 (a_2, b_2) 之后，将会获得全局立即回报 2，并转移到第二阶段状态 s_{24} 上，如果再执行联合动作 (a_1, b_1)，那么将获得第二阶段的全局最大立即回报 8。

在 FMRQ 算法的学习过程中，当后一阶段的各状态都收敛到最大全局累积回报之后，前一阶段的各个状态才能收敛到最大全局累积回报。如图 6.6 所示，当第二阶段状态 s_{21} 收敛到 (a_2, b_2)——对应最大全局累积回报 3，状态 s_{22} 收敛到 (a_2, b_2)——对应最大全局累积回报 4，状态 s_{23} 收敛到 (a_1, b_1)——对应最大全局累积回报 5，状态 s_{24} 收敛到 (a_2, b_1)——对应最大全局累积回报 8，这时，FMRQ 算法才能在第一阶段的 s_{11} 状态逐渐收敛到 (a_2, b_2)——对应最大累积回报 10。

1: **for** each agent i **do**
2: 　　initialize $Q(s, a_i)$ for $\{(s, a_i)|s \in S, a_i \in A_i\}$
3: 　　$actionCnt(s, a_i) = 0$　▷ number of times for selecting a_i under state s
4: 　　$fre(s, a_i) = 0$　　▷ frequency of getting the maximum global accumulated reward by selecting a_i under s
5: 　　$stateHis = null$　　　　▷ record the state sequence experienced in each step of an episode
6: 　　$rewardHis(s, a_i) = null$　　　　　▷ record the global immediate reward obtained by selecting a_i under s.
7: 　　$episodesCnt = 0$　▷ number of episodes experienced
8: 　　$s\_visitedCnt(s) = 0$　▷ number of visited times for s
9: 　　$maxReward(s) = -\infty$　　　　　▷ maximum global accumulated reward Agent i has ever got under s
10: 　　**repeat** for each episode
11: 　　　　**repeat** for each step
12: 　　　　　　under the current state s, select action a_i by Boltzmann exploration scheme
13: 　　　　　　record state s with $stateHis$
14: 　　　　　　$actionCnt(s, a_i) = actionCnt(s, a_i) + 1$
15: 　　　　　　$episodesCnt = episodesCnt + 1$
16: 　　　　　　$s\_visitedCnt(s) = s\_visitedCnt(s) + 1$
17: 　　　　　　execute a_i and record the global immediate reward with $rewardHis(s, a_i)$
18: 　　　　　　observe the state s' transited from state s
19: 　　　　　　record state s with $stateHis$
20: 　　　　　　$s = s'$
21: 　　　　**until** an episode is ended
22: 　　　　**for** each state s in $stateHis$ **do**
23: 　　　　　　**if** $s\_visitedCnt(s) \geq SAMPLE\_CNT$ **then**
24: 　　　　　　　　update $maxReward(s)$
25: 　　　　　　　　**for** each action $a_i \in A_i$ **do**
26: 　　　　　　　　　　evaluate $fre(s, a_i)$ with $actionCnt(s, a_i)$, $rewardHis(s, a_i)$, $stateHis$, and $maxReward(s)$
27: 　　　　　　　　　　$Q_i(s, a_i) = Q_i(s, a_i) + \alpha(fre(s, a_i) - Q_i(s, a_i))$
28: 　　　　　　　　　　$actionCnt(s, a_i) = 0$
29: 　　　　　　　　　　$fre(s, a_i) = 0$
30: 　　　　　　　　　　$rewardHis(s, a_i) = null$
31: 　　　　　　　　**end for** each action
32: 　　　　　　　　$s\_visitedCnt(s) = 0$
33: 　　　　　　**end if**
34: 　　　　**end for** each state
35: 　　　　$stateHis = null$
36: 　　**until** $episodesCnt = MAX\_EPISODES\_CNT$
37: **end for** each agent
38: **return** Q-value function for each agent

图 6.5　FMRQ 在随机博弈中的伪代码

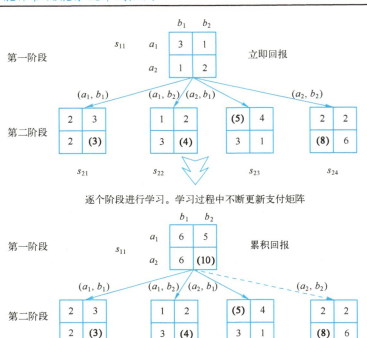

图 6.6 FMRQ 学习两阶段随机博弈的过程

把多阶段决策过程看成进行多个重复博弈，那么只要 FMRQ 能在每个重复博弈中收敛到最优联合动作，就可以保证在整个多阶段决策过程中取得最大的全局累积回报。因此，只需要分析 FMRQ 在重复博弈中的收敛性和最优性就足够了。在 FMRQ 算法的学习过程中，每个智能体在每个状态-动作对下取得的历史最大全局累积回报在不断更新，每个智能体的策略也在不断更新，因此 FMRQ 算法必须保证在任意初始策略下，都可以收敛到最优联合动作。

6.2 多智能体强化学习在重复博弈中的分析

本节介绍如何建立多智能体强化学习在重复博弈中的模型，以及分析算法收敛性（对模型的平衡点位置及平衡点类型的分析）。模型的建立以 IQL 算法为例，算法收敛性分析则通过 FMRQ 算法来讲解。

6.2.1 对 IQL 算法建模

独立式 Q 学习（IQL）是 Q 学习在多智能体环境中的最简单的一种学习算法，因此其在重复博弈中的动力学特性最先得到了分析，分析方法对于其他多智能体强化学习算法也有一定的借鉴意义。下面简要介绍 IQL 算法，以及 Tuyls 等人所建立的 IQL 在两人-两动作重复博弈中的模型。IQL 算法需要每个智能体维护一个有关自己动作的 Q 表，以行参与者为例，介绍 IQL 步骤如下。

步骤 1：将行参与者的 Q 表初始化为 0，设置 Q 值最大更新次数 m 和采样次数 n。

步骤 2：行参与者按照式（6.4）选择动作，并进行博弈 n 次，计算自己每个动作获得的平均回报。

$$x_i(k) = \frac{e^{\tau Q_i(k)}}{\sum_j e^{\tau Q_j(k)}} \tag{6.4}$$

其中，$x_i(k)$ 表示行参与者在时刻 t 选择第 i 个动作的概率；$Q_i(k)$ 表示行参与者的动作 i 在第 k 次更新时的 Q 值；τ 表示温度，τ 越小，选择每个动作的可能性越相等，τ 越大，越贪婪，即越倾向于选择 Q 值大的动作。

步骤 3：行参与者使用步骤 2 得到的平均回报，按照式（6.5）更新每个动作的 Q 值，并把 Q 值更新次数加 1。

$$Q_i(k+1) = Q_i(k) + \alpha(r_i - Q_i(k)) \tag{6.5}$$

其中，r_i 表示在步骤 2 中进行的 n 次博弈中，选择动作 i 时获得的平均回报；α 是学习率。

步骤 4：如果到达 Q 值最大更新次数 m，则停止学习，否则返回步骤 2。

下面介绍 Tuyls 等人建立的 IQL 模型。Tuyls 等人首先做了这样一个假设，可以把 Q 值的更新过程近似为一个连续的过程，把式（6.4）、式（6.5）中的 k 用连续的时间变量 t 来替代。然后，把平均回报用回报的期望来替代。用 $\boldsymbol{A}$、$\boldsymbol{B}$ 分别表示行参与者和列参与者的支付矩阵，$\boldsymbol{x}$ 表示行参与者的策略向量（该向量每个元素 x_i 是行参与者选择动作 i 的概率），$\boldsymbol{y}$ 表示列参与者的策略向量（该向量每个元素 y_i 是列参与者选择动作 i 的概率），那么行参与者选择动作 i 所获得的立即回报的期望可以表示为 $(\boldsymbol{Ay})_i$，$(\boldsymbol{Ay})_i$ 表示 $\boldsymbol{Ay}$ 的第 i 行（是一个标量），并用于替代式（6.5）中的 r_i。于是，由式（6.4）得到

$$x_i(t) = \frac{e^{\tau Q_i(t)}}{\sum_j e^{\tau Q_j(t)}} \tag{6.6}$$

由式（6.5）得到

$$\dot{Q}_i(t) = \alpha((\boldsymbol{Ay})_i - Q_i(t)) \tag{6.7}$$

因为行参与者只有 2 个动作，因此，根据全导数公式可以得到描述行参与者策略随时间变化的微分方程：

$$\dot{x}_i(t) = \frac{\partial x_i}{\partial Q_1}\frac{\mathrm{d}Q_1}{\mathrm{d}t} + \frac{\partial x_i}{\partial Q_2}\frac{\mathrm{d}Q_2}{\mathrm{d}t} \tag{6.8}$$

可由式（6.6）~式（6.8）得到

$$\frac{\mathrm{d}x_i}{\mathrm{d}t} = x_i\alpha\tau((\boldsymbol{Ay})_i - \boldsymbol{x}^{\mathrm{T}}\boldsymbol{Ay}) + x_i\alpha\sum_j x_j\ln\left(\frac{x_j}{x_i}\right) \tag{6.9}$$

按照相似的方法，可以得到描述列参与者策略随时间变化的微分方程：

$$\frac{\mathrm{d}y_i}{\mathrm{d}t} = y_i\alpha\tau((\boldsymbol{B}^{\mathrm{T}}\boldsymbol{x})_i - \boldsymbol{y}^{\mathrm{T}}\boldsymbol{B}^{\mathrm{T}}\boldsymbol{x}) + y_i\alpha\sum_j y_j\ln\left(\frac{y_j}{y_i}\right) \tag{6.10}$$

式（6.9）和式（6.10）就是 Tuyls 等人建立的 IQL 模型。这个模型做了两处近似，第一处是把 Q 值更新过程看作一个连续的过程，第二处是把每个动作获得平均回报用期望回报替代。为验证模型的有效性，绘制了 IQL 模型的向量场图，并给出了 IQL 的学习曲线。图 6.7~图 6.12 的横坐标表示行参与者（玩家 1）选择第一个动作的概率 x_1，纵坐标表示列

参与者（玩家 2）选择第一个动作的概率 y_1。向量场图根据式（6.9）和式（6.10）得到。每个 IQL 学习轨迹图中，选取了 12 个不同初始条件（初始 Q 值）下的学习过程，Q 值最大更新次数 m 设置为 10000，采样次数 n 设置为 1。为了研究 IQL 在不同博弈类型中的动力学特性，选取了三种类型的博弈。

（1）性别战博弈

$$A = \begin{pmatrix} 2 & 0 \\ 0 & 1 \end{pmatrix}, \quad B = \begin{pmatrix} 1 & 0 \\ 0 & 2 \end{pmatrix}$$

男女双方存在不同的偏好，只有协作才能取得非零回报。该博弈存在两个纯策略 Nash 均衡(0,0)、(1,1)和一个混合策略 Nash 均衡 $\left(\dfrac{2}{3}, \dfrac{1}{3}\right)$，如图 6.7、图 6.8 所示。

（2）囚徒困境博弈

$$A = \begin{pmatrix} 1 & 5 \\ 0 & 3 \end{pmatrix}, \quad B = \begin{pmatrix} 1 & 0 \\ 5 & 3 \end{pmatrix}$$

该博弈存在唯一的纯策略 Nash 均衡(1,1)，即双方都选择欺骗，如图 6.9、图 6.10 所示。

（3）混合博弈

$$A = \begin{pmatrix} 2 & 3 \\ 4 & 1 \end{pmatrix}, \quad B = \begin{pmatrix} 3 & 1 \\ 2 & 4 \end{pmatrix}$$

该博弈存在唯一的混合策略 Nash 均衡(0.5,0.5)，如图 6.11、图 6.12 所示。

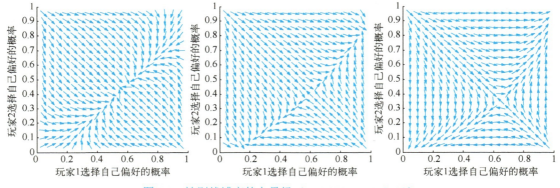

图 6.7　性别战博弈的向量场（α=0.005，τ=1, 2, 10）

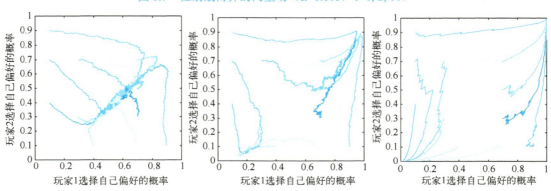

图 6.8　性别战博弈的 Q 学习轨迹（α=0.005，τ=1, 2, 10）

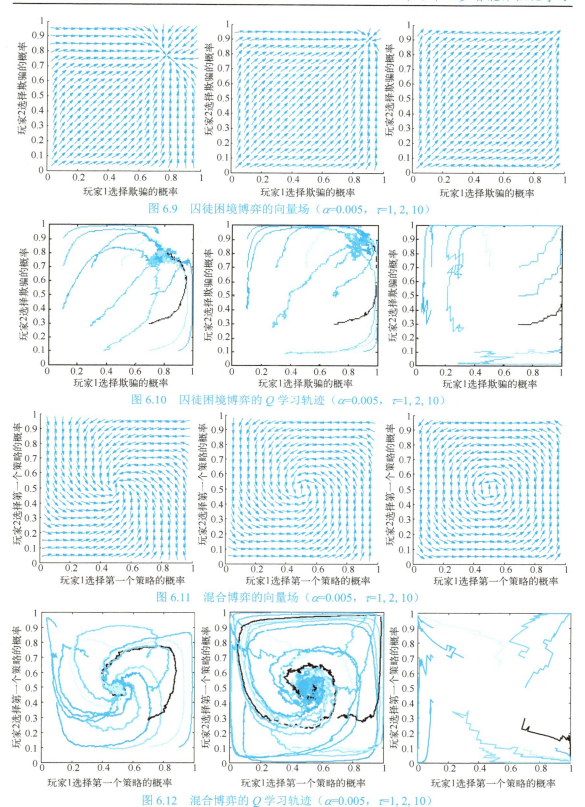

图 6.9　囚徒困境博弈的向量场（$\alpha=0.005$，$\tau=1, 2, 10$）

图 6.10　囚徒困境博弈的 Q 学习轨迹（$\alpha=0.005$，$\tau=1, 2, 10$）

图 6.11　混合博弈的向量场（$\alpha=0.005$，$\tau=1, 2, 10$）

图 6.12　混合博弈的 Q 学习轨迹（$\alpha=0.005$，$\tau=1, 2, 10$）

可以看出，在三种博弈情形下，尽管采样次数 n 仅设置为 1，IQL 学习曲线与式（6.9）、式（6.10）表示的 IQL 模型所描述的动力学是基本一致的。在性别战博弈和囚徒困境博弈中，当 τ 足够大时，Q 学习最终收敛到 Nash 均衡。而在混合博弈中，τ 比较小时，才能收敛到混合策略 Nash 均衡。最终从图中可以得到以下结论：首先，Q 的初始值对 IQL 学习的影响很大。其次，动作选择的策略也对学习产生很大的影响。最后，添加了一组对比实验，发现学习率 α 决定了 IQL 的稳定性。α 过大时，Q 学习过程将变得难以预测，甚至有可能不符合 IQL 模型的描述，如图 6.13、图 6.14 所示。注意，选取的采样次数 n 也会影响学习的稳定性，采样次数越多，平均回报作为期望回报的估计就越好，学习曲线也更符合 IQL 模型的向量场图。在实际使用 IQL 算法时，为保证算法稳定，可将采样次数 n 设置为 30～50 的整数。

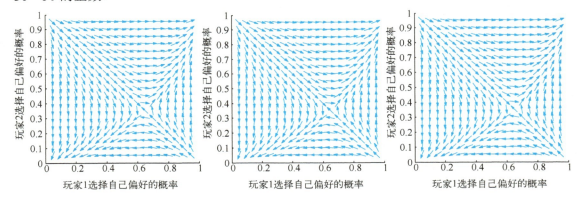

图 6.13　性别战博弈的向量场（τ=10，α=0.005，0.1，0.7）

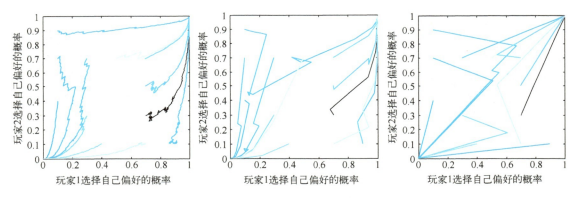

图 6.14　性别战博弈的 Q 学习轨迹（τ=10，α=0.005，0.1，0.7）

6.2.2　对 FMRQ 算法进行收敛性分析

本节关心的是 FMRQ 算法能否在重复博弈中收敛到最优联合动作，取得最大全局回报。下面从两智能体-两动作的重复博弈开始，对 FMRQ 算法的收敛性和最优性进行分析。按照四种情况分别讨论，如图 6.15 所示，支付矩阵中的每个元素表示全局回报，最大全局回报用括号标记。r_j^i 表示智能体 i 选择动作 j 后获得全局最大回报的概率，x、y 分别表示智能体 1、智能体 2 选择第一个动作的概率。

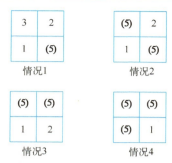

图 6.15   四种情况的支付矩阵

情况 1：只有一个最大全局立即回报。

在情况 1 中，首先需要计算每个智能体选择每个动作后获得的全局最大回报的概率。以 $r_2^1 = 1-y$ 为例，其计算方法如下：$r_2^1 = 1-y$ 表示智能体 1 选择动作 2 后获得最大全局回报的概率，此概率仅取决于智能体 2 选择各个动作的概率分布。智能体 2 选择动作 1 的概率为 y，选择动作 2 的概率为 $1-y$，那么智能体 1 在选择动作 2 时，有 y 的概率获得全局回报 1，有 $1-y$ 的概率获得最大全局回报 5，因此 $r_2^1 = 1-y$。按照同样的方法，可以计算得到 $r_1^1 = 0$，$r_1^2 = 0$，以及 $r_2^2 = 1-x$。FMRQ 算法使用频率更新 Q 值，而这里计算得到的是概率，用概率作为频率的近似来建立 FMRQ 算法在重复博弈中的学习模型。把这些概率代入式（6.9）和式（6.10），可得

$$\frac{\dot{x}}{x(1-x)} = (y-1) - T\ln\frac{x}{1-x} \tag{6.11}$$

$$\frac{\dot{y}}{y(1-y)} = (x-1) - T\ln\frac{y}{1-y} \tag{6.12}$$

为便于分析，把式（6.11）、式（6.12）改写成下面的形式：

$$\frac{\dot{x}}{x(1-x)} = (ay+b) - \ln\frac{x}{1-x} \tag{6.13}$$

$$\frac{\dot{y}}{y(1-y)} = (cx+d) - \ln\frac{y}{1-y} \tag{6.14}$$

其中，$a = \frac{1}{T}$，$b = -\frac{1}{T}$，$c = \frac{1}{T}$，$d = -\frac{1}{T}$。根据 A. Bab 等的研究成果，对于任何正实数 T，平衡点 $(x, y) = (0, 0)$，$(0, 1)$，$(1, 0)$，$(1, 1)$ 都是不稳定的。因此只检测内部平衡点（x–y 平面上区域 $0<x<1$，$0<y<1$ 内的平衡点）的稳定性。

内部平衡点必须满足下列方程：

$$(ay+b) - \ln\frac{x}{1-x} = 0 \tag{6.15}$$

$$(cx+d) - \ln\frac{y}{1-y} = 0 \tag{6.16}$$

按照 A. Bab 等的分析方法，为了便于分析，引入两个变量：

$$u = \ln\frac{x}{1-x}$$

$$v = \ln\frac{y}{1-y}$$

然后根据式（6.15）、式（6.16）可以得到

$$\frac{1}{a}u - \frac{b}{a} = \left(1 + e^{-d - \frac{c}{1 + e^{-u}}}\right)^{-1} \tag{6.17}$$

再把 $a = \frac{1}{T}$，$b = -\frac{1}{T}$，$c = \frac{1}{T}$，$d = -\frac{1}{T}$ 代入式（6.17）得到

$$Tu + 1 = \left(1 + e^{\frac{1}{T}\left(1 - \frac{1}{1 + e^{-u}}\right)}\right)^{-1} \tag{6.18}$$

因为式（6.18）是根据式（6.13）和式（6.14）得到的，所以平衡点肯定满足式（6.18），也就是说，根据式（6.18）求解出平衡点处的 u^*，那么平衡点处的 x 值为 $x^* = \frac{e^{u^*}}{1 + e^{u^*}}$。式（6.18）是一个非线性方程，只能得到数值解。这里首先采用作图法来确定平衡点位置随温度参数 T 的变化趋势。式（6.18）的左右两端分别是一个关于 u 的一元函数，假设 $f(u) \equiv Tu + 1$，$g(u) \equiv \left(1 + e^{\frac{1}{T}\left(1 - \frac{1}{1 + e^{-u}}\right)}\right)^{-1}$，如图 6.16 所示，当 $T=0.01$ 时，把 $f(u)$、$g(u)$ 画在同一个平面上，它们有一个交点，这个交点就是内部平衡点。$f(u)$ 的斜率是 $T>0$，是一个单调上升的函数，截距为 1。为了判断 $g(u)$ 的单调性，先求其导数

$$g'(u) = \frac{1}{T}g(u)(1 - g(u))\frac{1}{4\cosh\frac{u^2}{2}} \tag{6.19}$$

因此，$g(u)$ 是一个单调上升的函数。容易看出 $\lim\limits_{u \to -\infty} g(u) = \left(1 + e^{\frac{1}{T}}\right)^{-1}$，$\lim\limits_{u \to +\infty} g(u) = 0.5$，因此 $g(u)$ 的取值范围是 $\left(\left(1 + e^{\frac{1}{T}}\right)^{-1}, 0.5\right)$。如图 6.16 所示，$f(u)$、$g(u)$ 只有一个交点，当 $f(u)$ 的斜率 T 减小时，$f(u)$ 与 $g(u)$ 的交点会向左移动。因此，当 T 趋近于 0 时，u 趋近于 $-\infty$。内平衡点处的 $x^* = \frac{e^u}{1 + e^u}$ 趋近于 0。接下来考查 y^* 将会如何变化，根据式（6.16）可以得到

$$v = \frac{1}{T}\left(\frac{1}{1 + e^{-u}} - 1\right) \tag{6.20}$$

从（6.20）可以看出，当 T 趋近于 0 且 u 趋近于 $-\infty$ 时，v 趋近于 $-\infty$，因此内平衡点处的 $y = \frac{e^v}{1 + e^v}$ 趋近于 0。综上所述，情况 1 只有一个内平衡点，当 T 是一个很小的正数时，该内平衡点接近点 $(x, y) = (0, 0)$。图 6.17 使用数值解法得到温度参数 T 和内平衡点处 x 的关系，与分析结果相符。

接下来使用系统稳定性理论分析内平衡点的稳定性。式（6.13）和式（6.14）所描述系统的雅可比矩阵为

$$J(x, y) = \begin{pmatrix} L_1 - 1 & ax(1 - x) \\ cy(1 - y) & L_2 - 1 \end{pmatrix} \tag{6.21}$$

其中，

$$L_1 = (1 - 2x)\left(ay + b - \ln\frac{x}{1 - x}\right) \tag{6.22}$$

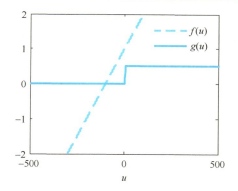

图 6.16　情况 1 中的 $f(u)$ 和 $g(u)$ 曲线($T = 0.01$)

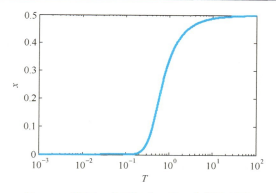

图 6.17　情况 1 中平衡点 x 随 T 变化的曲线

$$L_2 = (1-2y)\left(cx + d - \ln\frac{y}{1-y}\right) \tag{6.23}$$

因为内平衡点必须满足式（6.15）和式（6.16），所以必有 $L_1 = 0$，$L_2 = 0$。系统特征值（式（6.21）的特征值）为

$$\lambda_{1,2} = -1 \pm \sqrt{acxy(1-x)(1-y)} \tag{6.24}$$

由图 6.16 可知在内平衡点处，$f(u)$ 的斜率大于 $g(u)$ 的斜率，即

$$\frac{1}{a} > \frac{ce^{s(u)}e^u}{(1+e^{s(u)})^2(1+e^u)^2} \tag{6.25}$$

其中，

$$s(u) = c\frac{e^u}{1+e^u} + d \tag{6.26}$$

使用式（6.25）、式（6.26），并且利用 x 和 u 之间的关系，可以得到下式：

$$0 < acxy(1-x)(1-y) < 1 \tag{6.27}$$

通过式（6.24）、式（6.27）可知，$\lambda_1 < 0$，$\lambda_2 < 0$ 且 $\lambda_1 \neq \lambda_2$。根据系统稳定性理论，内平衡点是一个稳定的结点。

在情况 1 中，只有一个内平衡点存在，当 T 是一个很小的正数时，该内平衡点在 $(x^*, y^*) = (0, 0)$ 附近。这意味着无论两个智能体的初始策略是什么，通过 FMRQ 算法，两个智能体最终收敛到的策略对应的贪婪动作是动作 2（在学习结束之后，每个智能体总是选择 Q 值最大的动作），他们都可以获得全局最大回报 a。

情况 2：最大全局回报出现在支付矩阵的对角线位置。

按照情况 1 中计算每个智能体选择每个动作后获得的全局最大回报概率，可以得到 $r_1^1 = y$，$r_2^1 = 1-y$，$r_1^2 = x$，$r_2^2 = 1-x$。把这些概率代入式（6.9）和式（6.10），可以得到

$$\frac{\dot{x}}{x(1-x)} = (2y-1) - T\ln\frac{x}{1-x} \tag{6.28}$$

$$\frac{\dot{y}}{y(1-y)} = (2x-1) - T\ln\frac{y}{1-y} \tag{6.29}$$

仿照情况 1 的做法，引入变量 u、v，然后代入式（6.28）、式（6.29），可以得到

$$\frac{T}{2}u+\frac{1}{2}=\left(1+e^{\frac{1}{T}\left(1-\frac{2}{1+e^{-u}}\right)}\right)^{-1} \tag{6.30}$$

平衡点可通过数值方法求解式（6.30）得到，这里依然先确定平衡点位置随参数 T 的变化趋势。定义方程（6.30）左边的函数为 $f(u)\equiv\frac{T}{2}u+\frac{1}{2}$，右边的函数为 $g(u)\equiv\left(1+e^{\frac{1}{T}\left(1-\frac{2}{1+e^{-u}}\right)}\right)^{-1}$，$g(u)$ 的值域是 $\left(\left(1+e^{\frac{1}{T}}\right)^{-1},\left(1+e^{-\frac{1}{T}}\right)^{-1}\right)$，$g(0)=f(0)=0.5$。当 $T=0.01$ 时，$f(u)$ 和 $g(u)$ 的曲线如图 6.18 所示，它们有三个交点，对应三个内平衡点。我们注意到 $f(u)$ 的斜率总是正的，当温度参数 T 趋近于 0 时，内平衡点 1 朝 u 轴的负方向移动，内平衡点 3 朝 u 轴的正方向移动，内平衡点 2 的位置不发生变化，总是等于 $(x^*,y^*)=(0.5,0.5)$。当 T 足够小时，内平衡点 1 接近 $(x,y)=(0,0)$，同时，内平衡点 3 接近 $(x,y)=(1,1)$。当 T 比较大时，只有一个内平衡点 $(x^*,y^*)=(0.5,0.5)$。内平衡点的类型可以按照情况 1 中的步骤来确定。图 6.19 显示了随参数 T 的变化，内平衡点的数量、位置和稳定性信息，当 T 足够小时，有三个内平衡点，内平衡点 1 和内平衡点 3 是稳定结点，内平衡点 2 是鞍点；当 T 比较大时，只有一个稳定的内平衡点 $(0.5,0.5)$。

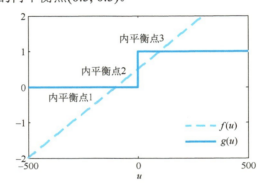

图 6.18　情况 2 中的 $f(u)$ 和 $g(u)$ 曲线 $(T=0.01)$

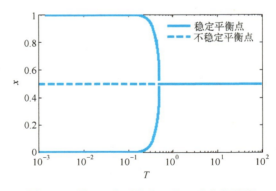

图 6.19　情况 2 中平衡点 x 随 T 变化的曲线

情况 3：最大全局回报出现在支付矩阵的同一行。

在情况 3 中，只有一个内平衡点，并且在该平衡点处，系统特征值为 $\lambda_1=\lambda_2=-1<0$，因此该平衡点是稳定的。当 T 足够小时，唯一的内平衡点对应 $(u^*,v^*)=\left(\frac{1}{T},0\right)$，即 $(x^*,y^*)=$

(1, 0.5)。图 6.20 显示了随温度参数 T 变化，该内平衡点的位置和稳定性信息。读者可根据情况 1 中的分析过程自行验证。

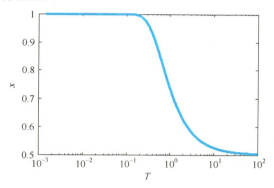

图 6.20　情况 3 中平衡点 x 随 T 变化的曲线

情况 4：三个最大全局回报出现在支付矩阵中。

从图 6.21 和图 6.22 中可以看出，当温度参数 T 足够小时，有三个内平衡点存在，包括两个稳定的结点$(x^*, y^*) = (1, 0.5)$、$(0.5, 1)$ 和一个鞍点$(x^*, y^*) = (1, 1)$，当 T 比较大时，只有一个稳定的内平衡点。读者可根据情况 1 中的分析过程自行验证。

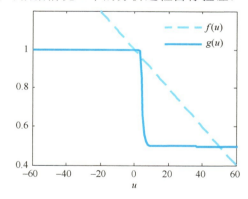

图 6.21　情况 4 中的 $f(u)$ 和 $g(u)$ 曲线$(T = 0.01)$

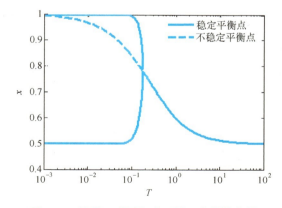

图 6.22　情况 4 中平衡点 x 随 T 变化的曲线

对前面四种情况的分析表明，使用 FMRQ 进行一个两人-两动作的重复博弈，无论初始策略(x_0, y_0)是什么，都会收敛到获取最大全局回报的贪婪策略。在应用 FMRQ 算法时，使用频率来近似概率。

为了验证 FMRQ 算法的模型是否能够正确反映 FMRQ 算法的学习过程，给出了情况 2 下 FMRQ 算法模型的方向场图（见图 6.23）和 FMRQ 的学习曲线（见图 6.24）。方向场图中的任意一点代表两个智能体的联合策略(x,y)，方向场图的用法是，从图中一个点开始，即从一个初始策略(x_0,y_0)开始，沿着小箭头的方向就是策略(x,y)的变化趋势。作方向场图需要画出均匀间隔的一系列点处的小箭头，在情况 2 中，点(x,y)处的小箭头的斜率可由式（6.29）除以式（6.28）得到，即

$$\frac{dy}{dx} = \frac{y(1-y)\left[(2x-1) - T\ln\frac{y}{1-y}\right]}{x(1-x)\left[(2y-1) - T\ln\frac{x}{1-x}\right]} \tag{6.31}$$

学习曲线的参数设置为，温度参数 T=0.01，学习率α为 0.01。在绘制每种情况的学习曲线时，取下列 12 个点作为初始策略：(x_0, y_0) = (0.6, 0.9), (0.9, 0.6), (0.1, 0.4), (0.4, 0.1), (0.3, 0.7), (0.5, 0.7), (0.7, 0.3), (0.7, 0.5), (0.2, 0.9), (0.9, 0.2), (0.1, 0.7), (0.7, 0.1)。通过比较学习曲线和方向场图可以看出，二者是基本吻合的。这说明当温度参数 T 足够小时，之前的分析是合理的。

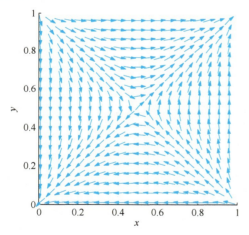
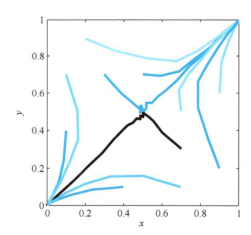

图 6.23　情况 2 的 FMRQ 模型的方向场图　　　图 6.24　情况 2 的 FMRQ 学习曲线

情况 5：三人-两动作的重复博弈，只有一个最大全局回报。

目前，关于多智能体强化学习动力学分析多局限于两人-两动作的博弈，下面将再对一个三人-两动作的博弈进行分析。该博弈的支付矩阵如图 6.25 所示，$\forall i, j, a > b_{ij}, a > c_{ij}$，行参与者和列参与者与之前的定义相同，第三个参与者被称为矩阵参与者，这是因为如果他选择了第一个动作，将按照左边的支付矩阵分配回报，如果他选择了第二个动作，将按照右边的支付矩阵分配回报。支付矩阵中的元素代表全局回报。如果三个智能体都选择第一个动作，那么每个智能体获得的立即回报等于 a。在这个例子中，a 是最大全局回报并且用括号标出。

假设第三个参与者选择动作1　　　　假设第三个参与者选择动作2

图 6.25　情况 5 的 FMRQ 模型的方向场图

首先建立 FMRQ 进行此重复博弈的模型。先计算每个智能体选择每个动作后获得的全局最大回报概率。以智能体 1 为例，假设当前时刻三个智能体选择第一个动作的概率为(x, y, z)，则智能体 1 选择动作 1 后取得最大全局回报的概率，应当等于智能体 3 选择动作 1 的概率乘以智能体 2 选择动作 1 的概率，即 zy。按照同样的方法可以计算其他概率。

$$\frac{\dot{x}}{x(1-x)} = zy - T\ln\frac{x}{1-x} \tag{6.32}$$

$$\frac{\dot{y}}{y(1-y)} = zx - T\ln\frac{y}{1-y} \tag{6.33}$$

$$\frac{\dot{z}}{z(1-z)} = xy - T\ln\frac{z}{1-z} \tag{6.34}$$

其中，T 表示温度参数，是一个大于零的常数，用于控制随机动作和贪婪动作执行次数的比率；x、y、z 分别表示智能体 1、智能体 2 和智能体 3 选择第一个动作的概率。由式（6.32）~式（6.34）可得该系统只有一个平衡点(x, y, z)，其中 $x = y = z$，并且可以得到

$$T = \frac{x^2}{\ln\frac{x}{1-x}} \tag{6.35}$$

其中，$x \in (0.5, 1)$。为便于分析，定义函数 $h(x)$ 如下：

$$h(x) \equiv \frac{1}{(1-x)\ln\left(\frac{1}{1-x}\right)} \tag{6.36}$$

当 $x \in (0.5, 1)$ 时，$h(x)$ 在 $x = \frac{e-1}{e}$ 处取得最小值，因此可以得到

$$h(x) \geqslant e \tag{6.37}$$

由式（6.35）和式（6.36）可以得到，在平衡点处，T 是关于 x 的单调递减函数。因此，当 T 趋于 0 时，平衡点(x, y, z) 逼近$(1, 1, 1)$，正好对应最优 Nash 均衡。

接下来分析平衡点的收敛性。由式（6.32）~式（6.34）所描述的系统，其特征方程如下：

$$a_0\lambda^3 + a_1\lambda^2 + a_2\lambda + a_3 = 0 \tag{6.38}$$

其中，$a_0 = 1$，$a_1 = 3T$，$a_2 = 3T^2 - 3x^4(1-x)^2$，$a_3 = T^3 - 3Tx^4(1-x)^2 - 2x^6(1-x)^3$。式（6.38）对应的判断收敛性矩阵的顺序主子式为 $\Delta_1 = a_1$，$\Delta_2 = a_1a_2 - a_0a_3 = 8T^3 - 6Tx^4(1-x)^2 + 2x^6(1-x)^3$。使用式（6.35）~式（6.37）可以证明 $a_i > 0$ $(i = 0, 1, 2, 3)$，$\Delta_j > 0$ $(j = 1, 2)$。根据 Routh-Hurwitz 判据，唯一的平衡点是稳定的。同样给出了这个例子中 FMRQ 模型的方向场图和学习曲线，分别如图 6.26、图 6.27 所示。可以看出，它们是吻合的，说明之前的分析是合理的。

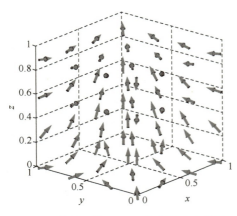

图 6.26　情况 5 的 FMRQ 模型的方向场图

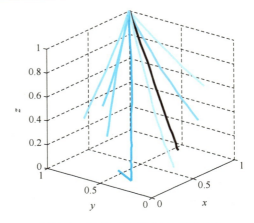

图 6.27　情况 5 的 FMRQ 学习曲线

6.3　应用案例

6.3.1　分布式传感器网络

1. 问题描述

图 6.28 展示了一个具有 8 个传感器和 2 个目标的分布式传感器网络。每一个传感器只能看到相邻传感器的动作，因而是一个分布式优化问题。每一个传感器可以执行三种动作——向自己左边聚焦、向右边聚焦或者什么也不做。注意，位于角落的传感器可以向单元格之外的地方聚焦。以 3 号传感器为例，它可以向自己的左边聚焦，尽管那里没有单元格。两个目标只在三个单元格中移动。每个目标以相同的概率向左移动、向右移动，或者停留原地。两个目标按照从左到右的顺序依次行动。每个单元格在任意时刻只能被一个目标占据。如果一个目标决定向单元格外移动，或者向已经被其他目标占据的单元格移动，那么它将停留在原地。每个目标的能量值为 3，如果至少三个传感器同时聚焦一个目标，那么该目标的能量值会减少 1，这被称为命中。如果目标的能量值减为零，它将从传感器网络中消失并且不再占据任何单元格，这被称为捕获。一次过程开始时，两个目标被随机安置在两个单元格中。每一个步长开始，由传感器首先采取行动，目标的能量值发生变化（也可能不变化），这称为中间态，然后轮到目标采取行动，进而转移到下一个状态，该步长结束。依照这个设定，可以很清楚地看到即时回报仅仅取决于一个状态到中间态的变化，因为这个变化包括了有关回报的所有信息——哪些传感器聚焦，哪些没有聚焦，是否命中，是否捕获。如果所有目标被捕获或者经过了 1000 个步长，那么一次过程结束。每次聚焦得到值为-1 的回报，没有聚焦则回报为 0。如果一个目标被四个传感器同时捕获，仅有编号最小的三个传感器各自得到 10 的回报。分布式传感器网络的性能指标是，在一次过程中获取尽可能大的累积回报（无折扣因子）。

图 6.28 所示的分布式传感器网络中，总共有 $3^8 = 6561$ 个联合动作，37 个状态。如果把所有传感器作为一个整体进行学习，那么可以使用单智能体强化学习算法解决这个问题。但是，对于更为复杂的 MAS 来说，这样做是行不通的，随着智能体数量的增加，联合动作空

间呈指数级增长。在数量如此之多的状态-动作对中进行搜索无疑是很困难的。另外，每一个传感器只能与相邻传感器进行通信（包括对角线上的传感器）。对于系统中的每一个智能体来说，它不可能获得有关环境的完整信息和其他所有智能体采取的行动。

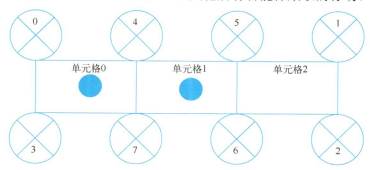

图 6.28　包含 8 个传感器 ⊗ 和 2 个目标 ● 的传感器网络

2. 仿真结果与讨论

把 FMRQ 同 WoLF-PHC、Hysteretic Q-learning (Hysteretic Q) 和单智能体强化学习（RL）算法进行对比。对比算法全部采用 ε-greedy 策略来平衡探索和利用。选择 SARSA（State—Action—Reward—State—Action）作为单智能体强化学习算法。对于单智能体 RL 算法，学习任务由一个智能体负责，该单智能体获取所有智能体的状态和动作，存储和更新关于联合状态和联合动作的 Q 值函数，并对所有智能体进行决策。对于 FMRQ、WoLF-PHC 和 Hysteretic Q，每个智能体分别存储和更新一个具有联合状态和自己动作的 Q 值函数，并分享其立即回报。

DSN 仿真程序使用 C++语言和面向对象的方法进行开发。DSN 问题的最佳策略是，每三个传感器聚焦在一个存活的目标上，而剩余的传感器不聚焦。很明显，最优全局累积回报为 42，最优步数为 3。选择每个 episode 的平均全局累积回报作为主要性能指标，并选择平均步数作为次要性能指标。在实验中，如果在一个 episode 中获得的全局累积回报为 42，则被认为是成功的。对于 FMRQ，SAMPLE_CNT 设置为 50。为了减少平均步数，对 FMRQ 进行修改，使用折扣因子 $\gamma = 0.9$ 来计算全局累积回报并用于更新 Q 值。称这个算法为 FMRQ($\gamma = 0.9$)。对于其他算法，探索率 ε 设置为常数 0.2。温度 T 的设置如下：

$$T = \begin{cases} 0.1,\ 1 \leqslant n \leqslant 0.2L \\ 0.015,\ 0.2L < n \leqslant 0.4L \\ 0.01,\ 0.4L < n \leqslant 0.6L \\ 0.005,\ 0.6L < n \leqslant 0.8L \\ 0.002,\ 0.8L < n \leqslant L \end{cases}$$

其余参数遵循 DSN 问题的设置。实验方法和结果的处理方式与 DSN 问题一样。

包含 $L = 100000$ 个 episodes 的学习过程曲线如图 6.29 所示，横坐标表示 episode 的数量，纵坐标表示平均全局累积回报。在学习曲线中可以看出，FMRQ 比 WoLF-PHC 收敛得更快，最终达到超过 40 的平均全局累积回报。Hysteretic Q 比其他算法收敛速度更快。如果给出更多的学习时间，或许所有算法都可以收敛到最优全局累积回报，但是对于八传感器

DSN 问题，100000 个 episodes 不是一个短的模拟时间。学习过程中的平均步数如图 6.30 所示，所有算法最终达到相似的步数。单智能体强化学习算法的性能不佳，所以在这里没有给出其学习曲线。表 6.1 和表 6.2 显示，经过 100000 个 episodes 的学习，成功率已达 98% 左右，全局累计回报达到 41.98（最优全局累积回报为 42）。在成功率方面，FMRQ 比其他算法具有压倒性优势。从表 6.3 可以看出，FMRQ($\gamma = 0.9$)、WoLF-PHC 和 Hysteretic Q 使用几乎相同数量的步数来捕获目标。正如我们预期的那样，FMRQ $\gamma=0.9$ 比 FMRQ 获得的平均步数更小。

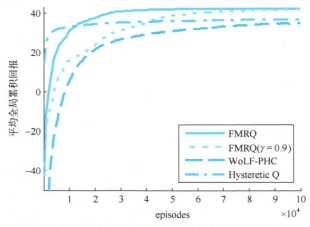

图 6.29　DSN 问题中每个 episode 获得的平均全局累积回报随学习时间变化曲线

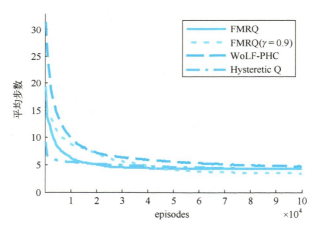

图 6.30　DSN 问题中每个 episode 捕获目标所用的平均步数随学习时间变化曲线

表 6.1　DSN 问题中的平均成功率

（用于评价的 episodes 数量= 5000）

算法	$L = 10000$	$L = 50000$	$L = 100000$
FMRQ	**90.6**	**98.3**	**98.8**
FMRQ ($\gamma = 0.9$)	**75.6**	**94.8**	**97.5**
WoLF-PHC	22.8	34.1	33.7
Hysteretic Q	1.1	12.9	25.5
单智能体 RL	0	0	0

表 6.2　DSN 问题中的平均全局累积回报

（用于评价的 episodes 数量=5000）

算法	$L = 10000$	$L = 50000$	$L = 100000$
FMRQ	**41.86**	**41.98**	**41.98**
FMRQ ($\gamma = 0.9$)	**41.65**	**41.93**	**41.97**
WoLF-PHC	39.96	40.69	40.74
Hysteretic Q	38.50	40.42	40.92
单智能体 RL	29.88	33.16	34.96

表 6.3　DSN 问题中捕获目标所用的平均步数

（用于评价的 episodes 数量=5000）

算法	$L = 10000$	$L = 50000$	$L = 100000$
FMRQ	**4.47**	**4.36**	**4.37**
FMRQ ($\gamma = 0.9$)	**3.79**	**3.49**	**3.45**
WoLF-PHC	3.64	3.58	3.69
Hysteretic Q	4.53	3.80	3.50
单智能体 RL	5.57	5.3	5.06

6.3.2　推箱子问题

1．问题描述

　　推箱子是用于测试多智能体强化学习算法的任务。图 6.31 所示的多边形共有 12 个顶点（位置），4 个箱子随机分布在这些顶点中。黑色圆圈表示箱子占据的位置，白色圆圈表示空位置，每个智能体负责推动一个箱子（智能体并没有在图中画出），目标是要让 4 个箱子均匀分布。智能体有三种动作，可以选择按顺时针方向推箱子、按逆时针方向推箱子，或者什么也不做（箱子会停在原地）。本节设定了箱子移动的规则，总的规则是所有箱子同时移动，一旦移动失败，箱子将停留在自己原先的位置上，移动成功与否按照如下规则进行判定。

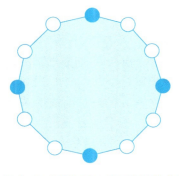

图 6.31　包含 12 个顶点和 4 个智能体的推箱子问题

　　规则 1：如果箱子 i 朝着相邻的顶点移动，该顶点已经被另一个箱子 j 占据，并且箱子 j

移动失败或者负责推它的智能体什么也没做，那么箱子 i 移动失败。

　　规则 2：如果位于相邻顶点的两个箱子向对方所在的顶点移动，那么它们都会移动失败。

　　规则 3：如果两个箱子朝同一个顶点移动，那么它们都会移动失败。

　　规则 4：如果一个智能体做出了推箱子的动作（不管朝哪个方向推），并且不满足前三条规则所假设的情况，那么箱子可以成功移动。

　　规则 5：如果位于数个相邻顶点的箱子朝相同的方向移动，如果"头"部的箱子移动成功，那么所有箱子可以成功移动；如果"头"部的箱子移动失败，那么所有箱子移动失败。

　　回报按照 K. K. Tan 等提出的规则进行分配，如果 4 个箱子均匀分布，每个智能体获得回报 10，否则获得回报-1。如果对箱子和顶点都进行编号，那么 4 个箱子所处的位置共有 11808 个状态（不包含 4 个箱子均匀分布的状态——吸收态），4 个智能体的联合动作共有 $3^4=81$ 个。智能体并不清楚回报如何分配以及该问题的目标，仅通过观察 4 个箱子的状态—做出动作—收到回报这一过程来调整自己的策略。

2. 仿真结果与讨论

　　推箱子问题的性能指标是每个 episode 的平均步数。对于一个 episode，智能体将所有箱子推到正确位置（均匀分布在多边形）的最少步数取决于每个箱子的初始位置。为此，专门设计了一个算法（这个算法的步骤并不简单，而且不能使用它得到智能体的策略）用于计算 4 个箱子位于任意初始位置时，要完成任务所需的最少步数。这样，就可以知道各种各样的多智能体强化学习算法在一个 episode 中是否使用了最少的步数。为了比较不同的算法，运行了 100 次实验，每次实验包含了一个学习过程和一个评估过程，学习过程和评估过程都包含多个 episodes。每个 episode 的开始箱子都处于一个随机的初始位置。为了公平起见，每个算法所经历的任何一个 episode，其箱子的初始位置是相同的。

　　将 100 次实验的结果取平均值，每次实验包括 L 个 episodes 的学习过程和 50000 个 episodes 的评估过程。在学习过程中，Q 值函数在线更新。在评估评估过程中，Q 值函数保持不变，并且始终选择贪婪联合动作。对于 FMRQ。参数 T 如下：

$$T=\begin{cases} 0.1,\ 1\leqslant n\leqslant 0.4L \\ 0.08,\ 0.4L<n\leqslant 0.8L \\ 0.05,\ 0.8L<n\leqslant L \end{cases}$$

其中，n 是经历过的 episodes 的数量；L 是学习过程包含的 episodes 数量。SAMPLE_CNT 设为 30，表示每当一个状态经历过 30 次，就对该状态下所有动作的 Q 值进行更新。学习率 α 设置为 0.2，并在整个学习过程中保持不变。对于 WoLF-PHC，参数 $\delta_w=0.003, \delta_l=0.01$，并且学习率 α 随经历过的 episodes 数量 n 的增加而线性减小，如下：

$$\alpha=\alpha_{ini}-\frac{\alpha_{ini}n}{1.05L}$$

其中，$\alpha_{ini}=0.7$ 是初始学习率，设置为 0.7。对于单智能体强化学习，学习率 α 的设置与 WoLF-PHC 相同。对于 Hysteretic Q，学习率 α 是常数 0.7，$\beta=0.07$。我们发现，探索率 ε 很大时可以提高推箱子问题的学习效果。因此，将探索率 ε 设定为常数 0.8。折扣因子 γ 为常数，设为 0.9。

在图 6.32 中显示了学习过程中每个 episode 的平均步数，可以看到 FMRQ 比 WoLF-PHC 更快地收敛。在大约 300000 个 episodes 之后，Hysteretic Q 和单智能体 RL 收敛到的步数为 10，而 FMRQ 收敛到的步数小于 5，并且在第 500000 个 episodes 之前还可以继续减少步数。要注意，对于 WoLF-PHC，Hysteretic Q 和单智能体 RL 算法，通过学习得到的策略，其好坏不应当通过图 6.32 进行判断，这是因为它们都采用 ε-greedy 探索–平衡策略选择动作，探索率 ε=0.8 时，意味着智能体将以 $0.8 \times 2/3 \times 100\% = 53.3\%$ 的概率选择非贪婪联合行动。因此，通过包含 50000 个 episodes 的评估过程来评估学习后获得的策略。在学习过程中，L 每次取不同的值所进行实验是独立进行的，较大 L 值的学习过程不是基于较小 L 值的。从表 6.4 可以看出，在学习进行到 600000 个 episodes 之后，进行 50000 个 episodes 的评估，在评估过程中，FMRQ 在每个 episode 所用的平均步数是 1.74。这个数字最接近于最优值——1.71 步。除此之外，我们还想知道以最优步数完成一个 episode 的概率。因此统计了评估过程的成功率，即评估过程中以最优步数完成的 episodes 数除以 50000。如表 6.5 所示，经过 600000 个 episodes 的学习，成功率为 98.6%，这意味着 FMRQ 在 50000 个 episodes 中以最优步数完成了 49275 个 episodes。表 6.4 和表 6.5 显示了随着 L 值的增加，所有算法的性能越来越好。当 L 变得无限大时，也许所有的算法都会收敛到最优策略。然而，在有限的学习时间里，比如 $L = 600000$，FMRQ 使用的平均步数为 1.74，且使用最佳步数的概率约为 98%。从这一点来看，FMRQ 比其他算法更好。

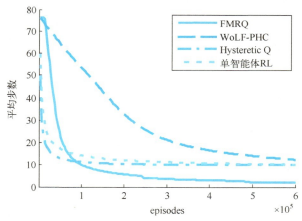

图 6.32　推箱子问题中每个 episode 所用步数随学习时间变化曲线

表 6.4　推箱子问题中每个 episode 的平均步数

（用于评价的 episodes 数量=50000 ）

算法	$L= 50000$	$L = 100000$	$L = 200000$	$L = 400000$	$L = 600000$
最优策略	1.71	1.71	1.71	1.71	1.71
FMRQ	**3.51**	**2.54**	**1.96**	**1.77**	**1.74**
WoLF-PHC	3.28	2.84	2.61	2.36	2.19
Hysteretic Q	2.38	2.11	1.98	1.93	1.92
单智能体 RL	21.57	14.69	8.65	4.12	2.78

表 6.5 推箱子问题中的平均成功率

（用于评价的 episodes 数量= 50000）

算法	$L= 50000$	$L = 100000$	$L = 200000$	$L = 400000$	$L = 600000$
FMRQ	**68.9**	**80.8**	**90.1**	**96.8**	**98.6**
WoLF-PHC	73.0	80.7	83.6	86.0	88.2
Hysteretic Q	77.4	89.0	94.9	96.7	96.9
单智能体 RL	46.7	60.1	76.6	88.5	92.9

FMRQ 在 DSN 和推箱子问题中均显示出良好的性能，这表明对于任何重复博弈，在大多数时候，FMRQ 可以在任意初始策略下收敛到具有最高全局回报的联合动作之一。否则，在 DSN 和推箱子问题中，FMRQ 的成功率将不会达到 98%左右。实验结果还表明，对于状态空间和动作空间不是特别大的协调优化问题，FMRQ 方法是可行的。至于单智能体 RL 算法在 DSN 问题中表现不佳的主要原因，主要是 DSN 问题与推箱子问题的特点不同。与推箱子问题相比，DSN 问题有三个特点：第一，延期回报问题很严重。在第三次命中（导致捕获）发生之前，任何一次命中时所获得的立即回报不能立即反馈给智能体。第二，DSN 问题的状态转移过程具有不确定性。第三，联合动作数目为 6561，是推箱子问题的 80 倍。

如果所有智能体都被视为一个智能体，推箱子问题是具有确定性状态转移过程的随机博弈。因此，如果每个状态对都被无限次访问，那么单智能体 RL 算法预期会有较好的学习效果。FMRQ 不需要存储和学习联合动作的 Q 值，从而减轻动作空间维数灾难。此外，FMRQ 显示出良好的协调智能体的能力。因此，FMRQ 有望在更多智能体和更复杂环境的问题中显示出更多的优势。

6.3.3 两 AGV 任务调度与路径规划

任务调度和路径规划是 AGV（Automated Guided Vehicle，自动导引运输车）系统的重要功能，在很大程度上影响 AGV 的搬运效率。任务调度解决如何把任务分配给车辆，或车辆如何选择任务的问题。任务调度对 AGV 搬运效率影响很大。有多种方法被提出用于进行 AGV 调度，包括简单启发式、马尔可夫决策过程、模糊逻辑和神经网络。在 AGV 数量不多的作业场景，简单启发式调度方法如优先服务最近工作站、先到先服务使用较多。但是在自动化集装箱码头和大型柔性制造工厂，导引路径网络较大，AGV 数量也较多，简单启发式调度规则不再适合复杂情况的需求。为此，一些动态调度方法被提出，包括基于偏好学习（Preference Learning）的方法和基于网络流的方法。

AGV 路径规划是指在 AGV 明确任务之后，为 AGV 选择合适路径的过程，包括静态路径规划和动态路径规划。静态路径规划是预先对 AGV 行驶路径进行规划，常以负载距离最短为目标，常用方法有 Dijkstra 方法和 A* 法。

为了初步探讨所提方法应用于 AGV 任务调度和路径规划的可行性，先考虑一个特定的简单场景。在图 6.33 所示的 AGV 作业场景中，每个方格代表一个交叉路口或工作站，假设任意两方格的距离相等。两辆 AGV 需要完成一批指定的任务，每个任务是将工件运输到一个工作站，假设 AGV 可以一次运输所有工件，并且不计卸载时间，需要为两辆 AGV 分配运输任务，并找出到达所有工作站的路径，使所有 AGV 总负载里程最短。

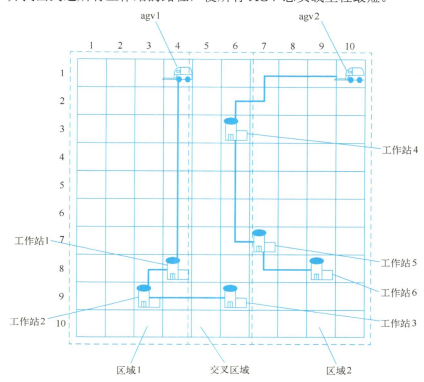

图 6.33 两 AGV 任务调度与路径规划

其他约束条件包括：agv1 负责在自己的辖区——区域 1 内运送工件，agv2 负责在自己的辖区——区域 2 内运送工件。位于交叉区域中的工作站既可以由 agv1 负责送货，也可以由 agv2 负责送货。agv1 的出发地点是（4, 1），agv2 的出发地点是（10, 1）。区域 1、区域 2 和交叉区域中各有两个工作站等待接收零件，agv1 与 agv2 的路径不能发生冲突。

为此设计了基于强化学习的多 AGV 任务调度和路径优化方法，同时对任务分配和路径进行优化。定义 agv1 的当前位置、agv2 的当前位置和各个工作站是否收到工件为状态，定义候选方格为动作。每当一个 AGV 从一个方格运动到另一个方格，获得立即回报-1。两辆 AGV 从起点开始，直到完成所有任务，记为一个 episode。图 6.33 中连接 AGV 起始位置和工作站的线条是使用 FMRQ 学习 20000 个 episodes 之后找出的最优路径。可以看出，通过 FMRQ 优化得出的任务分配和路径对应最短负载里程。

通过上述案例分析，可以看到，FMRQ 的优点在于：第一，减轻了智能体增加时联合行动的空间维数灾难，存储 Q 表的空间大大减小；第二，在仿真实验中具有较好的收敛性。缺点在于：第一，FMRQ 需要大量存储空间用于记录状态、动作、每个状态-动作对获得的立即回报、获得最大全局累积回报的次数等辅助变量，这一问题主要是通过编程技巧来进行改善；第二，联合状态空间维数灾难问题有待解决，解决这个问题的有效方法是自适应动态规划（ADP），这种方法的核心思想是用线性和非线性结构逼近具有连续状态或大量离散状态的值函数和 Q 值函数，该方法已经应用于虚拟现实、自适应巡航控制、交通信号控制和棋盘游戏自我教学中；第三，目前存在的最大问题在于 FMRQ 只能用于离散状态和离散动作的问题中，因为算法的核心在于评估离散状态下每个动作取得最大全局回报的频率，如何估算连续状态下连续动作取得最大全局回报的频率是一个问题。

6.4　本章小结

本章介绍了多智能体强化学习的相关概念，重点介绍了一种多智能体模型——随机博弈。在此模型的框架下，介绍了 Tuyls 等人如何使用微分方程对独立式 Q 学习算法在重复博弈中进行建模，使用系统稳定性理论分析算法收敛性。采用相同的方法，对所提 FMRQ 算法进行了类似的分析。另外，本章还介绍了梯度上升和 WoLF-PHC 这两种用于混合型任务中的多智能体强化学习方法，以及一种用于合作型任务中的方法 FMRQ。

收敛性问题是多智能体强化学习初期的主要问题之一，随着基于集中训练分散执行（Centralized Training and Decentralized Executing，CTDE）架构的多智能体强化学习算法的流行，优化效果成为更主要的问题。在多 AGV 调度任务中，存在数据采集成本高、工作环境发生改变的问题，这就需要将多智能体强化学习与离线强化学习、迁移强化学习结合起来，共同解决此类问题。

第7章　基于多智能体系统的光储荷微网控制

智能体技术为有效解决某些应用领域的问题提供了一种途径，基于多智能体系统（MAS）的应用和优化受到越来越多研究者的重视。本章建立一个基于 MAS 的分级能源管理系统（Energy Management System，EMS），对由太阳能光伏电池、储能电池和分布式负荷组成的多微网系统进行层次化管理。

7.1　基于 MAS 的光储荷微网能量管理系统结构

本章构建的基于 MAS 的多微网能量管理系统拓扑结构如图 7.1 所示。

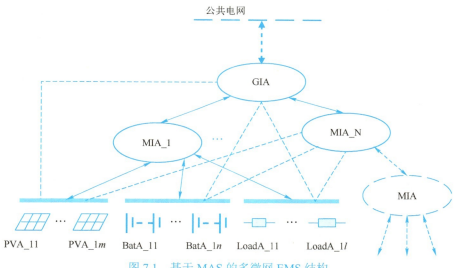

图 7.1　基于 MAS 的多微网 EMS 结构

GIA—Global Intelligent Agent，全局智能体　　BatA—Battery Agent，储能智能体
MIA—Microgrid Intelligent Agent，微网智能体　　PVA—Photovoltaic Agent，光伏智能体
LoadA—Load Agent，负荷智能体

该系统由三个级别的智能体组成：单元级别智能体 PVA、BatA 和 LoadA；中间级别智能体 MIA；全局智能体 GIA。

多微网 EMS 拓扑结构最底层由 PVA、BatA 和 LoadA 构成，每个 PVA、BatA 和 LoadA 分别对应一个分布式光伏单元、储能单元和负荷单元。

根据各分布式单元的具体位置，由 m 个 PVA、n 个 BatA 和 l 个 LoadA 组成 i 地的微网，由 MIA_i 负责其能量协调管理，即能量管理系统的中间级别包括如下智能体的集合：

$$PVA\_i = \{PVA\_i1, PVA\_i2\cdots, PVA\_im; m = 0, 1, 2, \cdots\}$$

$$BatA\_i = \{BatA\_i1, BatA\_i2\cdots, BatA\_in; n = 0, 1, 2, \cdots\}$$

$$LoadA\_i = \{LoadA\_i1, LoadA\_i2\cdots, LoadA\_il; l = 0,1,2,\cdots\}$$

多个地址的微网构成某一区域的微网 GIA，即 EMS 拓扑结构的顶层。在微网电能质量达到并网条件或控制技术允许的条件下，GIA 可以把区域内的剩余电量输送到公共电网或从公共电网购电为区域内的负荷提供电能。

7.2 智能体之间协调策略

本章只考虑负荷和光伏出力的静态值，即预测值。研究时段为一天，时间间隔为 5min，则一天有 288 个单位时间段。所制定的 EMS 能量协调策略主要包括两个过程：其一，微网内部能量协调，由 MIA 控制；其二，微网间的能量协调，由 GIA 负责。每个时间段内，系统内的每个智能体参与一个周期的协调任务，每个周期的能量协调过程如图 7.2 所示。

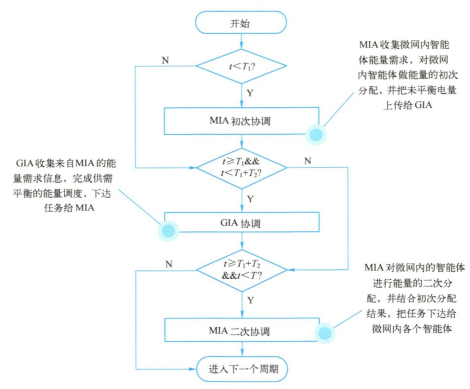

图 7.2　一个周期的能量协调过程

图中，参数 T 为单位时间段的时间长度，本章 $T = 5\,min$。T_1 和 T_2 的选择要满足规定时间内完成相应协调任务，若算法计算量大，可考虑适当增加 T 的长度。时间长度 T、T_1 和 T_2 的选择根据程序运行时间而定。本章研究多微网孤网运行模式，GIA 负责 MIA 之间的能量协调任务。本章的目的是通过建立基于 MAS 的微网能量协调系统来深入了解如何使用 JADE 平台构建应用领域内的多智能体系统，因此并未过多考虑微网本身诸多的限制条件。

7.2.1　微网内部智能体之间的协调

微网内部智能体之间的协调由 MIA 来完成，主要处理处于同一物理地址的 PVA、BatA 和 LoadA 之间的能量调度问题。综合考虑线路损耗、延长储能电池使用寿命、减少弃光等问题，所制定的协调策略应坚持：尽量满足微网内负荷需求；根据储能电池单元核电状态（State of Charge，SOC）选择其充放电策略；若微网内供需不平衡则求助全局智能体 GIA，GIA 返回调度结果给 MIA，再由 MIA 实现能量的二次分配，更进一步满足底层各个智能体的需求。

MIA_i 实现的目标函数为

$$\min E_{\mathrm{MIA}\_i}^t = \sum_{j=1}^m E_{\mathrm{PVA}\_ij}^t + \sum_{k=1}^n E_{\mathrm{BatA}\_ik}^t - \sum_{p=1}^l E_{\mathrm{LoadA}\_ip}^t \tag{7.1}$$

其中，t 表示第 t 个单位时间，每个单位时间长度为 T；$\sum_{j=1}^m E_{\mathrm{PVA}\_ij}^t$ 表示第 t 个单位时间 MIA_i 所包含 PVA 的能量总和，即

$$E_{\mathrm{PVA}\_ij}^t = P_{\mathrm{PVA}\_ij}^t T \tag{7.2}$$

$\sum_{k=1}^n E_{\mathrm{BatA}\_ik}^t$ 表示第 t 个单位时间 MIA_i 所包含 BatA 的能量总和，即

$$E_{\mathrm{BatA}\_ik}^t = P_{\mathrm{BatA}\_ik}^t T \tag{7.3}$$

$\sum_{p=1}^l E_{\mathrm{LoadA}\_ip}^t$ 表示第 t 个单位时间 MIA_i 所包含 LoadA 的能量总和，即

$$E_{\mathrm{LoadA}\_ip}^t = P_{\mathrm{LoadA}\_ip}^t T \tag{7.4}$$

$P_{\mathrm{PVA}\_ij}^t$、$P_{\mathrm{BatA}\_ik}^t$ 和 $P_{\mathrm{LoadA}\_ip}^t$ 分别表示第 t 个单位时间内 PVA_$ij(j=0,1,\cdots,m)$、BatA_ik $(k=0,1,\cdots,n)$ 和 LoadA_$ip(p=0,1,\cdots,l)$ 的功率平均值。$P_{\mathrm{BatA}\_ik}^t$ 有正负，当 $P_{\mathrm{BatA}\_ik}^t>0$ 时，表示第 t 个单位时间内 BatA_ik 可进行放电操作；当 $P_{\mathrm{BatA}\_ik}^t<0$ 时，表示第 t 个单位时间内 BatA_ik 可进行充电操作。

MIA_i 满足的约束条件为

$$P_{\mathrm{PVA}\_ij}^{\min} < P_{\mathrm{PVA}\_ij}^t < P_{\mathrm{PVA}\_ij}^{\max} \tag{7.5}$$

$$|P_{\mathrm{BatA}\_ik}^t| < P_{\mathrm{BatA}\_ik}^{\max\_char}\,(P_{\mathrm{BatA}\_ik}^t < 0) \tag{7.6}$$

$$|P_{\mathrm{BatA}\_ik}^t| < P_{\mathrm{BatA}\_ik}^{\max\_disc}\,(P_{\mathrm{BatA}\_ik}^t > 0) \tag{7.7}$$

其中，$P_{\mathrm{PVA}\_ij}^{\max}$ 和 $P_{\mathrm{PVA}\_ij}^{\min}$ 分别表示 PVA_ij 可提供的最大和最小功率，若分配给 PVA_ij 的功率不足 $P_{\mathrm{PVA}\_ij}^{\min}$，则 PVA_$ij$ 选择关闭对应的光伏智能体单元；$P_{\mathrm{BatA}\_ik}^{\max\_char}$ 和 $P_{\mathrm{BatA}\_ik}^{\max\_disc}$ 分别表示 BatA_ik 允许的最大充电和放电功率。为提高储能电池使用寿命，防止过充过放现象，设定 $P_{\mathrm{BatA}\_ik}^{\max\_char}$ 和 $P_{\mathrm{BatA}\_ik}^{\max\_disc}$ 的取值与 BatA_ik 的 SOC 状态相关联。通过划分储能电池 SOC 区域，合理管理储能电池充放电功率。图 7.3 给出了储能电池 SOC 区域图，$P^{\max\_disc}$ 和 $P^{\max\_char}$ 曲线

分别为允许最大放电和充电功率。

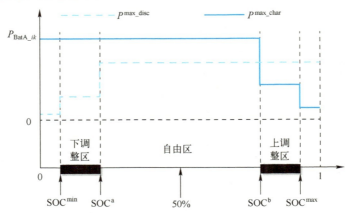

图 7.3　储能电池 SOC 区域及充放电允许最大功率示意图

理论上，$\text{SOC}=$ 剩余电量/总容量$(0\leqslant\text{SOC}\leqslant1)$。放电过程中，SOC 状态越接近 0，允许最大放电功率越小，为防止储能电池过放现象，本章 SOC 状态下限设置为$\text{SOC}^{\min}$；充电过程，SOC 状态越接近 1，允许最大充电功率越小，本章 SOC 状态上限设置为$\text{SOC}^{\max}$。对每个储能电池单元 BatA_ik 应满足如下约束：

$$\text{SOC}^{\min}_{\text{BatA}\_ik} < \text{SOC}^{t}_{\text{BatA}\_ik} < \text{SOC}^{\max}_{\text{BatA}\_ik}$$

其中，$\text{SOC}^{\min}_{\text{BatA}\_ik}$ 和$\text{SOC}^{\max}_{\text{BatA}\_ik}$ 分别表示 BatA_ik 的最小和最大允许 SOC 值。

如图 7.2 所示，MIA_i 进行能量协调包括初次协调和二次协调两个过程。

（1）MIA 初次协调

1）收集供需要求。MIA_i 收集微网内负荷智能体的能量需求、光伏智能体可提供的能量，以及储能智能体属性信息。BatA_ip 的属性包括：$\text{SOC}^{t}_{\text{BatA}\_ik}$、$\text{SOC}^{\min}_{\text{BatA}\_ik}$、$\text{SOC}^{\max}_{\text{BatA}\_ik}$、$P^{\max\_\text{char}}_{\text{BatA}\_ik}$ 和$P^{\max\_\text{disc}}_{\text{BatA}\_ik}$。当然，MIA_$i$ 也可以统一定义微网内各个储能智能体的$\text{SOC}^{\min}_{\text{BatA}\_ik}$ 和$\text{SOC}^{\max}_{\text{BatA}\_ik}$。

2）计算储能智能体的优先级别。若 BatA_ik 在 $t-1$ 单位时间内执行充电操作，为 BatA_ik 赋予一个"-1"的标签；执行放电操作则为其赋予一个"1"的标签。为了合理管理同一微网内储能电池的充放电操作，MIA_i 为每个储能智能体定义优先级别，用$\text{PRI}^{\text{char}-t}_{ik}$ 表示第 t 个单位时间 BatA_ik 作为充电单元时的优先级；$\text{PRI}^{\text{disc}-t}_{ik}$ 表示第 t 个单位时间 BatA_ik 作为放电单元的优先级别。由当前$\text{SOC}^{t}_{\text{BatA}\_ik}$ 值、$\left(\sum\limits_{j=1}^{m}E^{t}_{\text{PVA}\_ij} - \sum\limits_{p=1}^{l}E^{t}_{\text{LoadA}\_ip}\right)$ 的符号，以及 BatA_ik 的标签决定第 t 个单位时间储能智能体的优先级别。

当$\sum\limits_{j=1}^{m}E^{t}_{\text{PVA}\_ij} - \sum\limits_{p=1}^{l}E^{t}_{\text{LoadA}\_ip}>0$ 时，储能智能体作为充电单元的优先级序列$\{\text{PRI}^{\text{char}-t}_{i1}$, $\text{PRI}^{\text{char}-t}_{i2},\cdots,\text{PRI}^{\text{char}-t}_{in}\}$ 应满足：标签为"-1"的储能智能体在前，且 SOC 越大的优先级别越高；标签为"1"的储能智能体在后，且 SOC 越小的优先级别越高。

当 $\sum\limits_{j=1}^{m} E_{\mathrm{PVA}\_ij}^{t} - \sum\limits_{p=1}^{l} E_{\mathrm{LoadA}\_ip}^{t} < 0$ 时，储能电池作为放电单元的优先级序列 $\{\mathrm{PRI}_{i1}^{\mathrm{disc}-t},$ $\mathrm{PRI}_{i2}^{\mathrm{disc}-t}, \cdots, \mathrm{PRI}_{il}^{\mathrm{disc}-t}\}$ 应满足：标签为"1"的储能智能体在前，且 SOC 越小的优先级别越高；标签为"–1"的储能智能体在后，且 SOC 越大的优先级别越高。

举例说明，若 MIA_i 内包含这样一组智能体：
$$\{(\mathrm{SOC}, \mathrm{flog})\} = \{(0,15-1), (0.25,1), (0.35,-1), (0.45,1), (0.6,-1), (0.7,1)\}$$
则其作为充电单元的优先级序列为
$$\{\mathrm{PRI}_{ik}^{\mathrm{char}-t}\} = \{(0.6,-1), (0.35,-1), (0.15,-1), (0.25,1), (0.45,1), (0.7,1)\}$$
作为放电单元的优先级序列为
$$\{\mathrm{PRI}_{ik}^{\mathrm{disc}-t}\} = \{(0.25,1), (0.45,1), (0.7,1), (0.6,-1), (0.35,-1), (0.15,-1)\}$$

当 SOC 达到极限时自动更换标签。如 BatA_ik 充电达到 $\mathrm{SOC}_{\mathrm{BatA}\_ik}^{\max}$ 时，标签由"–1"变为"1"，为下一个单位时间放电做准备；BatA_ik 充电达到 $\mathrm{SOC}_{\mathrm{BatA}\_ik}^{\min}$ 时，标签由"1"变为"–1"，为充电做准备。

3）完成微网内能量的初次分配。当 $\sum\limits_{j=1}^{m} E_{\mathrm{PVA}\_ij}^{t} - \sum\limits_{p=1}^{l} E_{\mathrm{LoadA}\_ip}^{t} > 0$ 时，按照序列 $\{\mathrm{PRI}_{i1}^{\mathrm{char}-t}, \mathrm{PRI}_{i2}^{\mathrm{char}-t}, \cdots, \mathrm{PRI}_{in}^{\mathrm{char}-t}\}$，结合 $P_{\mathrm{BatA}\_ik}^{\max\_\mathrm{char}}$ 和 $\mathrm{SOC}_{\mathrm{BatA}\_ik}^{\max}$ 为微网内的储能智能体分配第 t 个单位时间的充电能量，并上传 $E_{\mathrm{MIA}\_i}^{t}$ 给上级 GIA；当 $\sum\limits_{j=1}^{m} E_{\mathrm{PVA}\_ij}^{t} - \sum\limits_{p=1}^{l} E_{\mathrm{LoadA}\_ip}^{t} < 0$ 时，按照序列 $\{\mathrm{PRI}_{i1}^{\mathrm{disc}-t}, \mathrm{PRI}_{i2}^{\mathrm{disc}-t}, \cdots, \mathrm{PRI}_{in}^{\mathrm{disc}-t}\}$，结合 $P_{\mathrm{BatA}\_ik}^{\max\_\mathrm{disc}}$ 和 $\mathrm{SOC}_{\mathrm{BatA}\_ik}^{\min}$ 为微网内的储能智能体分配第 t 个单位时间的放电能量，并上传 $E_{\mathrm{MIA}\_i}^{t}$ 给上级 GIA。此时 MIA_i 完成能量的初次分配。

（2）MIA 二次协调

MIA_i 接收来自 GIA 的 $E_{\mathrm{MIA}\_i}^{\mathrm{back}-t}$（表示 GIA 为 MIA_$i$ 分配的能量）。

当 $E_{\mathrm{MIA}\_i}^{\mathrm{back}-t} > 0$ 时，表明 MIA_i 微网内未能消纳的光伏智能体出力，可通过微网间的协调减少弃光；当 $E_{\mathrm{MIA}\_i}^{\mathrm{back}-t} < 0$ 时，表明 MIA_i 微网内未能满足的负荷可通过微网间的协调得到进一步的满足。

7.2.2　微网间智能体的协调

微网间的能量协调，以消纳光伏智能体出力，满足负荷智能体需求为主。GIA 接收来自 MIA_i 的 $E_{\mathrm{MIA}\_i}^{t}$，实现的目标函数为

$$\max DR^{t} = \sum_{i=1}^{N} DR_{i}^{t} \tag{7.8}$$

其中，

$$DR_{i}^{t} = \begin{cases} 0, & E_{\mathrm{MIA}\_i}^{\mathrm{back}-t} = 0 \\ 1/(N \times 10), & E_{\mathrm{MIA}\_i}^{\mathrm{back}-t} \neq 0 \text{ 且 } |E_{\mathrm{MIA}\_i}^{\mathrm{back}-t}| < |E_{\mathrm{MIA}\_i}^{t}| \\ 1, & E_{\mathrm{MIA}\_i}^{\mathrm{back}-t} \neq 0 \text{ 且 } |E_{\mathrm{MIA}\_i}^{\mathrm{back}-t}| = |E_{\mathrm{MIA}\_i}^{t}| \end{cases} \tag{7.9}$$

满足约束条件为

$$|E_{\mathrm{MIA}\_i}^{\mathrm{back}\_t}| \leqslant |E_{\mathrm{MIA}\_i}^{t}| \tag{7.10}$$

7.3　基于 JADE 的智能体系统实现

在仿真的过程中包括 Java 对数据表格的操作，本章采用 Excel 表格存储数据。Jxl.jar 文件是通过 Java 操作 Excel 表格的工具类库。在开始进行 Java 读取 Excel 前，需要下载 jxl.jar 文件，这个文件提供了相关读写 Excel 的方法，网上提供了很多下载途径。然后将 jxl.jar 文件放到 CLASSPATH 下，并在工程的 buildpath 中添加 jxl.jar 包，才可以通过 Java 操作 Excel 表格。

7.3.1　光伏智能体 PVA

PVA 从 Excel 表格中读取光伏智能体实时出力数据 P_{PVA_ij}（此数据通常为该光伏智能体当前可提供的最大功率值 $P_{\mathrm{PVA}\_ij}^{\max}$），把该数据发送给相应的 MIA，并接收 MIA$\_i$ 的二次协调结果，在 Java 控制平台上显示该结果数据，供后续分析用。

PVA 的部分代码如下：

```java
package photovoltaic;
import java.io.IOException;
import java.io.File;

import jade.core.AID;
import jade.core.Agent;
import jade.core.behaviours.Behaviour;
import jade.core.behaviours.TickerBehaviour;
import jade.domain.DFService;
import jade.domain.FIPAException;
import jade.domain.FIPAAgentManagement.DFAgentDescription;
import jade.domain.FIPAAgentManagement.ServiceDescription;
import jade.lang.acl.ACLMessage;
import jade.lang.acl.MessageTemplate;
import jxl.*;
import jxl.read.biff.BiffException;
import jxl.write.WritableSheet;

public class PhotovoltaicAgent extends Agent{

  private double photovoltaicPowerBack;
  private int timeSlice=288;
  private double[] photovoltaicPower=new double[timeSlice];
  private AID[] microgridAgents;
  private String photovoltaicPowerRequest;
  private File photovoltaicXLSFile;
```

```java
@Override
protected void setup() {

  Workbook book;
  Sheet sheet;
  Cell cell;
  photovoltaicXLSFile=new File("D://JADE/energymanagentment
                      /EnergyManagement/data/PVA_11.xls");
  try {

    book=Workbook.getWorkbook(photovoltaicXLSFile);
    sheet=book.getSheet(0);
    for(int i=0;i<timeSlice;i++){
      cell=sheet.getCell(0, i);
      photovoltaicPower[i]=Double.parseDouble(cell.getContents());
    }
  } catch (BiffException e) {
  // TODO Auto-generated catch block
    e.printStackTrace();
  } catch (IOException e) {
  // TODO Auto-generated catch block
    e.printStackTrace();
  }
addBehaviour(new TickerBehaviour(this,1000){

  @Override
  protected void onTick() {
  if(getTickCount()<timeSlice){
    //if(photovoltaicPower[getTickCount()-1]>0){
      System.out.println("timeSclice="+getTickCount());
      photovoltaicPowerRequest=String.valueOf
                      (photovoltaicPower[getTickCount()-1]);
      DFAgentDescription template=new DFAgentDescription();
      ServiceDescription sd=new ServiceDescription();
      sd.setType("energy-managing-in-microgrid_1");
      template.addServices(sd);
      try {
        DFAgentDescription[] result=DFService.search(myAgent, template);
        microgridAgents=new AID[result.length];
        for(int i=0;i<result.length;i++){
        microgridAgents[i]=result[i].getName();
        }
      } catch (FIPAException e) {
        // TODO Auto-generated catch block
        e.printStackTrace();
```

```
            }
                myAgent.addBehaviour(new RequestMicrogridCoordinatingServer());
//          }else{
//              System.out.println("Current photovoltaic power is: 0.0");
//          }
        }
        else
        {
                myAgent.doDelete();
        }
        }
    });
}
//Inner class RequestMicrogridCoordinatingServer
private class RequestMicrogridCoordinatingServer extends Behaviour{
    private int step=0;
    private MessageTemplate mt;

    @Override
    public void action() {
        switch (step){
        case 0:
            //Inform MIA the current power from photovoltaic
            ACLMessage msg=new ACLMessage(ACLMessage.REQUEST);
            for(int i=0;i<microgridAgents.length;i++){
                msg.addReceiver(microgridAgents[i]);
            }
            msg.setContent(photovoltaicPowerRequest);
            msg.setConversationId("power-coordinating-in-microgrid_1");
            myAgent.send(msg);
            //Prepare the template to get photovoltaicPowerBack
            mt=MessageTemplate.and(MessageTemplate.MatchConversationId
                        ("photovoltaic-power-coordinating-in-microgrid_1"),
                        MessageTemplate.MatchPerformative(ACLMessage.INFORM));
            step=1;
            break;
        case 1:
            //Receive the result from MIA
            ACLMessage msgBack=myAgent.receive(mt);
            if(msgBack!=null){
                photoVoltaicPowerBack=Double.valueOf(msgBack.getContent());
                System.out.println("photovoltaicPowerBack="+photovoltaicPowerBack);
                step=2;
            }
            else{
```

```
            block();
        }
        break;
        }
    }
    @Override
    public boolean done() {
            return (step==2);
    }
  }
}
```

7.3.2 负荷智能体 LoadA

LoadA 从 Excel 表格中读取负荷智能体的需求数据，把数据发送给相应的 MIA，并读取 MIA 的二次协调结果，在 Java 控制台显示数据，供后续分析用。

LoadA 的部分代码如下：

```
package load;

import java.io.IOException;
import java.io.File;

import jade.core.AID;
import jade.core.Agent;
import jade.core.behaviours.Behaviour;
import jade.core.behaviours.TickerBehaviour;
import jade.domain.DFService;
import jade.domain.FIPAException;
import jade.domain.FIPAAgentManagement.DFAgentDescription;
import jade.domain.FIPAAgentManagement.ServiceDescription;
import jade.lang.acl.ACLMessage;
import jade.lang.acl.MessageTemplate;
import jxl.*;
import jxl.read.biff.BiffException;
import jxl.write.WritableSheet;

Public class LoadAgent extends Agent{

  private double loadPowerBack;
  private int timeSlice=288;
  private double[] loadPower=new double[timeSlice];
  private AID[] microgridAgents;
  private String loadPowerRequest;
  private File loadXLSFile;
```

```
@Override
protected void setup() {
  Workbook book;
  Sheet sheet;
  Cell cell;
  loadXLSFile=new File("D://JADE/energymanagentment/
                EnergyManagement/data/LoadA_11.xls");
  try {
    book=Workbook.getWorkbook(loadXLSFile);
    sheet=book.getSheet(0);
    for(int i=0;i<timeSlice;i++){
      cell=sheet.getCell(0, i);
      loadPower[i]=Double.parseDouble(cell.getContents());
    }
  } catch (BiffException e) {
    // TODO Auto-generated catch block
    e.printStackTrace();
  } catch (IOException e) {
    // TODO Auto-generated catch block
    e.printStackTrace();
  }
  addBehaviour(new TickerBehaviour(this,1000){
    @Override
    protected void onTick() {
      if(getTickCount()<timeSlice){
        if(loadPower[getTickCount()-1]>0){
          loadPowerRequest=String.valueOf(loadPower[getTickCount()-1]);
          DFAgentDescription template=new DFAgentDescription();
          ServiceDescription sd=new ServiceDescription();
          sd.setType("energy-managing-in-microgrid_1");
          template.addServices(sd);
          try {
            DFAgentDescription[] result=DFService.search(myAgent, template);
            microgridAgents=new AID[result.length];
            for(int i=0;i<result.length;i++){
              microgridAgents[i]=result[i].getName();
            }
          } catch (FIPAException e) {
              // TODO Auto-generated catch block
              e.printStackTrace();
          }
          myAgent.addBehaviour(new RequestMicrogridCoordinatingServer());
        }
      }
      else
      {
```

```
            myAgent.doDelete();
        }
    }
});
}
//Inner class RequestMicrogridCoordinatingServer
private class RequestMicrogridCoordinatingServer extends Behaviour{
  private int step=0;
  private MessageTemplate mt;

  @Override
  public void action() {
      switch (step){
    case 0:
      //Inform MIA the current power from load
      ACLMessage msg=new ACLMessage(ACLMessage.REQUEST);
      for(int i=0;i<microgridAgents.length;i++){
          msg.addReceiver(microgridAgents[i]);
      }
      msg.setContent(loadPowerRequest);
      msg.setConversationId("load-power");
      myAgent.send(msg);
      //Prepare the template to get loadPowerBack
      mt=MessageTemplate.and(MessageTemplate.MatchConversationId
              ("load-power-coordinating-in-microgrid_1"),
              MessageTemplate.MatchPerformative(ACLMessage.INFORM));
      step=1;
      break;
    case 1:
      //Receive the result from MIA
      ACLMessage msgBack=myAgent.receive(mt);
      if(msgBack!=null){
        loadPowerBack=Double.valueOf(msgBack.getContent());
        System.out.println("LoadPowerBack="+loadPowerBack);
        step=2;
      }
      else{
        block();
      }
      break;
    }
  }

              @Override
          public boolean done() {
              return (step==2);
```

```
      }
    }
  }
```

7.3.3　储能智能体 BatA

BatA 以向智能体传递参数的形式，在创建 BatA 时向智能体传递初始 SOC 值 $SOC^t_{BatA\_ik}$、初始 BatA 充放电状态、容量数据 Cap_{BatA_ik}、该单元的最大和最小 SOC 极限值 $SOC^{min}_{BatA\_ik}$ 和 $SOC^{max}_{BatA\_ik}$，以及允许的最大充放电功率 $P^{max\_char}_{BatA\_ik}$ 和 $P^{max\_disc}_{BatA\_ik}$，把这些数据发送给相应的 MIA，并接收 MIA 的二次协调结果，更新自身 SOC 状态信息，在 Java 控制台上显示电池单元当前充放电功率等信息，供后续分析用。

BatA 的部分代码如下：

```java
package battery;

import jade.core.AID;
import jade.core.Agent;
import jade.core.behaviours.Behaviour;
import jade.core.behaviours.TickerBehaviour;
import jade.domain.DFService;
import jade.domain.FIPAException;
import jade.domain.FIPAAgentManagement.DFAgentDescription;
import jade.domain.FIPAAgentManagement.ServiceDescription;
import jade.lang.acl.ACLMessage;
import jade.lang.acl.MessageTemplate;

public class BatteryAgent extends Agent{

  private Object[] args;
  //batteryParameters={agentLocalName,initialSOC,minimalSOC,
  //maximalSOC,initialState,
  //batteryCapacity,maximalChargingPower,maximalDischargingPower}
  private String[] batteryParameters=new String[8];
  private String initialBatteryParametersToString,batteryParametersToString;
  private AID[] microgridAgents;
  private double batteryPowerBack,updateSOC,timeSliceLength;

  @Override
  protected void setup() {
    args=getArguments();
    if(args!=null&&args.length==8){
      for(int i=0;i<8;i++){
        batteryParameters[i]=String.valueOf(args[i]);
      }
      initialBatteryParametersToString=batteryParameters[0];
```

```java
        for(int k=1;k<args.length;k++){
            initialBatteryParametersToString=initialBatteryParametersToString.
concat(",");

            initialBatteryParametersToString=initialBatteryParametersToString.
                                        concat(batteryParameters[k]);
        }
        //batteryParametersToString=initialBatteryParametersToString;
        addBehaviour(new TickerBehaviour(this,1000){

            @Override
            protected void onTick() {
                // TODO Auto-generated method stub
                batteryParametersToString=initialBatteryParametersToString;
                DFAgentDescription dfd=new DFAgentDescription();
                ServiceDescription sd=new ServiceDescription();
                sd.setType("energy-managing-in-microgrid_1");
                dfd.addServices(sd);
                try {
                    DFAgentDescription[] result=DFService.search(myAgent, dfd);
                    microgridAgents=new AID[result.length];
                    for(int i=0;i<result.length;i++){
                        microgridAgents[i]=result[i].getName();
                    }
                } catch (FIPAException e) {
                    // TODO Auto-generated catch block
                    e.printStackTrace();
                }
                    myAgent.addBehaviour(new RequestMicrogridCoordinatingServer());
                }
            });
        }else{
            System.out.println("The battery parameter is not matched!");
            doDelete();
        }
    }
    protected void takeDown(){
        System.out.println("Battery agent "+getAID().getName()+"terminating.");
    }
    //Inner class RequestMicrogridCoordinatingServer
private class RequestMicrogridCoordinatingServer extends Behaviour{
private int step=0;
private MessageTemplate mt;

@Override
public void action() {
    // TODO Auto-generated method stub
```

```java
switch(step){
case 0:
    ACLMessage rqt=new ACLMessage(ACLMessage.REQUEST);
    for(int i=0;i<microgridAgents.length;i++){
            rqt.addReceiver(microgridAgents[i]);
    }
    rqt.setContent(batteryParametersToString);
    rqt.setReplyWith("REQUEST"+System.currentTimeMillis());
    myAgent.send(rqt);
    //Prepare the template to get battery power back
    mt=MessageTemplate.and(MessageTemplate.MatchConversationId
                    ("battery-power-coordinating-in-microgrid_1"),
            MessageTemplate.MatchPerformative(ACLMessage.INFORM));
    step=1;
    break;
case 1:
    //Receive battery power back, and update battery parameters
    ACLMessage msgBattery=myAgent.receive(mt);
    if(msgBattery!=null){
        timeSliceLength=5d/60;
        batteryParameters=batteryParametersToString.split(",");
        batteryPowerBack=Double.valueOf(msgBattery.getContent());
        updateSOC=(Double.valueOf(batteryParameters[1])+
          batteryPowerBack*timeSliceLength/Double.valueOf(battery
Parameters[5]));
        System.out.println("updateSOC="+updateSOC);
        batteryParameters[1]=String.valueOf(updateSOC);
        if(batteryPowerBack>0 && updateSOC<Double.valueOf
(batteryParameters[3])){
            batteryParameters[4]=String.valueOf(-1);
        }else if(batteryPowerBack>0 && updateSOC>Double.valueOf
(batteryParameters[3])){
            batteryParameters[4]=String.valueOf(1);
        }else if(batteryPowerBack<0 && updateSOC>Double.valueOf
(batteryParameters[2])){
            batteryParameters[4]=String.valueOf(1);
        }else if(batteryPowerBack<0 && updateSOC<Double.valueOf
(batteryParameters[2])){
            batteryParameters[4]=String.valueOf(-1);
        }
        initialBatteryParametersToString=batteryParameters[0];
        for(int k=1;k<args.length;k++){
            initialBatteryParametersToString=initialBatteryParameters
ToString.concat(",");
            initialBatteryParametersToString=initialBatteryParameters
ToString.concat
```

```
                              (batteryParameters[k]);
                    }
           step=2;
        }else{
         block();
        }
        break;
       }
    }


    @Override
   Public boolean done(){
      // ToDo Auto-generated method stub
      return(step==2);
    }
  }
}
```

7.3.4　微网智能体 MIA

　　首先，MIA 接收来自 PVA、LoadA 和 BatA 的相应数据，根据 BatA 初始充放电状态和当前 SOC 对 BatA 进行充放电优先级排序，以尽可能多地利用可再生能源为原则，对微网内智能体进行能量的初次分配；把微网内未能平衡的能量数据传给上级智能体——GIA，请求 MIA 之间的能量协调；然后，MIA 接收来自 GIA 的协调结果，并在微网内进行能量的二次分配；最后，MIA 把整合的初次和二次协调结果发送给相应的 PVA、LoadA 和 BatA。

　　MIA 的部分代码如下：

```
//Inner class MIARecevingData 接收来自微网内部 PVA\BatA\LoadA 的信息
    private class MIARecevingData extends CyclicBehaviour{

      private String agentLocalName;

      @Override
      public void action() {
        MessageTemplate mt=MessageTemplate.MatchPerformative
(ACLMessage.REQUEST);
        ACLMessage msg=myAgent.receive(mt);
        if(msg!=null){
            //Message received. Process it
            agentLocalName=msg.getSender().getLocalName();
            String arg=agentLocalName.substring(0,3);
            if(arg.equals("PVA")){
                photovoltaicPowerIn=msg.getContent();
                photovoltaicAgentName=msg.getSender();
            }else if(arg.equals("Loa")){
                loadPowerIn=msg.getContent();
                loadAgentName=msg.getSender();
```

```
            }else if(arg.equals("Bat")){
                if(batteryArgumentsIn==null){
                    batteryArgumentsIn=msg.getContent();
                else{
                    batteryArgumentsIn=batteryArgumentsIn.concat(",");
                    batteryArgumentsIn=batteryArgumentsIn.concat(msg.get
Content());
                }
            }
        }else{
            block();
        }
    }
}
//接收来自微网内全部 BatA 的信息，并进行优先级别排序
//powerRequest 是对 BatA 的功率总需求
if(batteryArgumentsString!=null){
  batteryArgumentsArray=batteryArgumentsString.split(",");
  batteryArgumentsMatrix=new String[batteryArgumentsArray.length/8][8];
  for(int i=0;i<batteryArgumentsMatrix.length;i++){
    for(int j=0;j<8;j++){
      batteryArgumentsMatrix[i][j]=batteryArgumentsArray[i*8+j];
    }
  }
  if(priorityNumber==null){
    priorityNumber=new int[batteryArgumentsMatrix.length];
  }
  int charNumber=0,dischNumber=0;
  for(int i=0;i<batteryArgumentsMatrix.length;i++){
    if(Double.valueOf(batteryArgumentsMatrix[i][4])==-1){
        charNumber++;
    }else{
        dischNumber++;
    }
  }
  int m,n;
  if(powerRequest>0){
        for(int i=0;i<batteryArgumentsMatrix.length;i++){
          if(Double.valueOf(batteryArgumentsMatrix[i][4])==-1){
            m=0;
            for(int j=0;j<batteryArgumentsMatrix.length;j++){
                if(Double.valueOf(batteryArgumentsMatrix[j][4])==-1 &&
                   Double.valueOf(batteryArgumentsMatrix[i][1])<Double.
                    valueOf(batteryArgumentsMatrix[j][1])){
                  m++;
                }
```

```java
                }
                priorityNumber[i]=m;
            }else{
                n=charNumber;
                for(int j=0;j<batteryArgumentsMatrix.length;j++){
                  if(Double.valueOf(batteryArgumentsMatrix[j][4])==1 &&
                     Double.valueOf(batteryArgumentsMatrix[i][1])>Double.
                      valueof(batteryArgumentsMatrix[j][1])){
            n++;
                  }
                }
                priorityNumber[i]=n;
            }
        }
    }else{
        for(int i=0;i<batteryArgumentsMatrix.length;i++){
          if(Double.valueOf(batteryArgumentsMatrix[i][4])==1){
          m=0;
            for(int j=0;j<batteryArgumentsMatrix.length;j++){
                if(Double.valueOf(batteryArgumentsMatrix[j][4])==1 &&
                   Double.valueOf(batteryArgumentsMatrix[i][1])>Double.
                   valueOf(batteryArgumentsMatrix[j][1])){
               m++;
                }
            }
            priorityNumber[i]=m;
          }else{
            N=dischNumber;
            for(int j=0;j<batteryArgumentsMatrix.length;j++){
            if(Double.valueOf(batteryArgumentsMatrix[j][4])==-1 &&
                   Double.valueOf(batteryArgumentsMatrix[i][1])<Double.
                   valueOf(batteryArgumentsMatrix[j][1])){
                   n++;
                }
            }
            priorityNumber[i]=n;
          }
        }
    }

//实现初次协调的部分代码
if(powerRequest>0){
ACLMessage msgPowerBackToLoad=new ACLMessage(ACLMessage.INFORM);
msgPowerBackToLoad.setContent(String.valueOf(loadPowerRequest));
msgPowerBackToLoad.setConversationId("load-power-coordinating-in-
microgrid_1");
msgPowerBackToLoad.addReceiver(loadAgentName);
```

```
send(msgPowerBackToLoad);
while(powerRequest>0 && i<batteryArgumentsMatrix.length){
  middleM=0;
  for(int j=0;j<priorityNumber.length;j++){
      if(priorityNumber[j]==i){
        middleM=j;
      }
      middleSOC=(Double.valueOf(batteryArgumentsMatrix[middleM][6])*
          timeSliceLength/Double.valueOf(batteryArgumentsMatrix[middleM][5])+
          Double.valueOf(batteryArgumentsMatrix[middleM][1]));
      if(middleSOC<=Double.valueOf(batteryArgumentsMatrix[middleM][3]) &&
      middleSOC>=Double.valueOf(batteryArgumentsMatrix[middleM][2])){
        if(powerRequest>Double.valueOf(batteryArgumentsMatrix[middleM][6]) ){
        ACLMessage msgPowerBackToBattery=new ACLMessage(ACLMessage.INFORM);
        msgPowerBackToBattery.setContent(batteryArgumentsMatrix[middleM][6]);
        msgPowerBackToBattery.setConversationId("battery-power-coordinating
                            -in-microgrid_1");
        msgPowerBackToBattery.addReceiver(new AID(batteryArguments
                    Matrix[middleM][0],AID.ISLOCALNAME));
        send(msgPowerBackToBattery);
        powerRequest=powerRequest-Double.valueOf(batteryArgument
                            sMatrix[middleM][6]);
        }
      else{
        ACLMessage msgPowerBackToBattery=new ACLMessage(ACLMessage.INFORM);
        msgPowerBackToBattery.setContent(String.valueOf(powerRequest));
        msgPowerBackToBattery.setConversationId("battery-power-coordinating
                            -in-microgrid_1");
        msgPowerBackToBattery.addReceiver(new AID(batteryArguments
                    Matrix[middleM][0],AID.ISLOCALNAME));
        send(msgPowerBackToBattery);
        powerRequest=0;
        }
    }
  i++;}
//Request GIA service 寻求全局协调
//powerRequest 是微网内未能平衡的功率
if(powerRequest>0){
  DFAgentDescription template=new DFAgentDescription();
  ServiceDescription sd=new ServiceDescription();
  sd.setType("energy-managing-Global");
  template.addServices(sd);
  try {
  DFAgentDescription[] result=DFService.search(myAgent, template);
  globalAgents=new AID[result.length];
```

```
    for(int k=0;k<result.length;k++){
      globalAgents[k]=result[k].getName();
     }
    } catch (FIPAException e) {
     // TODO Auto-generated catch block
     e.printStackTrace();
    }
    //Perform the GIA service
    myAgent.addBehaviour(new RequestGlobalServiceForPVA());
}
else{
    //At this point the value of powerRequest can only be zero
    ACLMessage msgPowerBackToPhotovoltaic=new ACLMessage(
                         ACLMessage.INFORM);
    msgPowerBackToPhotovoltaic.setContent(String.
                  valueOf(photovoltaicPowerRequest));
    msgPowerBackToPhotovoltaic.addReceiver(photovoltaicAgentName);
    send(msgPowerBackToPhotovoltaic);
    if(i<batteryArgumentsMatrix.length){
      for(int k=i;k<batteryArgumentsMatrix.length;k++){
        for(int p=0;p<priorityNumber.length;p++){
           if(priorityNumber[p]==i){
             for(int w=0;w<8;w++){
               batteryArgumentsToGIA=batteryArgumentsToGIA.
                    concat(batteryArgumentsMatrix[p][w]);
               batteryArgumentsToGIA=batteryArgumentsToGIA.concat(",");
              }
           }
        }
      }
      myAgent.addBehaviour(new RequestGlobalServiceForBatA());
    }
//Inner class RequestGlobalService 接收 GIA 返回的数据
//把二次协调结果发送给底层 Agent
Private class RequestGlobalServiceForPVA extends Behaviour{
  Private int step,n,index;
  Private MessageTemplate mt;
  Private double photovoltaicPowerBack;

  @Override
  Public void action() {
    // TODO Auto-generated method stub
    Switch(step){
    Case 0;
      //Send the REQUEST to all GIA
```

```
      ACLMessage rqt=new ACLMessage(ACLMessage.REQUEST);
   for(int i=0;i<globalAgents.length;i++){
     rqt.addReceiver(globalAgents[i]);
      }
rqt.setContent(photovoltaicAgentName+","+String.
                     valueOf(powerRequest));
rqt.setConversationId("energy-managing-global");
myAgent.send(rqt);
//Prepare the template to get request power back from GIA
mt=MessageTemplate.and(MessageTemplate.MatchConversationId(
      "energy-managing-global-back"),MessageTemplate.
            MatchPerformative(ACLMessage.INFORM));
step=1;
break;
case 1:
//Receive request power back from GIA
ACLMessage msgFromGlobal=myAgent.receive(mt);
if(msgFromGlobal!=null){
n=msgFromGlobal.getContent().length()-msgFromGlobal.
            getContent().replaceAll(",","").length();
argFromGlobal=new String[n+1];
  argFromGlobal=msgFromGlobal.getContent().split(",");
  for(int i=0;i<argFromGlobal.length;i++){
      if(argFromGlobal[i].indexOf("PVA")==1){
        index=i;
        }
   }
PowerRequest=powerRequest+Double.valueOf(argFromGlobal[index+1]);
photovoltaicPowerBack=photovoltaicPowerRequest-powerRequest;
ACLMessage msgPowerBackToPhotovoltaic=new ACLMessage(ACLMessage.
INFORM);
msgPowerBackToPhotovoltaic.setContent(String.valueOf(photovoltaic
PowerBack));
msgPowerBackToPhotovoltaic.setConversationId("photovoltaic-power
                     -coordinating-in-microgrid_1");
  msgPowerBackToPhotovoltaic.addReceiver(photovoltaicAgentName);
  send(msgPowerBackToPhotovoltaic);
. step=2;
}
else{
      block();
}
 break;
 }
}
@Override
```

```
    public boolean done() {
        // TODO Auto-generated method stub
        return (step==2);
    }
}
```

7.3.5　全局智能体 GIA

GIA 接收来自 MIA 的能量数据，在 MIA 之间进行能量协调，并把协调结果发送给相应的 MIA。

GIA 的部分代码如下：

```
package global;

import jade.core.AID;
import jade.core.Agent;
import jade.core.behaviours.CyclicBehaviour;
import jade.core.behaviours.TickerBehaviour;
import jade.domain.DFService;
import jade.domain.FIPAAgentManagement.DFAgentDescription;
import jade.domain.FIPAAgentManagement.ServiceDescription;
import jade.lang.acl.ACLMessage;
import jade.lang.acl.MessageTemplate;

public class GlobalAgent extends Agent{
  private double loadPower,photovoltaicPower,powerAbsorptive;
  private String batteryInGIA,loadInGIA,photovoltaicInGIA,
                 agentProperty,argBackToMIA;
  private String[] photovoltaicInGiaArray,loadInGiaArray;
  private String[][] batteryParameterArray;
  private AID loadAgentNameInMIA,photovoltaicAgentNameInMIA,
             batteryAgentNameInMIA;

  @Override
  protected void setup() {
  // Register the power-coordinating-among-global service
  DFAgentDescription dfd=new DFAgentDescription();
  dfd.setName(getAID());
  ServiceDescription sd=new ServiceDescription();
  sd.setType("energy-managing-global");
  sd.setName("JADE-energy-management");
  dfd.addServices(sd);
  try {
    DFService.register this,dfd);
  } catch (Exception e) {
    // TODO Auto-generated catch block
    e.printStackTrace();
  }
```

```java
//Add the behaviour serving from MIA
addBehaviour(new CollectingDataFromMIA());
//Add the behaviour OfferGlobalCoordinatingService
addBehaviour(new TickerBehaviour(this,3000){

@Override
protected void onTick() {
  // TODO Auto-generated method stub
  //This strategy applicable for GIA with two MIAs
 If(photovoltaicInGIA!=null && loadInGIA!=null){
     ArgBackToMIA=null;
     PhotovoltaicInGiaArray=new String[3];
     photovoltaicInGiaArray=photovoltaicInGIA.split(",");
     photovoltaicPower=Double.valueOf(photovoltaicInGiaArray[2]);
     photovoltaicInGIA=null;
     loadInGiaArray=new String[3];
     loadInGiaArray=loadInGIA.split(",");
     loadPower=Double.valueOf(loadInGiaArray[2]);
     loadInGIA=null;
     powerAbsorptive=photovoltaicPower+loadPower;
if(powerAbsorptive>0){
  argBackToMIA=argBackToMIA.concat(photovoltaicInGiaArray[1]);
  argBackToMIA=argBackToMIA.concat(",");
  argBackToMIA=argBackToMIA.concat(String.valueOf(
             photovoltaicPower-powerAbsorptive));
  argBackToMIA=argBackToMIA.concat(",");
  argBackToMIA=argBackToMIA.concat(loadInGiaArray[1]);
  argBackToMIA=argBackToMIA.concat(",");
  argBackToMIA=argBackToMIA.concat(String.valueOf(loadPower));
}else{
  argBackToMIA=argBackToMIA.concat(photovoltaicInGiaArray[1]);
  argBackToMIA=argBackToMIA.concat(",");
  argBackToMIA=argBackToMIA.concat(String.valueOf(photovoltaicPower));
  argBackToMIA=argBackToMIA.concat(",");
  argBackToMIA=argBackToMIA.concat(loadInGiaArray[1]);
  argBackToMIA=argBackToMIA.concat(",");
  argBackToMIA=argBackToMIA.concat(String.valueOf(
               loadPower-powerAbsorptive));
  }
    ACLMessage msgToMIA=new ACLMessage(ACLMessage.INFORM);
    msgToMIA.addReceiver(photovoltaicAgentNameInMIA);
    msgToMIA.addReceiver(loadAgentNameInMIA);
    msgToMIA.setContent(argBackToMIA);
    msgToMIA.setConversationId("energy-managing-global-back");
    send(msgToMIA);
}else if(photovoltaicInGIA!=null && batteryInGIA!=null){
     ...
}else if(loadInGIA!=null && batteryInGIA!=null){
```

```
        ...
      }else{
        ...
      }
    }
  });
}
//Inner class collecting data from MIA
private class CollectingDataFromMIA extends CyclicBehaviour{

  @Override
  public void action() {
  MessageTemplate mt=MessageTemplate.and(MessageTemplate.
        MatchConversationId("energy-managing-global"),
            MessageTemplate.MatchPerformative(ACLMessage.REQUEST));
  ACLMessage msg=myAgent.receive(mt);
  if(msg!=null){
   agentProperty=msg.getContent();
   String arg=agentProperty.substring(0,3);
   //photovoltaicInGIA={MIA_LocalName,PVA_localName,PVA_power to GIA}
   if(arg=="PVA"){
    photovoltaicAgentNameInMIA=msg.getSender();
    photovoltaicInGIA=msg.getSender().getLocalName();
    photovoltaicInGIA=photovoltaicInGIA.concat(",");
    photovoltaicInGIA=photovoltaicInGIA.concat(agentProperty);
    agentProperty=null;
   }else if(arg=="Loa"){
     //loadInGIA={MIA_LocalName,LoadA_localName,LoadA_power to GIA}
     loadAgentNameInMIA=msg.getSender();
     loadInGIA=msg.getSender().getLocalName();
     loadInGIA=loadInGIA.concat(",");
     loadInGIA=loadInGIA.concat(agentProperty);
     agentProperty=null;
   }else if(arg=="Bat"){
     //batteryInGIA={MIA_LocalName,BatA_localName,battery parameters to GIA}
     betteryAgentNameInMIA=msg.getSender();
     batteryInGIA=msg.getSender().getLocalName();
     batteryInGIA=betteryInGIA.concat(",");
     batteryInGIA=betteryInGIA.concat(agentProperty);
     agentProperty=null;
   }else{
    System.out.println("The input parameter is not matched");
   }
  }
 }
}}
```

在 MyEclipse10 集成环境下形成 EMS Java 工程目录结构如图 7.4 所示。

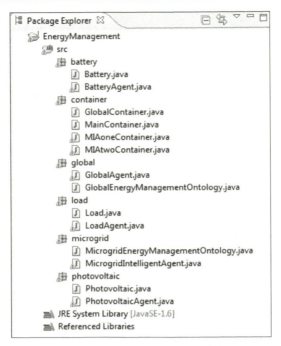

图 7.4　EMS Java 工程目录结构

7.4　仿真结果及分析

7.4.1　仿真实例

为简单起见，本章的多微网包括一个全局智能体：GIA；两个 MIA：MIA_1 和 MIA_2。其中，MIA_1 中包括 1 个 PVA：PVA_11，3 个 BatA：BatA_11、BatA_12 和 BatA_13，1 个 LoadA：LoadA_11；MIA_2 包括 1 个 PVA：PVA_21，3 个 BatA：BatA_21、BatA_22 和 BatA_23，1 个 LoadA：LoadA_21。MAS 结构如图 7.5 所示。

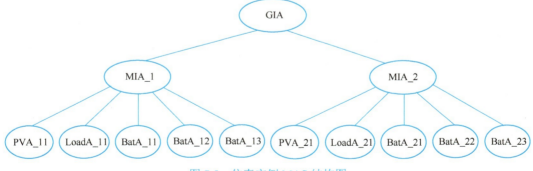

图 7.5　仿真实例 MAS 结构图

MIA_1 和 MIA_2 中光伏智能体出力曲线和负荷智能体日需求曲线分别如图 7.6 和图 7.7 所示。MIA_1 和 MIA_2 中电池储能单元初始充放电状态、初始 SOC 值、电池容量、允许最大充放电功率等数据见表 7.1。

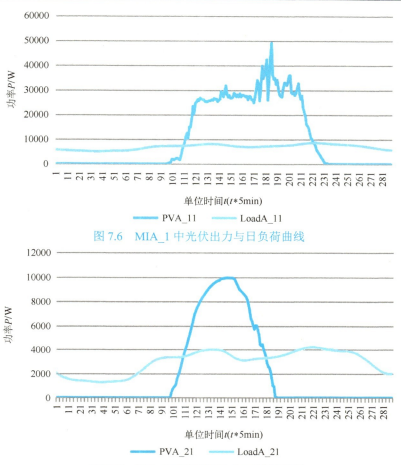

图 7.6　MIA_1 中光伏出力与日负荷曲线

图 7.7　MIA_2 中光伏出力与日负荷曲线

表 7.1　电池储能单元主要参数设置表

所在微网	电池单元名称	电池容量/kW·h	初始 SOC 值	允许最大充电功率/kW	允许最大放电功率/kW
MIA_1	BatA_11	300	0.3	10	10
	BatA_12	300	0.5	10	10
	BatA_13	300	0.4	10	10
MIA_2	BatA_21	5	0.4	3	3
	BatA_22	5	0.6	3	3
	BatA_23	5	0.8	3	3

本例中各个电池单元 SOC 极限值统一设定为

$$[\mathrm{SOC}^{\min}_{\mathrm{BatA}\_ik}, \ \mathrm{SOC}^{\max}_{\mathrm{BatA}\_ik}] = [0.1, 0.9]$$

为简单起见，设置电池单元允许最小充放电功率极限设为 0。

此外，若考虑蓄电池使用寿命，也可以根据图 7.3 不同区域的 SOC 值设置不同的充放电功率。本例中所有光伏单元允许最大光伏出力即为光伏实时出力数据，允许最小光伏出力设为 0。

7.4.2 基于 JADE 的 MAS 结构

本实例中包含一个全局智能体：GIA，两个微网智能体：MIA_1 和 MIA_2，分别位于不同容器内。基于 JADE 的智能体管理界面如图 7.8 所示。

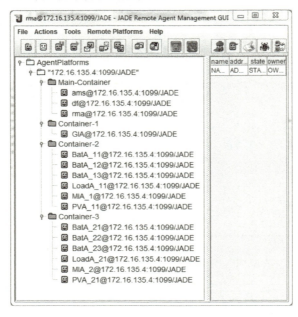

图 7.8　基于 JADE 的智能体管理界面

7.4.3 结果及分析

在运行实例时保存了中间过程的输出数据，图 7.9～图 7.11 分别给出了未参与全局协调的 MIA_2 子网内 PVA_21、LoadA_21 功率曲线，以及各电池单元的 SOC 曲线。由于子网 MIA_1 中包含的电池单元容量较大，最大允许充放电功率较高，可满足子网内负荷需求。图 7.12 给出了未参与全局协调的 MIA_1 子网内 PVA_11 的功率曲线。

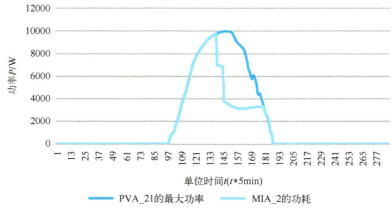

图 7.9　PVA_21 可提供最大功率输出及子网内可平衡功率

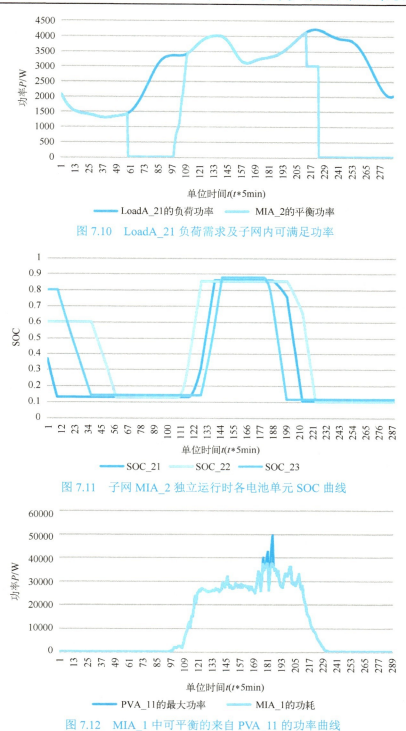

图 7.10　LoadA_21 负荷需求及子网内可满足功率

图 7.11　子网 MIA_2 独立运行时各电池单元 SOC 曲线

图 7.12　MIA_1 中可平衡的来自 PVA_11 的功率曲线

在 GIA 参与协调后，MIA_1 和 MIA_2 之间共享电池单元，BatA_11、BatA_12 和 BatA_13 在满足自身子网内的功率需求外，剩余电量可用于 LoadA_21 的需求，在 GIA 的作用下，Load_21 的满足率可达到 100%；同时 BatA_11、BatA_12 和 BatA_13 也可吸收来自

PVA_21 的能量，在 GIA 的作用下，PVA_21 的功率曲线如图 7.13 所示。

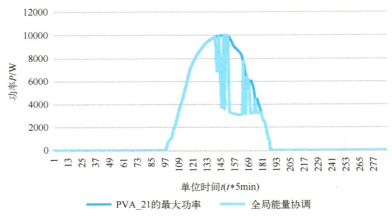

图 7.13 全局能量协调时可平衡的来自 PVA_21 的功率曲线

图 7.14 给出了 MIA_1 独立运行以及由 GIA 参与协调时 BatA_11、BatA_12 和 BatA_13 的 SOC 变化曲线。

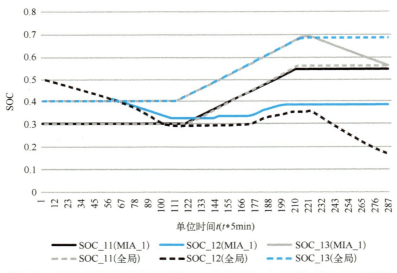

图 7.14 子网内能量协调与全局能量协调时 MIA_1 中电池单元 SOC 曲线

7.5 本章小结

本章在 JADE 平台的基础上构建了基于 MAS 的微网 EMS 框架，系统所要达到的目标仅仅是尽量满足负荷需求，以及减少弃光。所考虑的约束条件仅仅是防止储能电池单元过充过放现象，以及储能电池的充放电次数问题。本章的目的在于通过这样一个完整的示例了解使用 JADE 平台构建多智能体系统的开发过程。可以对本章的示例做相应的扩展使其更适合微网的调度问题，如在 GIA 和 MIA 程序内部加入价格因素，以及与价格有关的相关策略，就可以建立微网内部的和微网之间的市场竞争机制等。

第8章　大规模电池储能电站多智能体协调控制

本章基于多智能体系统理论，建立考虑大规模复杂系统集中协调和小规模分区自治的大规模电池储能电站优化控制架构，实现电站整体系统的分布式优化控制和站内小规模区域系统的自治优化控制。

8.1　多智能体及其分层控制体系结构

8.1.1　多智能体控制的分层架构

多智能体系统（MAS）的体系结构本质属于分布式体系架构，将多智能体技术应用在大规模电池储能电站的控制层级设计中，多智能体系统中智能体的自治、通信、可协调等特点以及 MAS 的特性对于提高储能电站控制能力具有较好的促进作用，可实现对储能系统的有效管理与控制，确保系统的可靠性、安全性、实用性和扩展性。因此通过 MAS 构建集中式接入、分散式接入的大规模电池储能电站的监控体系是可行的重要途径之一。

对储能电站进行分区是实现分区自治的基础。在大规模电池储能电站集成过程中，可能会面临电池类型、接入方式各异的情形。因此考虑到上述因素，储能电站在分区过程中，分区的考虑因素包括：接入方式、电池种类、电池与变流器型号、电池储能系统状态（SOC、储能容量、最大充放电功率）等。

8.1.2　基于多智能体的监控架构

基于 MAS 的监控系统采用集散递阶控制的架构，将组织级、协调级和执行级等各级控制器均作为完成相应任务的智能体，其层级结构如图 8.1 所示。

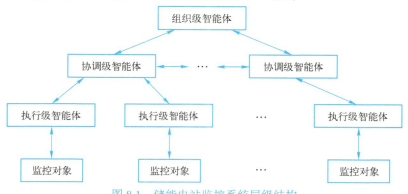

图 8.1　储能电站监控系统层级结构

监控对象即为各个分布式、集中式储能系统；执行级智能体执行监测、保护、控制、计量等任务，包括电池管理系统（Battery Management System，BMS）、储能变流器（Power Conversion System，PCS）等；协调级智能体接收来自组织级智能体的指令和每一子任务执行过程中的反馈信息，并协调执行级智能体的执行过程；组织级智能体决定总体要执行的任务或系统控制目标。

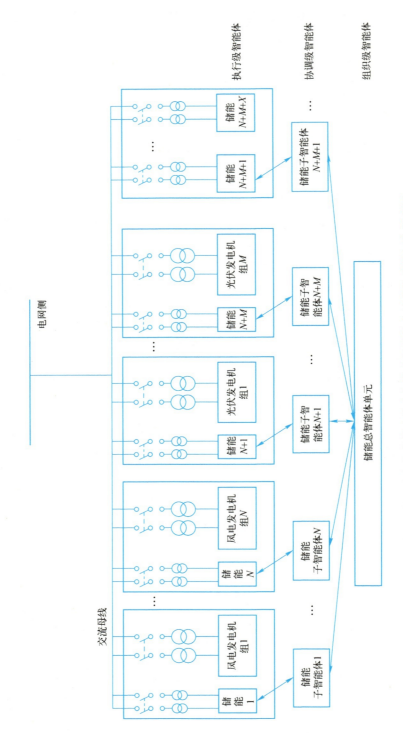

图 8.2　基于多智能体技术的大规模电池储能电站监控系统架构示意图

例如，基于多智能体技术的大规模分散式与集中式结合的电池储能电站监控系统架构如图 8.2 所示。与分布式能源配合的分布式储能电站、集中接入配电网的集中式储能电站均可以单独接入储能子智能体系统，通过协调级进行协调控制。

基于多智能体的电池储能电站监控系统，包括储能总智能体单元（组织级智能体）和储能子智能体单元（协调级智能体），储能总智能体单元和储能子智能体单元间用高速通信网络进行数据传输以监测控制管理储能电站状态。

如图 8.2 所示，储能总智能体单元为控制主体，具有最高优先级；各储能子智能体单元为被控主体。支持分布式、集中式以及分布式与集中式混合型结构。其中 $1{\sim}N{+}M$ 号储能子智能体单元为分布式结构，$N{+}M{+}1{\sim}N{+}M{+}X$ 号储能子智能体单元分别对应多个储能机组，为集中式结构。

（1）组织级智能体设计

储能电站监控系统组织级智能体负责整个储能系统整体调度，并综合协调级智能体上传的信息做出重大决策，组织级智能体应构建在标准、通用的软硬件基础平台上，具备可靠性、可用性、扩展性和安全性，并根据各地区的分布式储能电站规模、实际需求等情况选择和配置软硬件。组织级智能体应有安全、可靠的供电电源保障。

组织级智能体设计包括主站硬件平台设计和软件平台设计。软硬件平台设计时需要充分考虑分布式储能电站的接入规模、高级应用功能实现等。硬件平台是软件平台的载体，设计时需要充分考虑硬件配置情况，既需要避免不必要的冗余浪费，也需要有足够的能力充分展示软件功能。

（2）协调级智能体设计

协调级智能体管理各个储能系统中所有执行级智能体，并综合协调各执行级智能体的行为，使各储能系统能正常、优化、有效运行。其基本结构如图 8.3 所示。

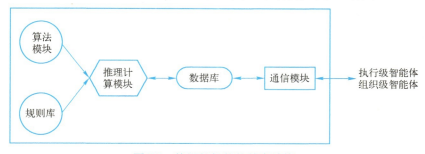

图 8.3　协调级智能体基本结构

协调级智能体的控制策略如图 8.4 所示。

图 8.4　协调级智能体的控制策略

（3）执行级智能体设计

执行级智能体作为保证分布式储能系统正常、有效运行的单元，理论上通常由通信模块、感知器、推理模块、规则库、算法模块、执行模块等组成，其结构框图如图 8.5 所示。

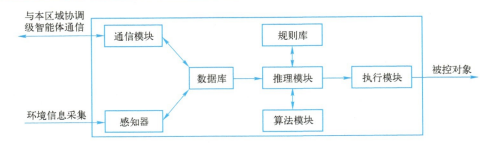

图 8.5　执行级智能体基本结构

执行级智能体各模块具体功能有以下几点：

1）通信模块保证执行级智能体与同级智能体以及执行级智能体与协调级智能体进行通信，包括实时反馈自身运行状况及具体操作，但自身能力达到极限时向协调级智能体发出协助请求，同时接收协调级智能体发布的协助调压、调频等请求。

2）感知器采集环境信息，如电压、电流、有功、无功等，并存放到数据库中。

3）数据库存储本节点的状态数据和接收到的信息。

执行级智能体的控制策略如图 8.6 所示。

图 8.6　执行级智能体控制策略

8.2　多智能体分区自治的储能电站控制架构

百兆瓦电池储能电站信息集成与通信系统拓扑如图 8.7 所示。图中，储能总智能体单元用于完成整个大规模储能电站运行数据的采集和传输，并实时下发给各储能子智能体单元。储能子智能体单元用于控制管辖一个储能或多个储能子站，计算所管辖储能子站中各储能机组的最优充放电功率，实时下发给各储能机组，并将个储能机组功率命令值上传至储能总智能体单元存储。

储能总智能体单元与储能子智能体单元之间基于万兆级别光纤进行数据传输与通信，可通过分布式、集中式、分布式与集中式结合的混合型架构连接。

上述储能总智能体单元可以存储以下任意数据：上层调度储能总充放电功率值、储能电站总功率值、各储能机组的荷电状态、各储能机组的充放电功率值、各储能机组可用充电容量、各储能机组可用放电容量、各储能机组最大允许充电功率、各储能机组最大允许放电功率、各储能机组健康状态值、各储能机组的状态信息、各储能机组对应储能子智能体单元的功率命令值。

上述各储能子智能体单元包含以下状态信息：

1）运行，表示对应储能机组正常运行，可以正常充放电，具有正常的充放电功率信息。

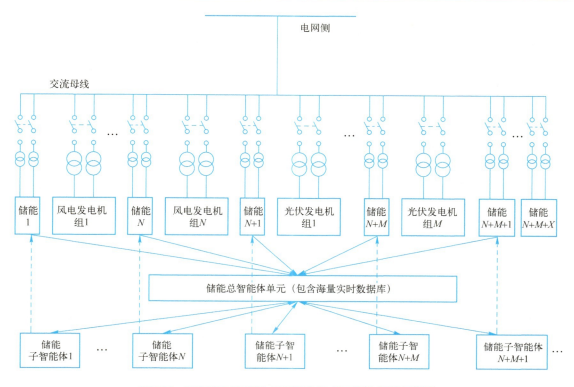

图 8.7　百兆瓦电池储能电站信息集成与通信系统拓扑图

2）故障，表示对应储能机组存在故障，不能参与储能电站的充放电工作，对外充放电功率为 0。

3）调试，表示对应储能机组正在调试，参与充放电工作，具有正常的充放电功率或为 0。

4）检修，表示对应故障储能机组正在检修，不参与储能电站的充放电工作，对外充放电功率为 0。

5）标定，表示系统正在对对应储能机组进行容量标定工作，不参与储能电站的充放电功率工作，但是通过电子负载对外有充放电功率。

在电池储能电站中，将储能电站分为多个智能体组成的储能单元区，各储能单元区内又包含多个 PCS。各储能单元区及 PCS 的工作状态可分为正常运行和特殊运行两类。正常运行即为储能单元区或 PCS 处于正常运行状态。特殊运行状态主要可分为标定、调试、检修和故障四种运行状态。其中调试状态可以参与充放电工作，标定、故障、检修这三种运行状态不能参与充放电工作。针对这两种情况，提出分区控制方法如下。

（1）特殊运行区处于标定、故障、检修状态

对于处于标定、故障、检修状态的储能单元运行区，不能参与储能电站的充放电功率工作，该储能单元区的充放电控制指令设置为 0。在多智能体自治控制中不考虑对该储能单元区或 PCS 进行控制，此时 $\gamma_{\mathrm{Agent}\_i}=0$、$\gamma_{\mathrm{Agent}\_i}^{\mathrm{pcs}\_j}=0$。

（2）特殊运行区处于调试状态

对于处于调试状态的储能单元区，该储能单元区可以参与储能电站的充放电功率工作，在多智能体自制控制中该储能单元可结合实际情况参与控制或自行设置充放电控制指令，此时 γ_{Agent_i} 取值可根据实际情况取 1 或 0。应当指出，此时由于情况特殊，不能够满足跟踪发电计划和平滑功率波动的相关条件。

8.2.1 单个智能体的仿真模型

储能电站单个智能体的仿真模型主要实现局部区域的储能子系统自治功能。主要包含运算模块、控制模块、存储模块和通信模块四个模块，如图 8.8 所示。

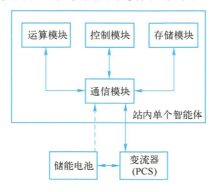

图 8.8 单个智能体模型

其中各模块的功能配置与设计如下：

1）运算模块，主要通过学习、竞争算法，实现单个智能体与其他智能体之间的学习竞争功能，确定单个智能体的功率值；并根据智能体的功率值，结合智能体下各储能电池 SOC、充放电功率等限制，确定单个智能体所对应各储能 PCS 的充放电功率值。

2）控制模块，根据运算模块中各储能系统 PCS 的充放电功率值控制单个智能体模块所对应的 PCS 充放电功率。

3）存储模块，实现单个智能体模块所对应储能电池、PCS 运行数据的存储工作。将智能体所对应 PCS、储能电池的各种数据进行实时存储，并根据其他智能体的通信请求，取出并发送对应数据。

4）通信模块，负责单个智能体内，及单个智能体与其他智能体之间的通信功能，以及储能电池 PCS 和储能电池运行数据的采集。

8.2.2 多个智能体的仿真模型

根据一定的原则将储能电站分为多个区域，每个区域由一个智能体进行控制。多个智能体之间一起合作完成储能电站总充放电功率需求。在多个智能体之间存在竞争与合作关系。例如，以 SOC 为主要考虑因素对储能电站进行分区，在完成功率输出工作时，SOC 值比较低的智能体，期望少放电、多充电，然而 SOC 比较高的智能体，期望多放电、少充电。储能电站分区示意图如图 8.9 所示。储能电站多智能体间竞争与合作关系示意图如图 8.10 所示。

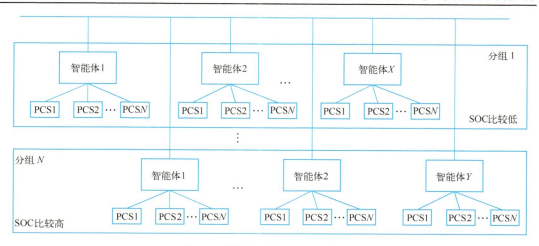

图 8.9　储能电站分区示意图

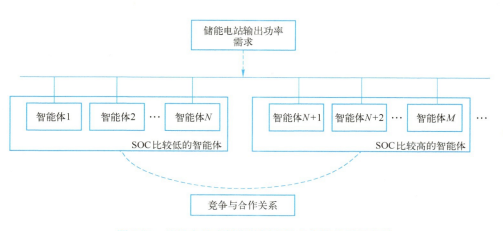

图 8.10　储能电站多智能体间竞争与合作关系示意图

8.2.3　基于多智能体的电池储能电站分区控制能力分析

（1）在局部控制能力方面

1）降低各区域之间的依赖性和耦合度。在控制系统中，每个智能体都具有自治性，拥有一定的解决问题的能力，能根据自身的能力独立解决问题域中的子问题。智能体之间的依赖性和耦合度低，增强了整个系统的鲁棒性。例如，一个储能子智能体，它可以决定储能子站的充放电功率的大小，以及并网离网操作，而不受其他智能体影响；同样当一个储能子智能体出现问题退出并网时，其他储能子智能体仍能调整功率正常输出，而整个控制系统不会受到很大影响。

2）提升局部区域控制效果。

3）对不同区域的智能体，可以针对不同的控制目标制定不同的运行方式。即智能体所要达到的目标决定了这个智能体所要进行的运行方式。例如，一个储能智能体是处于平滑新能源发电功率波动的运行方式，而另一个是为了辅助完成此平滑功率功能。

197

（2）在整体控制能力方面

1）包含更多的信息。多智能体系统中，虽然多智能体系统在相互传输信息的时候可能包含很少的内容，但多智能体系统下每个智能体将会包含更多所负责单元的信息。

2）可以在最优化方法上和决策过程上提高效率。

3）增加控制系统鲁棒性。

8.3　基于多智能体的储能电站协调控制技术

8.3.1　不同运行工况下的储能电站功率控制思路

（1）全部设备都正常的运行工况下

在全部设备都正常运行的情况下，将整个储能电站进行区域划分，将各个区域利用储能智能体实现分区自治功能，同时多个储能智能体与储能电站控制智能体之间实现集中控制功能。

在分区自治与集中控制相结合的储能电站有功功率控制方法中，多个储能智能体与储能电站控制智能体之间通过多智能体粒子群算法确定各储能智能体的总充放电功率。同时在储能智能体内部，结合局部自治方法，基于储能智能体内多个储能单元的 SOC，进行各 PCS 的功率再分配。

具体如下：首先储能电站控制智能体发布储能电站总功率需求。其次，各区域储能智能体通过竞争协商，确定单个自治区域内的功率需求，根据功率需求，控制所对应储能单元完成发电。当储能单元响应后，如果出现不能完成本储能智能体所需要完成的功率需求时，将由其他储能智能体补充。

（2）个别设备出现故障（或在运维停运）的运行工况下

在储能智能体工作过程中会出现故障停运现象时，出现故障或停运的智能体将会向储能电站控制智能体发出请求，退出功率输出任务。此时，储能电站控制智能体，将会控制其他正在运行的储能智能体，重新竞争分配储能充放电功率任务。

具体如下：当储能电站中某一智能体出现故障或需要运维检修时，该智能体首先检测内部的储能元件运行状态，并与其他区域储能智能体和储能电站控制智能体进行信息交互，通知其他智能体自身将退出运行，需重新分配各区域的功率需求。其他区域储能智能体接收信号，根据当前可运行的储能元件的实时状态信息，重新分配各个智能体的储能发电任务。当故障排除后，该智能体检测自身各项状态参数，通知其他智能体恢复工作，与退出运行类似，各智能体重新分配发电任务，从而恢复正常运行状态。

8.3.2　基于多智能体粒子群的储能电站功率控制技术

结合多智能体思想，将储能电站分割成多个智能体区，同时结合粒子群算法，扩大解空间搜索范围，是一种适合百兆瓦级大规模电池储能电站功率协调控制的解决方案。在多智能体粒子群算法中，生成的粒子的个数代表所要求解的个数，即为储能单元智能体的个数。

基于多智能体粒子群算法，本节提出了一种大规模百兆瓦级电池储能电站控制方法。依据前述方法，将储能电站控制层级分为两级：主智能体与各储能单元区智能体。通过多个智能体之间协商通信，主智能体将储能总需求分配给各个储能单元区智能体，各储能单元区智能体在确定充放电功率参考值之后，确定多智能体粒子群算法微调区间，并结合控制范围内各储能子单元（PCS 单元）的 SOC 状态及最大充放电功率等参数最终确定各 PCS 实际充放电功率。

基于多智能体粒子群算法的储能电站整体控制流程中，储能电站主智能体与储能单元区智能体互相之间协商通信，分别计算某一分区当前时刻功率参考值，储能单元区智能体通过对比判断并最终确定该分区当前时刻实际应发功率。以跟踪光伏发电计划为例，控制流程图如图 8.11 所示。

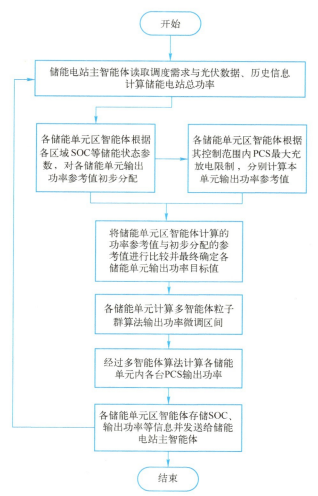

图 8.11　站内不同控制层级的储能电站有功功率协调控制方法流程图

主要步骤如下：

1）大规模电池储能电站主智能体从上级调度接收储能电站总功率需求。以跟踪计划为例，储能电站充放电功率按照以下方法确定：

$$P_{\text{Agent\_bess}}^{\text{主}}(t) = P_{\text{plan}}(t) - P_0(t) \tag{8.1}$$

其中，P_0 为新能源实时充放电功率（光伏、风电）；P_{plan} 为调度总需求。

各储能单元区智能体根据上一时刻（$t-1$）的各储能单元区 PCS 最大允许充放电功率及容量、电池组 SOC 的实时情况，计算各储能单元区智能体的输出功率参考值 $P_{Agent\_i}^{子ref}$，并发送给各储能单元区智能体。

当储能电站总功率需求为正（处于放电状态）时，各储能单元区智能体计算其充放电功率参考值的方法如下：

$$P_{Agent\_i}^{子ref}(t) = P_{Agent\_bess}^{主}(t) \frac{\mu_{Agent\_i} SOC_{Agent\_i}(t-1)}{\sum\limits_{i=1}^{n} \mu_{Agent\_i} SOC_{Agent\_i}(t-1)} \tag{8.2}$$

其中，i 为储能单元区个数 $i=1,2,\cdots,n$；$SOC_{Agent\_i}(t-1)$ 为第 i 个储能单元区智能体的($t-1$)时刻储能变流器 SOC 的平均值；μ_{Agent_i} 为第 i 个储能单元区的运行工况参数。

当储能电站总功率需求为负（处于充电状态）时，各储能单元区智能体计算其充放电功率参考值的方法如下：

$$P_{Agent\_i}^{子ref}(t) = P_{Agent\_bess}^{主}(t) \frac{\mu_{Agent\_i}\left[1-SOC_{Agent\_i}(t-1)\right]}{\sum\limits_{i=1}^{n} \mu_{Agent\_i}\left[1-SOC_{Agent\_i}(t-1)\right]} \tag{8.3}$$

2）储能单元区智能体结合其所管辖的各储能变流器单元的电池 SOC 等状态信息，自主计算当前时刻的充放电功率参考值 $P_{Agent\_i}^{子}$，计算公式如下：

$$P_{Agent\_i}^{子}(t) = P_{Agent\_i}^{子ref}(t)\left(\alpha \frac{\mu_{Agent\_i} SOC_{Agent\_i}(t-1)}{\sum\limits_{j=1}^{m} \mu_{Agent\_i} SOC_{Agent\_i}^{pcs\_j}(t-1)} + \beta \frac{\mu_{Agent\_i} P_{Agent\_i}^{pcs\_lim\_j}(t)}{\sum\limits_{j=1}^{m} \mu_{Agent\_i} P_{Agent\_i}^{pcs\_lim\_j}(t)}\right) \tag{8.4}$$

其中，$SOC_{Agent\_i}^{pcs\_j}(t-1)$ 为第 i 个储能单元区智能体中第 j 个 PCS 内储能电池组上一时刻 SOC 平均值；$P_{Agent\_i}^{pcs\_lim\_j}(t)$ 为第 i 个储能单元智能体中第 j 个 PCS 最大允许充放电功率；$P_{Agent\_i}^{子}$ 为第 i 个储能单元区智能体的充放电功率命令值。

当储能单元区处于放电状态时，计算方法如下：

$$P_{Agent\_i}^{子}(t) = P_{Agent\_i}^{子ref}(t)\left(\alpha \frac{\mu_{Agent\_i}\left[1-SOC_{Agent\_i}(t-1)\right]}{\sum\limits_{j=1}^{m} \mu_{Agent\_i}\left[1-SOC_{Agent\_i}^{pcs-j}(t-1)\right]} + \beta \frac{\mu_{Agent\_i} P_{Agent\_i}^{pcs\_lim\_j}(t)}{\sum\limits_{j=1}^{m} \mu_{Agent\_i} P_{Agent\_i}^{pcs\_lim\_j}(t)}\right) \tag{8.5}$$

式（8.4）、式（8.5）中，α、β 为储能单元区智能体的功率调整系数，用于判断储能单元区智能体充放电功率参考值的计算方式。α、β 的确定方式如下。

当第 i 个储能单元区智能体处于放电状态时，储能单元区智能体根据式（8.6）对其控制范围内的各 PCS 进行功率分配。

$$P_{\text{Agent}\_i\_\alpha\beta}^{\text{pcs}\_j}(t) = P_{\text{Agent}\_i}^{\text{子ref}}(t)\left(\frac{\mu_{\text{Agent}\_i}^{\text{pcs}\_j}\text{SOC}_{\text{Agent}\_i}^{\text{pcs}\_j}(t-1)}{\sum\limits_{j=1}^{m}\mu_{\text{Agent}\_i}^{\text{pcs}\_j}\text{SOC}_{\text{Agent}\_i}^{\text{pcs}\_j}(t-1)}\right) \tag{8.6}$$

其中，$\mu_{\text{Agent}\_i}^{\text{pcs}\_j}$ 为各 PCS 的运行工况参数。此时，储能单元智能体将计算得到的各 PCS 充放电功率参考值 $P_{\text{Agent}\_i\_\alpha\beta}^{\text{pcs}\_j}$ 与最大允许放电功率做对比，当 $P_{\text{Agent}\_i\_\alpha\beta}^{\text{pcs}\_j} > P_{\text{Agent}\_i}^{\text{pcs}\_\text{lim}\_\text{disch}\_j}$，则令 $\alpha=1$、$\beta=0$，否则 $\alpha=0$、$\beta=1$。

当第 i 个储能单元区智能体处于充电状态时，第 i 个储能单元区智能体根据储能电站主智能体计算得到的单元功率参考值，按式（8.7）对其控制范围内的各 PCS 进行功率分配。

$$P_{\text{Agent}\_i\_\alpha\beta}^{\text{pcs}\_j}(t) = P_{\text{Agent}\_i}^{\text{子ref}}(t)\left(\frac{\mu_{\text{Agent}\_i}^{\text{pcs}\_j}\left[1-\text{SOC}_{\text{Agent}\_i}^{\text{pcs}\_j}(t-1)\right]}{\sum\limits_{j=1}^{m}\mu_{\text{Agent}\_i}^{\text{pcs}\_j}\left[1-\text{SOC}_{\text{Agent}\_i}^{\text{pcs}\_j}(t-1)\right]}\right) \tag{8.7}$$

此时与上述放电状态类似，储能单元智能体将计算得到的各 PCS 充放电功率参考值 $P_{\text{Agent}\_i\_\alpha\beta}^{\text{pcs}\_j}$ 与最大允许充电功率做对比，当 $P_{\text{Agent}\_i\_\alpha\beta}^{\text{pcs}\_j} > P_{\text{Agent}\_i}^{\text{pcs}\_\text{lim}\_\text{ch}\_j}$ 时，则令 $\alpha=1$、$\beta=0$，否则 $\alpha=0$、$\beta=1$。

3）第 i 个储能单元区智能体计算充放电功率参考值的差 $\Delta P_{\text{Agent}\_i}^{\text{ref}}$，具体如下：

$$\Delta P_{\text{Agent}\_i}^{\text{ref}} = \left|P_{\text{Agent}-i}^{\text{子}} - P_{\text{Agent}-i}^{\text{子ref}}\right| \tag{8.8}$$

将计算得到的功率参考值差值 $\Delta P_{\text{Agent}\_i}^{\text{ref}}$ 与预先设定的功率偏差参考值 ΔP_0^{ref} 对比：

$$\text{若 } \Delta P_{\text{Agent}\_i}^{\text{ref}} > \Delta P_0^{\text{ref}}，\text{则 } P_{\text{Agent}\_i}^{\text{target}} = P_{\text{Agent}\_i}^{\text{子}} \tag{8.9}$$

$$\text{若 } \Delta P_{\text{Agent}\_i}^{\text{ref}} \leqslant \Delta P_0^{\text{ref}}，\text{则 } P_{\text{Agent}\_i}^{\text{target}} = P_{\text{Agent}\_i}^{\text{子ref}} \tag{8.10}$$

同时，子智能体将功率值 $P_{\text{Agent}\_i}^{\text{target}}$ 上传给储能电站主智能体。主智能体接收到各子智能体发送的 $P_{\text{Agent}\_i}^{\text{target}}$ 后，统计各子智能体充放电功率偏差 $\Delta P_{\text{Agent}\_i}^{\text{ref}}$ 和可充放电功率余量 $P_{\text{Agent}\_i}^{\text{余量}}$，计算储能电站总功率偏差 $\Delta P_{\text{bess}}^{\text{ref}}$。计算方法如下：

$$\Delta P_{\text{bess}}^{\text{ref}} = \sum_{i=1}^{n}\Delta P_{\text{Agent}\_i}^{\text{ref}} \tag{8.11}$$

$$P_{\text{Agent}\_i}^{\text{余量}} = \sum_{j=1}^{m}P_{\text{Agent}\_i}^{\text{pcs}\_\text{lim}\_j} - P_{\text{Agent}\_i}^{\text{target}} \tag{8.12}$$

在式（8.12）中，当储能单元区处于充电状态时，$P_{\text{Agent}\_i}^{\text{pcs}\_\text{lim}\_j} = P_{\text{Agent}\_i}^{\text{pcs}\_\text{lim}\_\text{ch}\_j}$，处于放电状态时，$P_{\text{Agent}\_i}^{\text{pcs}\_\text{lim}\_j} = P_{\text{Agent}\_i}^{\text{pcs}\_\text{lim}\_\text{disch}\_j}$。

储能电站主智能体将功率差额分配给仍有额外充放电功率能力的储能单元区智能体，接收额外发电任务的子智能体在原本确定的充放电功率参考值的基础上，增加再次分配的额外充放电功率，并按式（8.1）～式（8.7）更新充放电功率参考值 $P_{\text{Agent}\_i}^{\text{target}}$。

4）各储能单元区根据所管辖的各 PCS 的最大允许充放电功率及容量、电池组 SOC 的实时情况，计算多智能体粒子群算法微调区间。在计算微调区间时，首先预设 SOC 参考值 SOC_{ref}，用以调整各储能单元的电池组等效 SOC，使经过一定时间运行后，在各储能单元区智能体的控制范围内，各 PCS 的 SOC 平均值 $SOC_{Agent\_i}(t-1)$ 能够逐渐接近并基本保持一致。功率微调区间 $P_{Agent\_i}^{lim}$ 将按照下式计算：

$$P_{Agent\_i}^{lim\_\alpha}(t) = K_{Agent\_i} P_{Agent\_i}^{adj} + P_{Agent\_i}^{target}(t-1) \tag{8.13}$$

其中，K_{Agent_i} 为根据 $SOC_{Agent\_i}(t-1)$ 而确定的系数，当 $SOC_{Agent\_i}(t-1) > SOC_{ref}$ 时，$K_{Agent\_i}=1$，否则 $K_{Agent\_i}=-1$；$P_{Agent\_i}^{adj}$ 为预设的储能单元调整功率。当系数 K_{Agent_i} 全为正或负时，微调区间按照式（8.14）确定为

$$P_{Agent\_i}^{lim\_\beta}(t) = K_{Agent\_i}^* P_{Agent\_i}^{adj} + P_{Agent\_i}^{target}(t-1) \tag{8.14}$$

其中，$K_{Agent\_i}^*$ 根据第 i 个储能单元区智能体的 $SOC_{Agent\_i}(t-1)$ 按大小排序后，通过取中间值得出的新的 SOC 参考值 SOC_{ref}^* 确定。

最终，多智能体粒子群算法功率微调区间的上下限按照式（8.15）确定：

$$\begin{aligned} P_{Agent\_i}^{high}(t) &= \max(P_{Agent\_i}^{lim\_\alpha}(t), P_{Agent\_i}^{lim\_\beta}(t)) \\ P_{Agent\_i}^{low}(t) &= \min(P_{Agent\_i}^{lim\_\alpha}(t), P_{Agent\_i}^{lim\_\beta}(t)) \end{aligned} \tag{8.15}$$

5）各储能单元区智能体在多智能体粒子群算法微调区间内，采用多智能体粒子群算法寻优计算各储能单元区对应的储能子系统的充放电功率。在多智能体粒子群算法中，将第 i 个储能单元区的充放电功率参考值 $P_{Agent\_i}^{target}$、储能电池组容量 C_{Agent_i}、储能电池组 SOC_{Agent_i}、微调区间上下限 $P_{Agent\_i}^{high}$ 和 $P_{Agent\_i}^{low}$，以及第 i 个储能单元区控制范围内各 PCS 的 SOC 和最大允许充放电的功率限制 $SOC_{Agent\_i}^{pcs\_j}$、$P_{Agent\_i}^{pcs\_lim\_j}$ 代入多智能体粒子群算法中，即可得到第 i 个储能单元智能体控制范围内各 PCS 在当前时刻需要的充放电功率。同时储能单元区智能体生成各 PCS 的控制指令，并下发到该智能体下的每个 PCS 的控制模块中，控制 PCS 完成充放电。多智能体粒子群算法的目标函数如式（8.16）所示。其中式（8.17）～式（8.21）是与式（8.16）相关的约束条件。

$$G_{Agent\_bess} = \min(\omega_1 F_{Agent1} + \omega_2 F_{Agent2}) \tag{8.16}$$

$$F_{Agent1} = \left| P_{Agent\_i}(t) - P_{Agent\_i}^{target}(t) \right| \tag{8.17}$$

$$F_{Agent2} = \sum \left| SOC_{Agent\_i}(t-1) + \frac{P_{Agent\_i}^{ref} \Delta t}{C_{Agent\_i}} - SOC_{ref} \right| \tag{8.18}$$

$$P_{Agent\_i}(t) = \sum_{j=1}^{m} \mu_{Agent\_i}^{pcs\_j} P_{Agent\_i}^{pcs\_j}(t) \tag{8.19}$$

$$SOC_{Agent\_i}(t-1) = \frac{\sum_{j=1}^{m} \mu_{Agent\_i}^{pcs\_j} SOC_{Agent\_i}^{pcs\_j}(t-1)}{m} \tag{8.20}$$

$$C_{\text{Agent}\_i} = \sum_{j=1}^{m} \mu_{\text{Agent}\_i}^{\text{pcs}\_j} C_{\text{Agent}\_i}^{\text{pcs}\_j} \tag{8.21}$$

其中，i 为储能单元区的智能体个数，且 $i=1,2,\cdots,n$；j 为各储能单元智能体控制范围内 PCS 数量，$j=1,2,\cdots,m$；m 表示 PCS 数量；$P_{\text{Agent}\_i}(t)$ 为第 i 个储能单元智能体在 t 时刻的功率需求值；$P_{\text{Agent}\_i}^{\text{pcs}\_j}(t-1)$ 为第 i 个储能单元智能体的第 j 个 PCS 在 $(t-1)$ 时刻的功率命令值；$\text{SOC}_{\text{Agent}\_i}(t-1)$ 为第 i 个储能单元智能体在 $(t-1)$ 时刻总体 SOC 的平均值；$\text{SOC}_{\text{Agent}\_i}^{\text{pcs}\_j}(t-1)$ 为第 i 个储能单元智能体的第 j 个 PCS 在 $(t-1)$ 时刻 SOC 平均值；C_{Agent_i} 为第 i 个储能单元智能体中储能容量总和；$C_{\text{Agent}\_i}^{\text{pcs}\_j}$ 为第 i 个储能单元智能体的第 j 个 PCS 的储能容量总和；$\mu_{\text{Agent}\_i}^{\text{pcs}\_j}$ 为第 i 个储能单元智能体的第 j 个 PCS 的运行工况参数。

式（8.16）～式（8.18）中，$G_{\text{Agent\_bess}}$ 为多智能体粒子群算法目标函数；F_{Agent1} 为储能电站上一时刻充放电功率与主智能体计算得到的当前时刻储能电站应发功率的差；F_{Agent2} 为储能电站整体 SOC 平均值与预设 SOC 参考值（例如，$\text{SOC}_{\text{ref}}=0.5$）的差；$\omega$ 为权重系数，用于衡量储能电站偏向于对 SOC 进行调整或者偏向于跟踪调度。这样经过粒子群算法迭代后，各个储能单元 SOC 逐步接近为同一值，而且同时尽量与参考值靠近。与此同时，各个储能单元出力与光伏出力总和在允许的范围内靠近上级储能主智能体发出的调度指令值。

在提出的多智能体粒子群算法中，以各储能单元区智能体所管辖的各 PCS 的充放电功率作为粒子的速度，以各 PCS 对应的 SOC 作为粒子的位置。结合粒子群算法的核心思想，单体粒子根据本身对问题的理解，不断调整寻找位置和速度，经过不断尝试，探索出满足目标函数的最优解，从而获得储能单元区智能体内各储能变流器充放电功率的最优解。

8.4　本章小结

本章分析了储能电站分区方法以及基于多智能体的分层控制体系结构，建立了站内分区自治的百兆瓦级电池储能电站控制系统仿真模型，提出了百兆瓦级电池储能电站有功功率协调控制方法。

第9章 基于多智能体的储能电站能量管理

百兆瓦级大规模电池储能电站应用目标多样，在新能源发电侧，可平滑新能源发电出力波动，提高风光跟踪计划发电的能力，减小弃风弃光。在发电、配电侧，当储能系统容量较大时，可参与系统调频、削峰填谷等，储能电站主要为跟踪上级指令运行模式，百兆瓦级储能电站能量管理的主要任务是储能电站内部储能单元的能量管理。而在平滑新能源发电出力波动、提高风光跟踪计划发电时，百兆瓦级储能电站能量管理一方面体现在储能电站在联合发电系统中的管理策略，另一方面则是储能电站内部储能单元的能量管理策略。由于储能电站内部储能单元的能量管理已在前述章节研究，本章主要从平滑新能源发电出力波动、提高风光跟踪计划发电等应用模式开展能量管理策略的研究。

9.1 基于多智能体的储能平滑新能源发电控制技术

9.1.1 平滑新能源发电的定义

新能源发电具有波动性和不稳定性。随着我国新能源发电的不断发展，新能源发电在发电侧的占比越来越高。为提高新能源发电质量，提升电网稳定性，需要对新能源发电输出有功功率进行平滑控制，降低单位时间内有功功率变化值，提高发电质量，使新能源发电满足并网要求，促进新能源发电消纳，实现电力系统的安全、高效运行。

根据 GB/T 19963—2011《风电场接入电力系统技术规定》，风电场有功功率变化必须满足一定的要求，并且根据功率调节的相关指令可以在一定范围内控制有功功率变化。正常运行情况下，风电场有功功率变化主要有两个重要指标，分别是 1min 有功功率变化和 10min 有功功率变化，具体见表 9.1。当对风电场的有功功率平滑控制满足表 9.1 时，才能在正常情况下满足电力系统安全稳定运行的要求。如果遇到紧急情况，风电场危及电网安全运行，电网将暂时切除风电场，此时风电场功率变化最大限制可以超出表 9.1 规定限值。

表 9.1 正常运行情况下风电场有功功率变化最大限值

风电场装机容量/MW	10min 有功功率变化最大限值/MW	1min 有功功率变化最大限值/MW
<30	10	3
30~150	装机容量/3	装机容量/10
>150	50	15

根据 GB/T 19964—2024《光伏发电站接入电力系统技术规定》，光伏发电站应能够根据调度指令调节发出有功功率及有功功率变化值。对于正常运行的光伏发电站有功功率变化速率应不超过 10%装机容量/分钟。当对光伏发电站的有功功率平滑控制满足不超过 10% 装机容量/分钟时，才能在正常情况下满足电力系统安全稳定运行的要求。由于光伏电站受辐射

照度影响较大，因此允许光伏电站有功功率变化值因辐射照度降低而超出允许限值。同时，如果光伏发电站发出功率变化率较大，危及电网安全运行，电网将暂时切除光伏电站。

9.1.2　平滑新能源发电的储能控制技术

本节研究了基于储能电站分区自治与集中控制的平滑风光发电能量管理方法。控制方法基于风光储系统中发电组件，建立风光储智能体、风电智能体、光伏智能体和储能智能体。结合风电场、光伏电站及储能电站的多智能体关系如图 9.1 所示。

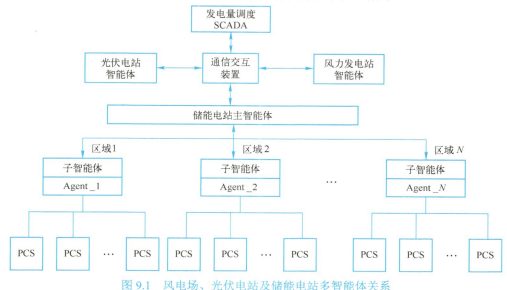

图 9.1　风电场、光伏电站及储能电站多智能体关系

考虑上述风电场、光伏电站以及储能电站间的智能体架构，提出了如图 9.2 所示的控制方法流程，具体步骤如下。

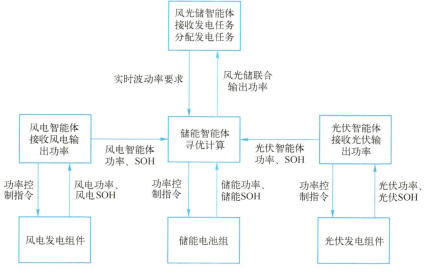

图 9.2　百兆瓦级电池储能电站配合风电与光伏电站的控制方法

注：SOH 表示健康状态。

步骤 1：风电智能体采集风力发电组件发电功率信息和风力发电组件健康状况；光伏智能体采集光伏发电组件发电功率和光伏发电组件健康状况；储能智能体采集储能电站参数。

步骤 2：储能智能体向风电智能体、光伏智能体发出通信请求，获取风电和光伏发电功率和健康状态。同时风光储智能体向储能电站发送通信请求，告知实时平滑波动率控制要求。

步骤 3：储能智能体根据风电、光伏发电的运行状况对风电、光伏发电功率、平滑波动率控制要求制定平滑控制目标函数，针对风电、光伏、风光充放电功率进行划分区间，给出风电、光伏、风光功率对应储能电站充放电功率区间。

步骤 4：针对风电、光伏、风光联合发电功率对应的储能电站充放电功率进行寻优计算，确定储能电站最优充放电功率。

步骤 5：储能智能体根据储能电站最优充放电功率控制储能电站充放电功率，并把储能电站最优充放电功率发送给风光储智能体。

步骤 6：风光储智能体统计风电、光伏、储能充放电功率信息，判断联合充放电功率是否超出波动率要求。

其中，步骤 2 中的波动率 Δ_l、波动量计算方式与控制要求如下：

$$\Delta_l = \frac{P_{\max} - P_{\min}}{P_c} \tag{9.1}$$

$$P_a = P_c \Delta_l \tag{9.2}$$

$$\Delta_l < \delta \tag{9.3}$$

其中，l 为计算时间长度；$P_{\max}$、$P_{\min}$ 分别为计算时间长度内风光储系统发电功率的最大值、最小值；P_c 为风光储系统中风电与光伏电站的装机容量；δ 为波动率限值。

步骤 3 中建立的目标函数如下：

$$\min G = \alpha_1 F_1 + \alpha_2 F_2 + \alpha_3 F_3 \tag{9.4}$$

$$F_1 = \mathrm{abs}(S_{\mathrm{bess\_soc}}(t) - S_{\mathrm{soc\_ref}}) \times 2 \tag{9.5}$$

$$F_2 = \mathrm{abs}(P_{\mathrm{bess}}(t) / P_b^{\max}) \tag{9.6}$$

$$F_3 = \mathrm{abs}\left(\frac{1}{P_{\mathrm{bess}}(t)/[P_p(t) - P_{z\max}(t)]}\right) \tag{9.7}$$

$$S_{\mathrm{soc}}(t) = S_{\mathrm{soc}}(t - \Delta t) - P_{\mathrm{bess}}(t)\Delta t / E_{\mathrm{bess}} \tag{9.8}$$

其中，G 为目标函数；α_1、α_2、α_3 分别为 SOC 偏离程度、放电深度、弃风弃光因素的权重系数；$S_{\mathrm{bess\_soc}}(t)$ 为 t 时刻百兆瓦电池储能电站的荷电状态；$S_{\mathrm{soc\_ref}}$ 为储能电站 SOC 参考值；$P_b^{\max}$ 为储能电站所允许的最大充电/放电功率；$P_{\mathrm{bess}}(t)$ 为 t 时刻储能电站充放电功率；$P_{z\max}$ 为波动率允许的最大光伏输出功率值；Δt 为数据采样间隔；E_{bess} 为储能电站总容量。

式（9.4）所示目标函数中，考虑风光发电平滑波动率的弃风、弃光控制等，应该遵循以下规则或标准：

1）当风电和光伏联合发电功率波动率超过上限时，调节风/光并网逆变器，按照波动率要求上限来发电，将高于波动率上限的功率作为弃风/光功率，其中弃风/光功率能发出的电量定义为弃风/光电量。

2）当风电和光伏联合发电功率低于波动率要求下限时，调节风/光并网逆变器以最大功率点跟踪（Maximum Power Point Tracking，MPPT）方式工作，以最大功率输出。此时储能电站放电，降低风光储联合电站的波动率。

步骤 3 中，风电、光伏、风光充放电功率划分区间步骤如下：

1）通过风光储联合发电历史数据，计算出 $P_{\text{p max}}$、$P_{\text{p min}}$。其中 $P_{\text{p max}}$、$P_{\text{p min}}$ 分别是计算时间长度 m 内光储联合发电功率的最大值、最小值。

2）判断 $P_{\text{p max}}$ 与 $P_{\text{p min}}$ 之间的差值。若差值小于波动量 P_{a} 时，直接计算弃光区间与政策发电区间 A、B、C、D、E；若 $P_{\text{p max}}$ 与 $P_{\text{p min}}$ 之间的差值大于波动量 P_{a} 时，则进行区间修正。区间修正为

$$P_{\text{p max}} = P_{\text{p max}} \qquad\qquad (9.9)$$

$$P_{\text{p min}} = P_{\text{p max}} - P_{\text{a}} \qquad\qquad (9.10)$$

3）确定正常发电区间 A；弃光区间 B、C、D、E。其中区间 B、D 参照弃光标准 1），考虑弃光电量；区间 C、E 参照弃光标准 2），通过储能降低光储联合电站波动率。区间划分及各区间上下限如图 9.3 所示。

A 上限：$P_{\text{z max}} = P_{\text{p min}} + P_{\text{a}}$；　　A 下限：$P_{\text{z min}} = P_{\text{p max}} - P_{\text{a}}$

B 上限：$P_{\text{max}} = P_{\text{z max}} - P_{\text{ch}}$；　　B 下限：$P_{\text{z max}}$

C 上限：$P_{\text{z min}}$；　　C 下限：$P_{\text{min}} = P_{\text{z min}} + P_{\text{disch}}$

D 上限：P_{ch}；　　D 下限：P_{max}

E 上限：P_{min}；　　E 下限：0

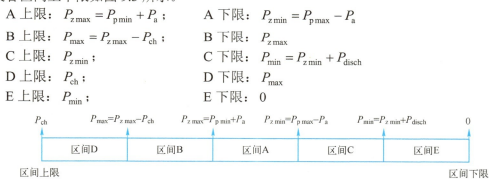

图 9.3　各区间上下限

其中，P_{ch} 为储能电站最大允许充电功率；P_{disch} 为储能电站最大放电功率。储能电站充放电功率，充电为负，放电为正。

风电、光伏、风光充放电功率划分区间步骤 3）中各区间对应的储能电站充放电功率如图 9.4 所示。

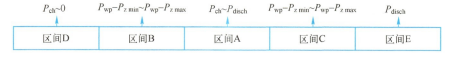

图 9.4　各区间充放电功率

A：$P_{\text{ch}} \sim P_{\text{disch}}$；　　　　　　B：$P_{\text{wp}} - P_{\text{z min}} \sim P_{\text{wp}} - P_{\text{z max}}$

C：$P_{\text{wp}} - P_{\text{z min}} \sim P_{\text{wp}} - P_{\text{z max}}$；　D：$P_{\text{ch}} \sim 0$

E：P_{disch}

其中，P_{wp} 为风电与光伏充放电功率和。

步骤 5 中采用遗传算法进行优化。遗传算法是模拟生物在自然环境中的优胜劣汰规

则，使用遗传和进化形成的一种具有自适应能力、全局性的概率搜索算法。

所述基于多智能体的大型风光储系统功率平滑方法，储能电站智能体通过与风电智能体、光伏智能体协商通信，对寻优计算过程进行储能系统约束调整，最终确定 t 时刻储能智能体参数中储能电站充放电功率 $P_{bess}(t)$。约束条件为

$$S_{soc\_low} \leqslant S_{soc}(t) \leqslant S_{soc\_hi} \tag{9.11}$$

$$0 \leqslant P_{bess}(t) \leqslant P_{bess}^{max} \tag{9.12}$$

$$S_{soc}(t) = S_{soc}(t - \Delta t) - P_{bess}(t)\Delta t / E_{bess} \tag{9.13}$$

其中，S_{soc_hi}、S_{soc_low} 分别为储能电站能量存储 SOC 限制最大值与最小值。

将储能电站总功率需求 P_{bess}，依据 8.3 节的百兆瓦级电池储能电站内分区自治与集中控制的方法，结合多智能体粒子群算法进行功率分配，最终确定各电池储能单元区以及储能变流器的充放电控制指令，进而实现对储能电站的站内控制。同时，当分区自治后储能电站出力与目标出力有偏差的情况下，以最后一个分区作为集中控制的对象，减小前述分区在自治控制时与总目标指令的误差，从而实现百兆瓦级电池储能电站实际出力与目标出力偏差为 0 的目标。

9.2　基于多智能体的储能跟踪发电计划控制技术

9.2.1　储能跟踪计划发电的定义

由于新能源发电的不稳定性及新能源发电功率预测技术的不成熟，导致新能源实际发电与调度指标会存在一定误差，影响电力系统的安全、稳定运行。因此需要缩小新能源发电实际输出功率与预测功率之间的误差，使误差降低到允许的范围内。储能设备由于具有反应速度快、容量大、功率可以双向流动的特点，用于辅助新能源发电可以有效降低新能源发电实际发出功率与预测功率之间的误差。

根据 GB/T 19963—2011《风电场接入电力系统技术规定》，风电场须具备 0～72h 的短期预测功能及 15min～4h 的超短期风电场发电功率预测功能，并需每天定时上报次日 24h 的功率预测曲线。预测值的时间间隔为 15min。同时风电场应每 15min 向电力系统调度机构上报未来 15min～4h 的功率预测曲线。预测值的时间间隔为 15min。

根据 NB/T 31046—2022《风电功率预测系统功能规范》，风电场发电时段且出力受控时的短期预测月方均根误差应小于 0.2，月合格率应大于 80%；超短期预测第 4 小时月方均根误差应小于 0.15，月合格率应大于 85%。其中月方均根误差表示预测误差的准确性，合格率指预测误差满足标准要求的概率。

风电场短期预测与超短期预测各项指标见表 9.2。

表 9.2　风电场短期预测与超短期预测

预测类型	预测时间范围	预测时间间隔	月方均根误差	月合格率
短期预测	0～72h	15min	<0.2	>80%
超短期预测	15min～4h	15min	<0.15	>85%

同时根据《风电场功率预测预报管理暂行办法》，风电场日预测功率曲线最大误差不超

过 25%，实时预测功率曲线最大误差不超过 15%，全天预测结果的方均根差小于 20%。

　　根据 GB/T 19964—2024《光伏发电站接入电力系统技术规定》，装机容量 10MW 及以上的光伏发电站须具备 0～72h 的短期预测功能及 15min～4h 的超短期光伏发电站发电功率预测功能，并需每天定时上报次日 24h 的功率预测曲线。预测值的时间间隔为 15min。同时光伏发电站应每 15min 向电力系统调度机构上报未来 15min～4h 的功率预测曲线。预测值的时间间隔为 15min。光伏发电站发电时段且出力受控时的短期预测月平均绝对误差应小于 0.15，月合格率应大于 80%；超短期预测第 4 小时月平均绝对误差应小于 0.1，月合格率应大于 85%，见表 9.3。其中合格率指预测误差满足标准要求的概率。

表 9.3　光伏发电站短期预测与超短期预测

预测类型	预测时间范围	预测时间间隔	月平均绝对误差	月合格率
短期预测	0～72h	15min	<0.15	>80%
超短期预测	15min～4h	15min	<0.1	>85%

　　基于上述新能源发电预测标准，采用储能配合新能源发电，可以有效提高新能源发电跟踪计划效果，进而提高电力系统稳定性。

9.2.2　储能跟踪计划发电的控制方法

　　本节主要以跟踪新能源发电出力计划、提高跟踪计划发电能力为目标，研究考虑站内区域自治的百兆瓦级电池储能电站能量管理方法，提出一种基于多智能体技术的百兆瓦储能电站控制方法。针对控制系统中风光储智能体、风电智能体、光伏智能体、储能智能体各个智能体的不同功能，控制方法流程如图 9.5 所示。

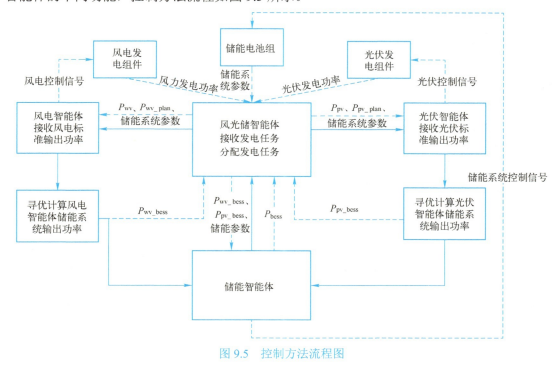

图 9.5　控制方法流程图

步骤 1：风光储智能体采集风电发电组件、光伏发电组件功率和储能电站参数，接收计划发电任务，并将计划发电任务分配给风电智能体、光伏智能体。

步骤 2：风电智能体、光伏智能体分别与风光储智能体协商通信，确定储能参数中储能电站充放电功率。

步骤 3：风光储智能体接收储能功率，进行运行状态检测，完成发电任务。

其中，在控制方法步骤 2 中，储能电站充放电功率确定方法如下。

1）风电智能体中，风储系统储能充放电功率确定流程：

① 接收风电发电系统发电任务，即风电智能体标准充放电功率。

② 计算储能电站充放电功率区间。

③ 针对储能电站功率区间，寻优计算风电智能体对应储能电站功率。

在上述风电智能体风储系统储能功率确定流程②中，储能电站功率区间为

$$区间上限：P_{\text{wv\_bess}}^{\max} = P_{\text{wv\_plan}}(1+\delta) - P_{\text{wv}} \tag{9.14}$$

$$区间下限：P_{\text{wv\_bess}}^{\min} = P_{\text{wv\_plan}}(1-\delta) - P_{\text{wv}} \tag{9.15}$$

其中，$P_{\text{wv\_plan}}$ 为风电智能体标准充放电功率；P_{wv} 为风电功率值；δ 为 P_{plan} 所允许的偏差比例。

在上述风电智能体风储系统储能充放电功率确定流程③中，风电智能体考虑储能电站SOC、充放电功率、发电功率偏离比例建立寻优目标函数。风电智能体目标函数为

$$\min G_{\text{wv}} = \omega_{\text{wv}1} F_{\text{wv}1} + \omega_{\text{wv}2} F_{\text{wv}2} + \omega_{\text{wv}3} F_{\text{wv}3} \tag{9.16}$$

$$F_{\text{wv}1} = \left| (S_{\text{SOC}}(t) - S_{\text{SOC\_ref}}) \times 2 \right| \tag{9.17}$$

$$F_{\text{wv}2} = \left| P_{\text{wv\_bess}}(t) / P_{\text{bess}}^{\max} \right| \tag{9.18}$$

$$F_{\text{wv}3} = \left| (P_{\text{wv\_plan}} - P_{\text{wv}} - P_{\text{wv\_bess}}) / (P_{\text{wv\_plan}} \delta) \right| \tag{9.19}$$

$$S_{\text{SOC}}(t) = S_{\text{SOC}}(t - \Delta t) - P_{\text{wv\_bess}}(t) \Delta t / E_{\text{bess}} \tag{9.20}$$

其中，G_{wv} 为风电智能体目标函数；$\omega_{\text{wv}1}$、$\omega_{\text{wv}2}$、$\omega_{\text{wv}3}$ 分别为储能电站 SOC、充放电功率、发电功率偏离比例的权重系数；$F_{\text{wv}1}$、$F_{\text{wv}2}$、$F_{\text{wv}3}$ 分别为储能电站 SOC、充放电功率、发电功率偏离比例影响因子；$P_{\text{wv\_bess}}$ 为风电智能体对应的储能电站充放电功率；$S_{\text{SOC}}(t)$ 为 t 时刻储能电站的 SOC；$S_{\text{SOC\_ref}}$ 为储能电站 SOC 参考值；Δt 为数据采样间隔；$P_{\text{bess}}^{\max}$ 为储能电站所允许的最大充电/放电功率；E_{bess} 为储能电站总容量。

2）类似于风电智能体，光伏智能体中光储系统储能充放电功率确定流程：

① 接收光伏发电系统发电任务，即光伏智能体标准充放电功率。

② 计算储能电站充放电功率区间。

③ 针对储能电站充放电功率区间，寻优计算光伏智能体对应储能电站充放电功率。

在上述光伏智能体光储系统储能充放电功率确定流程②中，储能电站充放电功率区间为

$$区间上限：P_{\text{pv\_bess}}^{\max} = P_{\text{pv\_plan}}(1+\delta) - P_{\text{pv}} \tag{9.21}$$

$$区间下限：P_{\text{pv\_bess}}^{\min} = P_{\text{pv\_plan}}(1-\delta) - P_{\text{pv}} \tag{9.22}$$

其中，P_{pv_plan} 为光伏智能体标准充放电功率；P_{pv} 为光伏功率值。

在上述光伏智能体光储系统储能充放电功率确定流程③中，光伏智能体考虑储能电站 SOC、充放电功率、发电功率偏离比例建立寻优目标函数。光伏智能体目标函数为

$$\min G_{pv} = \omega_{pv1} F_{pv1} + \omega_{pv2} F_{pv2} + \omega_{pv3} F_{pv3} \qquad (9.23)$$

$$F_{pv1} = \left| (S_{SOC}(t) - S_{SOC\_ref}) \times 2 \right| \qquad (9.24)$$

$$F_{pv2} = \left| P_{pv\_bess}(t) / P_{bess}^{\max} \right| \qquad (9.25)$$

$$F_{pv3} = \left| (P_{pv\_plan} - P_{pv} - P_{pv\_bess}) / (P_{pv\_plan} \delta) \right| \qquad (9.26)$$

$$S_{SOC}(t) = S_{SOC}(t - \Delta t) - P_{pv\_bess}(t) \Delta t / E_{bess} \qquad (9.27)$$

其中，G_{pv} 为光伏智能体目标函数；ω_{pv1}、ω_{pv2}、ω_{pv3} 分别为储能电站 SOC、充放电功率、发电功率偏离比例的权重系数；F_{pv1}、F_{pv2}、F_{pv3} 分别为储能电站 SOC、充放电功率、发电功率偏离比例影响因子；P_{pv_bess} 为光伏智能体对应的储能电站功率。在上述储能电站功率确认流程中，寻优方法均采用遗传算法。

同样地，在控制方法步骤 2 中，储能电站智能体通过与风电智能体、光伏智能体协商通信，对寻优计算过程进行储能电站约束调整，最终确定 t 时刻储能参数中储能电站充放电功率 $P_{bess}(t)$。其中约束条件为

$$S_{SOC\_LOW} \leqslant S_{SOC}(t) \leqslant S_{SOC\_HI} \qquad (9.28)$$

$$0 \leqslant P_{bess}(t) \leqslant P_{bi} \qquad (9.29)$$

$$P_{bess} = P_{wv\_bess} + P_{pv\_bess} \qquad (9.30)$$

$$S_{SOC}(t) = S_{SOC}(t - \Delta t) - P_{bess}(t) \Delta t / E_{bess} \qquad (9.31)$$

其中，S_{SOC_HI}、S_{SOC_LOW} 分别为储能电站能量存储 SOC 限制最大值与最小值。

将经过寻优计算得到的 P_{bess}，依据 8.3 节的百兆瓦级电池储能电站分区自治与集中控制能量管理方法，结合多智能体粒子群算法进行功率分配，最终确定各电池储能单元区储能变流器的充放电控制指令，进而实现对储能电站的站内控制。同时，当分区自治后储能电站出力与目标出力有偏差的情况下，以最后一个分区作为集中控制的对象，减小前述分区在自治控制时与总目标指令的误差，从而实现百兆瓦级电池储能电站实际出力与目标出力偏差为 0 的目标。

9.3　兼顾平滑与跟踪计划的风光储系统多智能体能量管理技术

9.3.1　兼顾平滑与跟踪计划的技术要求

由于风光储系统实际运行情况复杂，可能会在两种或两种以上工况条件下运行，如兼顾平滑和跟踪计划工况。考虑到这种情况，有必要对复合工况下的风光储系统的储能工作效果进行研究。

若储能电站须达到兼顾平滑和跟踪发电计划的目的，此时需要同时满足平滑新能源发

电和跟踪发电计划的要求。

1）正常运行情况下风电场及光伏电站有功功率变化最大限值见表 9.4。详见 9.1 节内容。

表 9.4　正常运行情况下风电场及光伏电站有功功率变化最大限值

新能源类型	装机容量/MW	10min 有功功率变化最大限值/MW	1min 有功功率变化最大限值/MW
风力	<30	10	3
	30～150	装机容量/3	装机容量/10
	>150	50	15
光伏	任何装机容量	—	装机容量/10

2）风电场及光伏发电站短期预测及超短期预测技术标准见表 9.5。详见 9.2 节。

表 9.5　风电场及光伏发电站短期预测及超短期预测技术标准

新能源类型	预测类型	预测时间范围	预测时间间隔	月方均根误差	月方均根误差	月平均绝对误差	月合格率
风力	短期预测	0～72h	15min	<0.2	<0.2	—	>80%
	超短期预测	15min～4h	15min	<0.15	<0.15	—	>85%
光伏	短期预测	0～72h	15min	<0.15	—	<0.15	>80%
	超短期预测	15min～4h	15min	<0.1	—	<0.1	>85%

9.3.2　兼顾平滑与跟踪计划的储能系统控制技术

本节提出了考虑不同运行工况（兼顾平滑和跟踪计划工况），并考虑多智能体自治控制的储能电站能量管理方法。具体如下：提出了计及弃光、弃风并兼顾平滑和跟踪发电计划的综合能量管理策略；结合 9.1 节和 9.2 节所述内容，在考虑储能电站 SOC、放电深度情况下，考虑加入弃光、弃风因子，建立了风光储联合电站兼顾平滑和跟踪计划的控制策略目标函数；同时结合储能电站内各储能单元区的工作状态，对处于不同工作状态的储能单元进行充放电控制。

考虑平滑和跟踪发电计划的储能电站控制目标函数及约束条件如下：

$$\min G_{\mathrm{bess}} = \omega_{\mathrm{bess1}} F_{\mathrm{bess1}} + \omega_{\mathrm{bess2}} F_{\mathrm{bess2}} + \omega_{\mathrm{bess3}} F_{\mathrm{bess3}} + \omega_{\mathrm{bess4}} F_{\mathrm{bess4}} \tag{9.32}$$

$$F_{\mathrm{bess1}} = \left(\left| S_{\mathrm{SOC}}(t) - S_{\mathrm{soc\_ref}} \right| \right) \times 2 \tag{9.33}$$

$$F_{\mathrm{bess2}} = \left| P_{\mathrm{bess}}(t) / P_{\mathrm{bess}}^{\max} \right| \tag{9.34}$$

$$F_{\mathrm{bess3}} = \left| P_{\mathrm{bess}}(t) / \left(P_{\mathrm{plan}} \delta \right) \right| \tag{9.35}$$

$$F_{\mathrm{bess4}} = \left| \frac{1}{P_{\mathrm{bess}}(t) / \left[P_{\mathrm{p}}(t) - P_{z\max}(t) \right]} \right| \tag{9.36}$$

其中，G_{bess} 为储能智能体目标函数；ω_{bess1}、ω_{bess2}、ω_{bess3}、ω_{bess4} 分别为储能电站 SOC、充放电功率、发电功率偏离比例的权重系数以及弃风弃光权重系数；F_{bess1}、F_{bess2}、F_{bess3}、F_{bess4} 分别为储能电站 SOC、充放电功率、发电功率偏离比例影响因子以及弃风弃光影响因

子；式（9.32）～式（9.36）的其他变量意义与 9.1 节和 9.2 节所应用目标函数一致。

在上述储能电站充放电功率确认流程中，寻优方法均采用遗传算法进行优化。将经过寻优计算得到的 P_{bess}，依据 8.3 节的百兆瓦级电池储能电站能量管理方法，结合多智能体粒子群算法进行功率分配，最终确定各电池储能单元区储能变流器的充放电控制指令，进而实现对储能电站的站内控制。同时，当分区自治后储能电站出力与目标出力有偏差的情况下，以最后一个分区作为集中控制的对象，减小前述分区在自治控制时与总目标指令的误差，从而实现百兆瓦级电池储能电站实际出力与目标出力偏差为 0 的目标。

9.4　仿真案例分析

本节利用 8.3 节所提的电池储能电站协调控制与能量管理方法，开展仿真分析与验证，以具体案例验证所提控制策略的有效性。

9.4.1　兼顾平滑和跟踪计划的储能电站控制效果仿真分析

本节仿真分析兼顾平滑和跟踪计划的光储联合发电系统。光储联合控制系统拓扑结构示意图如图 9.6 所示。

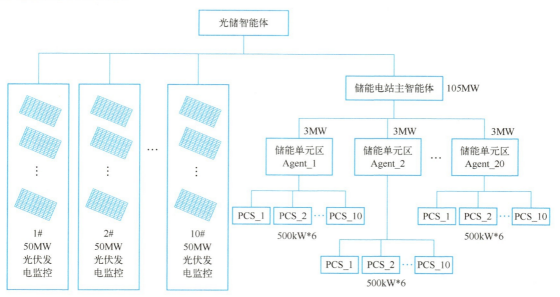

图 9.6　光储联合控制系统拓扑结构示意图

光伏：额定功率为 500MW。

储能电站：105MW/315MW·h。其中储能电站内有 35 个储能单元区，各储能单元区 3MW/9MW·h，每个储能单元包含 6 个 PCS，每个 PCS 为 0.5MW。

控制目标：波动率控制目标为 10min 波动率小于 10%。光储跟踪计划偏差小于光伏跟踪计划偏差。

本节仿真中各储能单元的电池组 SOC 在 0.4～0.6 之间均匀分配，其中每个储能单元区控制范围内的每个 PCS 的初始 SOC 在 0.4～0.6 范围内均匀设置，仿真效果如图 9.7～图 9.9 所示。

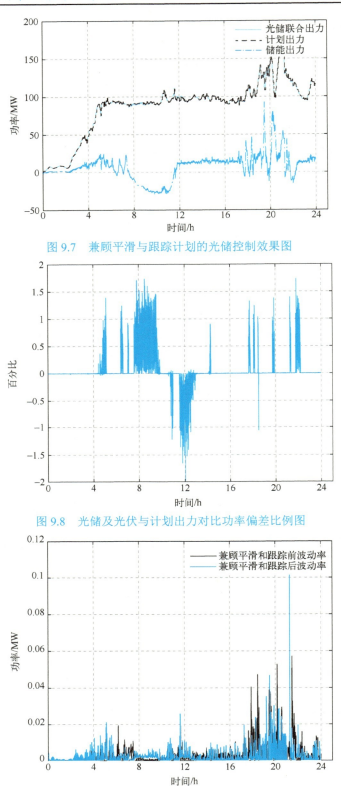

图 9.7 兼顾平滑与跟踪计划的光储控制效果图

图 9.8 光储及光伏与计划出力对比功率偏差比例图

图 9.9 光伏波动率与光储联合波动率对比图

基于第 8 章提及的基于多智能体粒子群的储能电站功率控制技术，兼顾平滑和跟踪计划的光储联合发电系统内的各储能单元区的充放电功率及 SOC 变化曲线的仿真结果如图 9.10、图 9.11 所示。可知，各储能单元区的充放电功率及 SOC 均在设定范围内变化。其中各储能单元 SOC 在 8:00—16:00 时间内通过多智能体粒子群算法的控制作用逐渐接近，并在接下来的时间内保持同步变化。同时各储能单元充放电功率在 8:00—18:00 时间内可以看出有一定差异，18:00 之后随着 SOC 的逐步接近，基本保持一致。

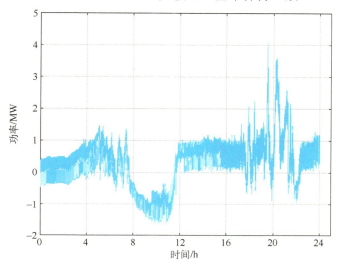

图 9.10　光储联合发电系统内各个智能体储能单元区的充放电功率曲线

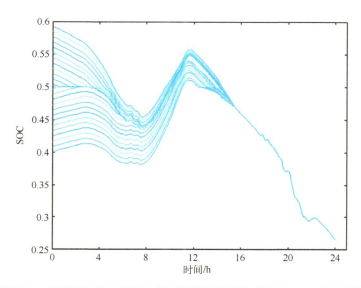

图 9.11　光储联合发电系统内各个智能体储能单元区的 SOC 变化曲线

9.4.2　百兆瓦级电池储能电站削峰填谷的仿真分析

光伏：500MW。储能电站：130MW/260MW·h，分为 26 个储能单元区智能体，每个储能单元 5MW/10MW·h。每个储能单元含 10 个 PCS。

控制目标：削峰填谷，减小峰谷差。

本节仿真中各储能单元区的初始 SOC 按 0.4~0.6 均匀配置，每个储能单元区内的各 10 个 PCS 电池组 SOC 在 0.4~0.6 范围内随机配置。储能 SOC 控制的上下限值设置为 0.1~0.9。SOC 范围为 0.1~0.9。

仿真中应用的负荷曲线如图 9.12 所示，负荷的峰谷差偏差较大，需要加入储能系统以减小峰谷差。

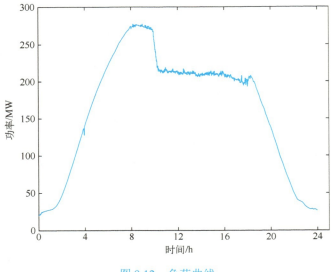

图 9.12　负荷曲线

图 9.13 为负荷、等效负荷及储能出力曲线图。可知加入百兆瓦级电池储能电站后，等效负荷曲线的峰谷差减小，达到了削峰填谷的控制效果。

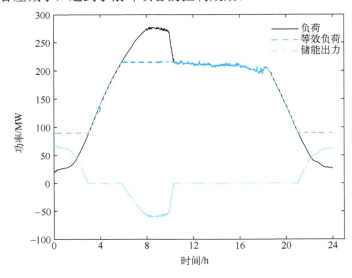

图 9.13　负荷、等效负荷及储能出力

　　基于第 8 章提及的基于多智能体粒子群的储能电站功率控制技术，百兆瓦级电池储能电站削峰填谷仿真中各储能单元区充放电功率及 SOC 变化的仿真结果如图 9.14、图 9.15 所示。可知各储能单元的充放电功率及 SOC 均在设定范围内变化。其中各储能单元 SOC 通过多智能体粒子群算法的控制作用逐渐接近，并在接下来的时间内保持同步变化。同时各储能单元充放电功率仿真初期存在一定差异，但是在仿真末期基本保持一致。

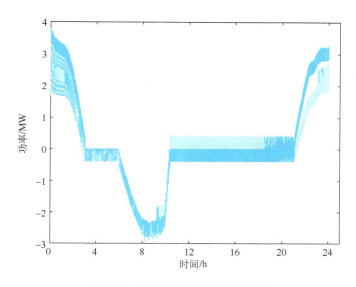

图 9.14　储能单元区的充放电功率

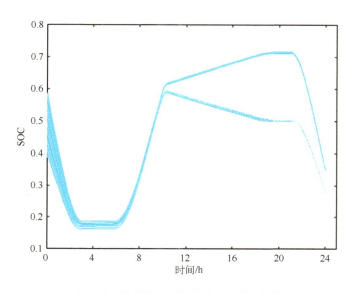

图 9.15　各储能单元区的 SOC 变化曲线

9.4.3　百兆瓦级电池储能电站跟踪调频指令的仿真分析

储能电站：130MW/260MW·h，分为 26 个储能单元区智能体，每个储能单元 5MW/10MW·h。每个储能单元含 10 个 PCS。

控制目标：跟踪调频指令。

本节仿真中各储能单元区的初始 SOC 按 0.4～0.6 均匀配置，每个储能单元区内的各 10 个 PCS 电池组 SOC 在 0.4～0.6 范围内随机配置。储能 SOC 控制的上下限值设置为 0.1～0.9。SOC 范围为 0.1～0.9。

仿真中应用的跟踪调频指令如图 9.16 所示。储能总功率指令如图 9.17 所示。

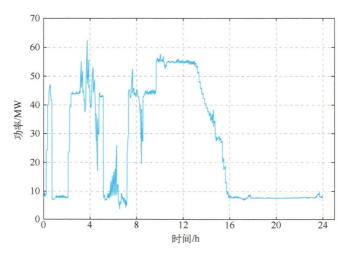

图 9.16　跟踪调频指令

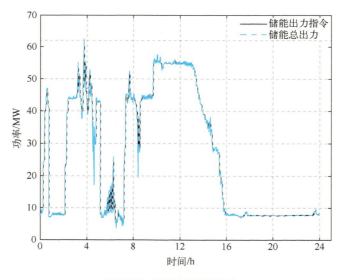

图 9.17　储能总功率指令

　　基于第 8 章提及的基于多智能体粒子群的储能电站功率控制技术，百兆瓦级电池储能电站跟踪调频指令仿真中各储能单元区充放电功率及 SOC 变化的仿真结果如图 9.18、图 9.19 所示。可知各储能单元的充放电功率及 SOC 均在设定范围内变化。其中各储能单元 SOC 通过多智能体粒子群算法的控制作用逐渐接近，并在接下来的时间内保持同步变化。同时各储能单元充放电功率仿真初期存在一定差异，但是在仿真末期基本保持一致。

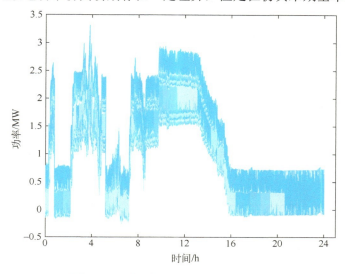

图 9.18　储能单元区的充放电功率曲线

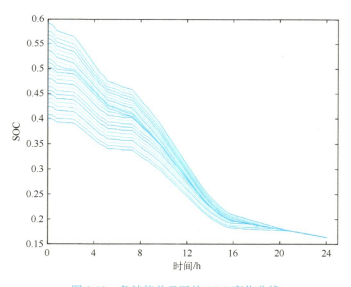

图 9.19　各储能单元区的 SOC 变化曲线

　　图 9.20 为站内分区自治后储能电站出力与目标出力的偏差，图 9.21 为加入最后一个分区集中控制后，储能电站实际出力与目标出力偏差。可见，在分区自治储能电站出力与目标出力存在较大偏差的情况下，加入最后一个储能单元分区进行集中控制后，储能电站实际出力与目标出力偏差小于 2%。

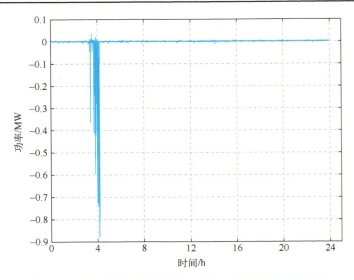

图 9.20　站内分区自治后储能电站出力与目标出力的偏差

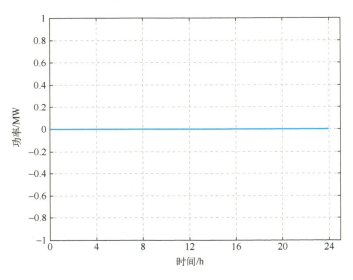

图 9.21　集中控制后储能电站出力与目标出力的偏差

9.5　本章小结

　　本章首先针对百兆瓦级储能电站的多目标应用，提出了基于站内分区自治与集中控制的百兆瓦级储能电站在平滑新能源发电出力波动、跟踪发电计划以及两者兼顾等应用场景下的能量管理策略。然后，基于 MATLAB 开发了仿真软件，基于典型案例仿真分析了百兆瓦级电池储能电站的协调控制与能量管理策略。结果表明，所提出的策略在实现百兆瓦级多目标需求的基础上，可以实现不同单元分区的能量优化管理功能。同时采用分区与集中联合控制的方法可以有效减小储能电站实际出力与目标出力偏差。

1）基于储能电站分区方法及多智能体系统的分层架构，建立基于多智能体系统技术的百兆瓦级电池储能电站控制系统模型，提出基于多智能体粒子群算法的多个控制单元的有功功率协调控制方法，从而获得储能单元内各储能变流器充放电功率的最优解，并使得各储能单元状态逐步一致。

2）针对平滑新能源发电出力波动、跟踪发电计划、兼顾平滑与跟踪计划应用模式等应用模式，考虑新能源出力波动率、跟踪计划偏差以及弃风弃光因子等重要参数，分别建立目标函数并利用上述百兆瓦级电池储能电站功率控制方法以及分区自治与集中控制策略，实现了百兆瓦级电池储能电站多目标的能量管理。

① 在不同的应用模式下，百兆瓦级电池储能电站可实现相应的控制目标，达到减小风光等新能源发电波动（风储联合发电波动率小于 10%）、减小风光与计划出力偏差（偏差小于 2%）的控制目的。

② 将百兆瓦级电池储能电站以 5MW 或 3MW 等为基本单元进行分区，即使各储能单元分区初始 SOC 不一致，在多智能体粒子群算法的控制作用下也将逐渐接近，最终使得整个储能电站内各储能单元区的 SOC 基本保持在相对一致的状态。

③ 百兆瓦级电池储能电站分区自治后储能电站出力与目标出力存在一定偏差，当使用任意分区进行集中协调后，储能电站实际出力与目标出力偏差减小，小于 2%，从而提高了百兆瓦级电池储能电站出力准确度。

第10章 基于多智能体的储能电站集群多维资源协同调度

在大规模储能电站管控过程中，位于不同系统层级的储能智能体单元之间可以利用光纤、4G/5G、IEC 61850、Modbus 等通信网络技术实现数据采集、状态监测、系统管控，保证大规模储能电站安全稳定运行。上述过程所涉及的数据种类多、数量大、服务需求差异明显，对本地资源受限的储能电站的数据处理能力提出了严峻挑战。近年来，随着云计算、边缘计算技术的推广，通过协同利用云平台、边缘计算平台和终端设备的资源和处理能力，能够有效提升储能电站的数据处理、提高系统管控能力、增强电站运行安全。在云边端协同模式下，云边端侧资源分布不均衡、海量异构数据的差异化服务需求，都迫切需求多维资源协同调度。本章基于多智能体技术，建立云边端协同的储能电站多维资源协同调度架构，利用马尔可夫决策过程形式化多维资源协同调度问题，提出基于多智能体深度强化学习的大规模资源调度（Multi-agent Deep Reinforcement Learning-based Resources Scheduling, MADRL-RS）算法实现多维资源的协同调度。

10.1 大规模储能电站协同管控架构及潜在问题

大规模储能电站通常采用三层两网架构，即站控层、就地监控层和设备层三个层级和主备监控网、主备通信网两类网络。如图 10.1 所示，站控层主要负责全站监视、协同调控；就地监控层监测上报各储能电站实时状态，执行就地控制；设备层依据调度指令完成有功、无功控制，支撑多场景应用。储能电站采集的数据信息一般为来自电池管理系统、储能变流器、变配电系统和辅助系统等设备的运行信息、环境检测信息以及并网点电气信息等，依据不同数据信息对电站安全稳定控制的影响不同，响应周期从毫秒级至分钟级，甚至小时级。

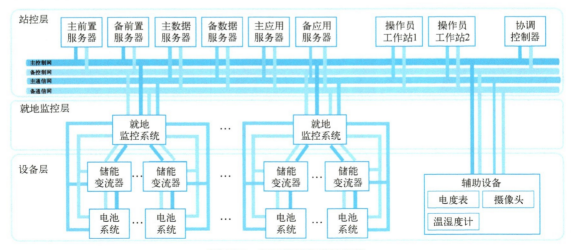

图 10.1 大规模储能电站架构

储能电站管控过程中的数据是海量异构的，在数据规模、数据类型及响应周期等性能指标上差异显著。海量异构数据的处理需要耗费巨大算力，这对于仅仅配备工控机和工作站的大规模储能电站来说，如何安全高效地完成海量数据实时处理和集群协同控制是一个严峻挑战。为了缓解储能电站本地资源受限的窘境，云计算提供了一种解决思路。目前，储能云平台提供数据分析、远程监控、智慧管控等服务，具体流程包括：储能电站实时采集电压、温度、功率等状态信息，通过 IEC 61850、Modbus、光纤、4G/5G 等通信网络上传到储能云平台；云平台调用存储、计算等资源，根据上传数据的差异化服务需求进行个性化处理；云平台将处理完成后的数据下发至储能电站，执行相关控制优化指令。然而，由于云平台的大规模集中服务特性，云平台通常部署在远离储能电站现场的地方，造成数据传输时延高、隐私性差等问题。

为了解决上述问题，移动边缘计算（Mobile Edge Computing，MEC）模式应运而生，MEC 技术将资源下沉到网络边缘基础设施平台中，形成具有较强计算处理能力的 MEC 平台，能够在更靠近储能电站的边缘侧实时处理数据，具有更低的网络时延、更高的安全隐私性能。然而，在地理分布上，MEC 平台的位置、数量与储能电站的分布密度难以匹配；在资源配备上，MEC 平台的处理能力与储能电站的服务需求也不能完全吻合。来自分布式储能电站的海量异构数据的高并发访问可能会导致 MEC 平台负载不均衡现象。同时，对 MEC 平台的高并发访问还可能导致网络流量拥塞，增加额外的传输时延。

对于面向大规模储能电站的多维资源协同调度而言，集中式调度虽然能够以简明清晰的系统组织关系实现全局管理调度、降低储能电站间以及储能电站与 MEC 平台之间的控制和交互难度，但是可扩展性、动态性较差，单体储能电站的投退严重影响整个系统的规划、控制。一旦执行集中式调度的智能体发生功能错误，将导致整个储能电站崩溃。相反，由于分布式储能电站具有一定的数据采集、感知分析、管理控制能力，具备实现基于多智能体的大规模储能电站群体智能的潜在优势。具体来说，每个储能电站都可以视作一个独立的智能体，它们可以很容易地观察到局部系统信息，通过多智能体与系统环境交互近似为多维资源协同调度的机理模型，并利用多智能体深度强化学习实现合理有效的多维资源协同调度。

10.2　基于多智能体的储能电站集群多维资源协同调度模型

如图 10.2 所示，储能电站集群云边端协同管控架构包括：M 个储能电站（$m \in \{1, \cdots, M\}$）、N 个边缘计算平台（$n \in \{1, \cdots, N\}$）和 1 个云服务平台。其中，储能电站包括电池模组、储能变流器（PCS）、电池管理系统（BMS）以及能量管理系统（EMS）等，具备数据采集通信功能、就地控制功能和本地算力资源，支持实时采集运行数据和环境监测数据、异构数据就地/边缘计算和执行电池充放电等功能；边缘计算平台，具备边缘控制功能、边缘侧算力资源和数据通信功能，支持智能分析多个储能电站上传的数据，实时响应就地管控指令，同时支持将边缘侧智能分析后的关键数据上传云服务平台，解析云服务平台下发的管控指令后，下发管控指令至储能电站；云服务平台，具备云端控制功能、云端算力资源和数据通信功能，支持接收并分析来自不同边缘计算平台的数据，形成全域最优管控指令，下发管控指令至边缘计算平台；主备用网络，包括主用控制网络、备用控制网络、主用数据网络、备用数据网络，用于在储能电站、边缘计算平台、云服务平台之间建立通信链路，实现数据信息和管控指令安全可靠传输。

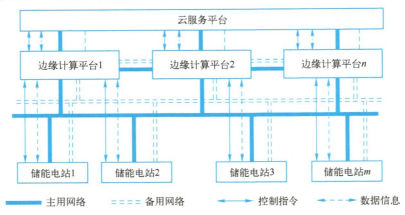

图 10.2 基于多智能体的储能电站集群多维资源协同调度模型

10.2.1 网络模型

储能电站、边缘计算平台、云服务平台之间利用 IEC 61850、Modbus、光纤、4G/5G 等通信网络建立通信链路，支撑数据信息和管控指令安全可靠传输。对于单个边缘计算平台，汇集源自多台储能电站的运行数据和环境监测数据，调用边缘侧算力智能分析原始运行数据和环境监测数据后得到关键分析数据，通过主备用网络将关键分析数据上传云服务平台，传输速率为 $C_{n,\text{cloud}}$。其中，主备用网络为有线网络时，$C_{n,\text{cloud}}$ 为固定值，依赖传输介质类型；主备用网络为无线网络时，$C_{n,\text{cloud}}$ 受环境干扰。其计算式为

$$C_{n,\text{cloud}} = B_{n,\text{cloud}} \log_2 \left(1 + \frac{p_n g_{n,\text{cloud}}}{\sigma_{n,\text{cloud}}^2} \right) \tag{10.1}$$

其中，$n \in \{1,\cdots,N\}$，N 表示边缘计算平台总个数；$B_{n,\text{cloud}}$ 表示边缘计算平台 n 到云服务平台之间的网络带宽；p_n 表示边缘计算平台 n 的发射功率；$g_{n,\text{cloud}}$ 表示边缘计算平台 n 到云服务平台的信道增益；$\sigma_{n,\text{cloud}}^2$ 表示边缘计算平台 n 到云服务平台的噪声干扰。

对于单个储能电站，可以执行就地计算、卸载计算两种计算模式，但只能卸载到一个边缘计算平台。以 $o_{m,j}$ 表示计算模式，$j \in \{0,1,\cdots,N\}$，$o_{m,n} = 1$ 表示储能电站 m 选择边缘计算平台 n 进行卸载，$o_{m,0} = 1$ 表示储能电站 m 选择完全就地计算。储能电站通过主备用网络与边缘计算平台通信，传输速率为 $C_{m,n}$。其中，主备用网络为有线网络时，$C_{m,n}$ 为固定值，依赖传输介质类型；主备用网络为无线网络时，$C_{m,n}$ 受环境干扰。其计算式为

$$C_{m,n} = B_{m,n} \log_2 \left(1 + \frac{o_{m,n} p_m h_{m,n} \left(l_{m,n} \right)^{-\alpha}}{\sigma_n^2 + \sum_{m'=1,m' \neq m}^{M} o_{m',n} p_{m'} h_{m',n} \left(l_{m',n} \right)^{-\alpha}} \right) \tag{10.2}$$

其中，$m \in \{1,\cdots,M\}$，M 表示储能电站总个数；$n \in \{1,\cdots,N\}$，N 表示边缘计算平台总个

数；$B_{m,n}$ 表示储能电站 m 与边缘计算平台 n 之间的网络带宽，$o_{m,n}$ 表示计算模式；p_m、$p_{m'}$ 分别表示储能电站 m 和储能电站 m' 的发射功率；$h_{m,n}$ 和 $h_{m',n}$ 分别表示储能电站 m 和储能电站 m' 到边缘计算平台 n 的信道增益；$l_{m,n}$ 和 $l_{m',n}$ 分别表示储能电站 m 和储能电站 m' 到边缘计算平台 n 的物理距离；α 表示路损系数；σ_n^2 表示边缘计算平台 n 处的噪声。

10.2.2　计算模型

特别规定，每个储能电站持续产生数据，如图 10.3 所示。根据不同类型数据的差异化服务需求以及多维资源的分布、使用情况，储能电站可以灵活地执行包括就地计算和边缘计算在内的多级计算卸载来处理数据。一方面，储能电站可以完全就地处理数据；另一方面，储能电站可以将数据卸载到 MEC 平台，包括完全卸载和部分卸载。在部分卸载方式下，储能电站可以同时在就地和 MEC 平台上处理数据。无论选择何类计算模型，储能电站处理数据都需要消耗一定的时延和能耗。接下来，分别从数据处理时延和能耗两个角度详细说明不同计算模型的差异。

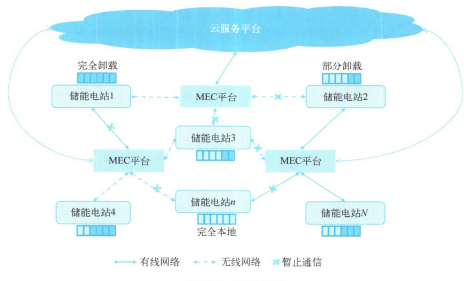

图 10.3　计算模型

1. 时延

储能电站处理数据所用时延，包括云服务平台时延、边缘计算平台时延和就地时延，计算方法如下：

$$\tau_{m,n} = \max\left(\tau_n^{\text{cloud}} + \tau_{m,n}^{\text{edge}}, \tau_{m,n}^{\text{local}}\right) \tag{10.3}$$

式（10.3）中，云服务平台时延 τ_n^{cloud} 由边缘计算平台与云服务平台之间的上下行通信时延和云服务平台的计算时延决定，计算方法如下：

$$\tau_n^{\text{cloud}} = \frac{d_{n,\text{cloud}}^{\text{Up}}}{C_{n,\text{cloud}}^{\text{Up}}} + \frac{d_{n,\text{cloud}}^{\text{Down}}}{C_{n,\text{cloud}}^{\text{Down}}} + \frac{c_{n,\text{cloud}}}{f_{n,\text{cloud}}} \tag{10.4}$$

其中，$d_{n,\text{cloud}}^{\text{Up}}$ 表示边缘计算平台 n 上传到云服务平台的关键分析数据的数据量；$d_{n,\text{cloud}}^{\text{Down}}$ 表示云服务平台下发至边缘计算平台 n 的数据量；$C_{n,\text{cloud}}^{\text{Up}}$ 表示边缘计算平台 n 到云服务平台的上行传输速率；$C_{n,\text{cloud}}^{\text{Down}}$ 表示云服务平台至边缘计算平台 n 的下行传输速率；$c_{n,\text{cloud}}$ 表示边缘计算平台 n 上传的关键分析数据所需的可运算指令数；$f_{n,\text{cloud}}$ 表示边缘计算平台 n 从云服务平台获得的算力资源。

同理，边缘计算平台时延 $\tau_{m,n}^{\text{edge}}$ 由储能电站与边缘计算平台之间的上、下行通信时延和边缘计算平台的计算时延决定，计算方法如下：

$$\tau_{m,n}^{\text{edge}} = o_{m,n}\left(\frac{r_{m,n}d_m^{\text{All}}}{C_{m,n}^{\text{Up}}} + \frac{d_{m,n}^{\text{Down}}}{C_{m,n}^{\text{Down}}} + \frac{r_{m,n}c_m^{\text{All}}}{f_{m,n}}\right) \tag{10.5}$$

其中，d_m^{All} 表示储能电站 m 待处理的全部数据量；$r_{m,n}d_m^{\text{All}}$ 表示储能电站 m 上传到边缘计算平台 n 的数据量；$d_{m,n}^{\text{Down}}$ 表示边缘计算平台 n 下发到储能电站 m 的数据量；$C_{m,n}^{\text{Up}}$ 表示储能电站 m 到边缘计算平台 n 的上行传输速率；$C_{m,n}^{\text{Down}}$ 表示储能电站 m 到边缘计算平台 n 的下行传输速率；c_m^{All} 表示储能电站 m 计算全部数据量所需的运算指令数；$r_{m,n}$ 表示卸载比例；$r_{m,n}c_m^{\text{All}}$ 表示储能电站 m 上传数据到边缘计算平台 n 所需的运算指令数。

不同于将数据卸载到云服务平台和边缘计算平台，就地计算时延 $\tau_{m,n}^{\text{local}}$ 不包括数据传输时延损耗，计算方法如下：

$$\tau_{m,n}^{\text{local}} = \frac{o_{m,j}(1-r_{m,n})c_m^{\text{All}}}{F_m} \tag{10.6}$$

其中，$(1-r_{m,n})c_m^{\text{All}}$ 表示储能电站 m 就地计算所需的运算指令数；F_m 表示储能电站 m 的总算力资源。

2. 能耗

储能电站处理数据所用能耗，包括云服务平台能耗、边缘计算平台能耗和就地能耗，计算方法如下：

$$e_{m,n} = e_n^{\text{cloud}} + e_{m,n}^{\text{edge}} + e_{m,n}^{\text{local}} \tag{10.7}$$

式（10.7）中，云服务平台能耗 e_n^{cloud} 由边缘计算平台与云服务平台之间的上下行通信能耗、云服务平台的计算能耗和日常运行能耗决定，计算方法如下：

$$e_n^{\text{cloud}} = \frac{p_n d_{n,\text{cloud}}^{\text{Up}}}{C_{n,\text{cloud}}^{\text{Up}}} + \frac{p_n d_{n,\text{cloud}}^{\text{Down}}}{C_{n,\text{cloud}}^{\text{Down}}} + e_{\text{cloud}}^{\text{cmp}}c_{n,\text{cloud}} + e_{\text{cloud}}^{\text{elc}} \tag{10.8}$$

其中，p_n 表示边缘计算平台 n 上传数据到云服务平台的发射功率；$e_{\text{cloud}}^{\text{cmp}}$ 表示云服务平台执行单位运算指令数所需能耗；$e_{\text{cloud}}^{\text{elc}}$ 表示云服务平台日常运行所需能耗。

同理，边缘计算平台能耗 $e_{m,n}^{\text{edge}}$ 由储能电站与边缘计算平台之间的上下行通信能耗、边缘计算平台的计算能耗和日常运行能耗决定，计算方法如下：

$$e_{m,n}^{\text{edge}} = o_{m,n}\left(\frac{p_m r_{m,n}d_m^{\text{All}}}{C_{m,n}^{\text{Up}}} + \frac{p_m d_{m,n}^{\text{Down}}}{C_{m,n}^{\text{Down}}} + e_{\text{edge}}^{\text{cmp}}r_{m,n}c_m^{\text{All}}\right) + e_{\text{edge}}^{\text{elc}} \tag{10.9}$$

其中，$e_{\text{edge}}^{\text{cmp}}$ 表示边缘计算平台执行单位运算指令数所需能耗；$e_{\text{edge}}^{\text{elc}}$ 表示边缘计算平台日常运行所需能耗。

不同于将数据卸载到云服务平台和边缘计算平台，就地计算能耗 $e_{m,n}^{\text{local}}$ 不包括数据传输能耗，计算方法如下：

$$e_{m,n}^{\text{local}} = o_{m,j} e_{\text{local}}^{\text{cmp}} (1 - r_{m,n}) c_m^{\text{All}} + e_{\text{local}}^{\text{elc}} \tag{10.10}$$

其中，$e_{\text{local}}^{\text{cmp}}$ 表示储能电站执行单位运算指令数所需能耗；$e_{\text{local}}^{\text{elc}}$ 表示边缘计算平台日常运行所需能耗。

10.3　储能电站集群多智能体协同调度的马尔可夫决策过程

10.3.1　储能电站集群多维资源协同调度的问题原型

为了充分利用多维资源，应在提升数据处理实时性的同时，降低储能电站整体能耗。本章将云边端协同的储能电站集群多维资源协同调度建模为时延和能耗的联合优化问题如下：

$$\min_{\boldsymbol{O},\boldsymbol{R},\boldsymbol{P}} \sum_{j=0}^{N} \sum_{m=1}^{M} \omega_\tau \tau_{m,j} + \omega_e e_{m,j} \tag{10.11}$$

$$\text{s.t.} \quad \text{C1}: 0 \leqslant p_m \leqslant P_{\max}$$

$$\text{C2}: 0 \leqslant f_{m,n} \leqslant F_n$$

$$\text{C3}: \sum_{m=1}^{M} o_{m,n} f_{m,n} \leqslant F_n$$

$$\text{C4}: 0 \leqslant r_{m,n} \leqslant 1$$

$$\text{C5}: o_{m,n} \in \{0,1\}$$

$$\text{C6}: \sum_{j=0}^{N} o_{m,j} = 1$$

$$\text{C7}: 0 \leqslant \tau_{m,n} \leqslant T_m^{\max}$$

其中，$\displaystyle\min_{\boldsymbol{O},\boldsymbol{R},\boldsymbol{P}} \sum_{j=0}^{N} \sum_{m=1}^{M} \omega_\tau \tau_{m,j} + \omega_e e_{m,j}$ 为最小化包括时延和能耗在内的系统开销的优化目标；$\boldsymbol{O} = \{o_{m,j}\}_{M \times (N+1)}$，$\boldsymbol{R} = \{r_{m,n}\}_{M \times N}$ 分别表示计算模式、卸载比例映射关系矩阵；$\boldsymbol{P} = \{p_m\}_M$ 表示发射功率矩阵；$\tau_{m,j}$ 表示处理储能电站 m 数据的实际所用时延；$e_{m,j}$ 表示处理储能电站 m 数据的实际所用能耗；ω_τ 表示时延权重；ω_e 表示能耗权重。

C1 为发射功率约束：$P_{\max}$ 表示储能电站的最大发射功率。

C2 和 C3 为计算资源约束：$f_{m,n}$ 表示储能电站 m 从边缘计算平台 n 获得的算力资源，F_n 表示边缘计算平台 n 的总算力资源，均由单位时间内的可运算指令数来表征。

C4 为卸载比例约束：$r_{m,n}$ 表示储能电站 m 将数据卸载至边缘计算平台 n 的卸载比例，其大小为 0～1。

C5 和 C6 为计算模式约束：$o_{m,n}=1$ 表示储能电站 m 选择边缘计算平台 n 卸载数据，$o_{m,0}=1$ 表示储能电站 m 选择完全就地计算；每个储能电站只能卸载数据至一个边缘计算平台，不能卸载到多个边缘计算平台。

C7 为数据时延上界：$T_m^{\max}$ 表示储能电站 m 所产生数据的时延上界，即储能电站 m 所能接受的最长数据处理时间。

显然，C1～C7 约束是强耦合的，式（10.11）所示优化问题是一个混合整数非线性规划问题。同时，$o_{m,j}$、p_m 和 r_m 是储能电站 m 局部可观测的，时延和能耗的联合优化问题可以表示为部分可观测的多智能体马尔可夫决策过程问题，这是 PSPACE-hard 的，不可能在多项式时间内被解决，而基于模型驱动的优化算法求解混合整数非线性规划问题需要指数计算复杂度。

因此，本章使用通过多智能体马尔可夫决策过程（Multi-Agent Markov Decision Process，MAMDP）来形式化描述式（10.11）所示关于时延和能耗的联合优化问题。简单来讲，如图 10.4 所示，分布式储能电站作为智能体与系统环境交互来观测局部状态，观测到的状态按照一定的规则转化为可执行的动作，智能体执行动作以不同的状态转移概率实现状态转移，获得不同奖励。多智能体的状态转移会显著改变系统环境，序贯影响智能体的状态与动作。智能体与系统环境之间通过长期交互，最大化累积奖励，即可获得有效的多维资源协同调度策略。

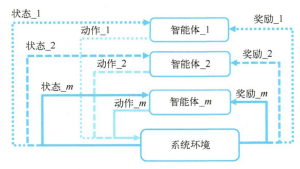

图 10.4 储能电站集群多维资源协同调度马尔可夫决策过程

10.3.2 储能电站集群多维资源协同调度的 MAMDP

1. 状态空间

在时隙 t，每个储能电站的状态 $s_m(t)$ 由就地观测到的计算决策、数据量、所需运算指令数、优先级、时延截止期、储能电站与 MEC 平台的相对位置组成，所有可能存在的状态组成状态空间 S，$s_m(t)\in S$。$s_m(t)$ 表示为

$$s_m(t) = \{o_m^j(t), d_m^{\text{All}}(t), c_m^{\text{All}}, k_m(t), z_m(t), l_m^{\mathcal{N}}(t)\} \tag{10.12}$$

其中，$k_m(t)$ 表示储能电站 m 所产生数据的优先级；$z_m(t)$ 表示储能电站 m 所产生数据的时延上界；$l_m^{\mathcal{N}}(t), \mathcal{N} = \{1, 2, \cdots, N\}$ 表示储能电站 m 与 MEC 平台的相对位置。

2. 动作空间

在时隙 t，每个储能电站的动作 $a_m(t)$ 由储能电站 m 选择的计算模式 $a_m^o(t)$、储能电站 m 发射功率 $a_m^p(t)$ 和储能电站 m 数据的卸载比例 $a_m^\lambda(t)$ 组成，所有可能存在的动作组成动作空间 A，$a_m(t) \in A$。$a_m(t)$ 表示为

$$a_m(t) = \{a_m^o(t), a_m^p(t), a_m^\lambda(t)\} \tag{10.13}$$

其中，$a_m^o(t) \in \{0, 1, \cdots, n, \cdots, N\}$，$a_m^o(t) = 0$ 表示就地计算，$a_m^o(t) = n$ 表示边缘计算，即储能电站 m 将全部或部分数据卸载到 MEC-n。同样，$a_m^p(t) \in \{0, 1, \cdots, p, \cdots, P\}$，$a_m^p(t) = 0$ 为就地计算，$a_m^p(t) = k$ 为边缘计算，即储能电站 m 以发射功率 p 卸载数据。$a_m^\lambda(t) \in \{0, 0.1, \cdots, \lambda, \cdots, 1\}$，$a_m^\lambda(t) = 0$ 表示储能电站 m 完全就地处理数据，$a_m^\lambda(t) = \lambda$ 表示储能电站 m 卸载 λ 比例的数据。

3. 奖励空间

在时刻 t，每个储能电站通过在状态 $s_m(t)$ 执行动作 $a_m(t)$，获得奖励 $r_m(t)$。$r_m(t)$ 由时延奖励 $r_m^\tau(t)$、能耗奖励 $r_m^e(t)$ 和惩罚项 $Ps(t)$ 组成，所有可能存在的奖励组成奖励空间 R，$r_m(t) \in R$。$r_m(t)$ 表示为

$$r_m(t) = \{r_m^\tau(t), r_m^e(t), Ps(t)\} \tag{10.14}$$

针对时延和能耗的联合优化问题，本章将时延奖励设计为 $r_m^\tau(t) = -T_m(t)$，能耗奖励设计为 $r_m^e(t) = -E_m(t)$。考虑时延截止期约束，本章再增加惩罚项 $Ps(t)$，即

$$Ps(t) = \sum_{m=1}^{M} p_s (T_m(t) - Z_m) \tag{10.15}$$

其中，p_s 表示惩罚因子。

综上，奖励 $r_m(t)$ 为时延奖励、能耗奖励和惩罚项的加权和，即

$$r_m(t) = \omega_\tau r_m^\tau(t) + \omega_e r_m^e(t) - Ps(t) \tag{10.16}$$

通过最大化每个工业设备的长期累积奖励 $R_m(t)$ 即可实现最小化系统开销，即

$$\max R_m(t) = \max \sum_{t=0}^{T} \gamma^t r_m(t) \tag{10.17}$$

其中，γ 表示过去时刻的奖励对当前时刻奖励影响程度的折扣因子。

4. 状态转移概率

如图 10.5 所示，在时刻 t，储能电站 m 以状态转移概率 $f_m(t)$ 由状态 $s_m(t)$ 通过执行动作 $a_m(t)$ 转移到状态 $s_m(t+1)$。随着交互次数增加，通过最大化长期累积奖励，$f_m(t)$ 逐渐收敛到 $f_m^*(t)$，即可获得有效的多维资源协同调度策略。

$$f_m^*(t) \leftarrow \max \sum_{\tau=0}^{t} R_m(\tau) \qquad (10.18)$$

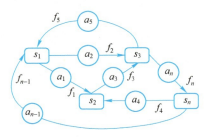

图 10.5 状态转移概率

10.4 基于多智能体的储能电站集群云边端多维资源协同调度

基于上述多智能体马尔可夫决策过程，本章提出了基于多智能体深度强化学习的资源调度（MADRL-RS）算法求解多维资源协同调度问题。MADRL-RS 算法是一种基于 actor-critic 的算法。每个储能电站都是一个独立的智能体，每个智能体都是 actor-critic 架构，包含一个 actor、一个 critic 和一个经验池。actor 利用基于策略的方式输出动作，而 critic 利用基于值的方式获得用于评判来自 actor 的动作的价值，并指导 actor 的动作学习过程。经验池储存历史经验，作为训练数据来训练 actor 和 critic。接下来，结合图 10.6 给出 MADRL-RS 算法框架和学习过程。

10.4.1 多智能体学习过程

本章利用 DNNs 作为 actor 和 critic 的基础网络框架，其中，actor 包括估计 actor 网络和目标 actor 网络，critic 包括估计 critic 网络和目标 critic 网络。在任何 actor 和 critic 中，估计网络和目标网络的网络结构是相同的，但它们的参数 θ 是不同的。

1. actor 网络

如图 10.7 所示，对于每个智能体而言，估计 actor 网络的输入为其当前状态 $s_m(t)$，通过具有 ReLU 激活函数的全连接层，将 $s_m(t)$ 转换为当前动作 $a_m(t)$。类似地，目标 actor 网络的输入是其下一状态 $s_m(t+1)$，输出是其下一动作 $a_m(t+1)$。总之，在时刻 t，每个 actor 根据以 θ_m 为参数的策略 π_m 生成自己的动作 $a_m(t)$，即 $a_m(t) = \pi_m(s_m(t)|\theta_{\pi_m})$。

为了从未知系统环境中更好地学习，智能体需要平衡对已知知识的利用和对未知知识的探索。通过利用和探索，智能体能够最大化长期累积奖励得到有效的资源调度策略 π。在多智能体学习过程中，本章使用适配多智能体的 ε-greedy 方法来平衡动作的探索和利用，如下：

$$a_m(t) = \begin{cases} a_m^{\mathrm{rand}}(t), & \varepsilon_m \\ a_m^{\max}(t), & 1-\varepsilon_m \end{cases} \qquad (10.19)$$

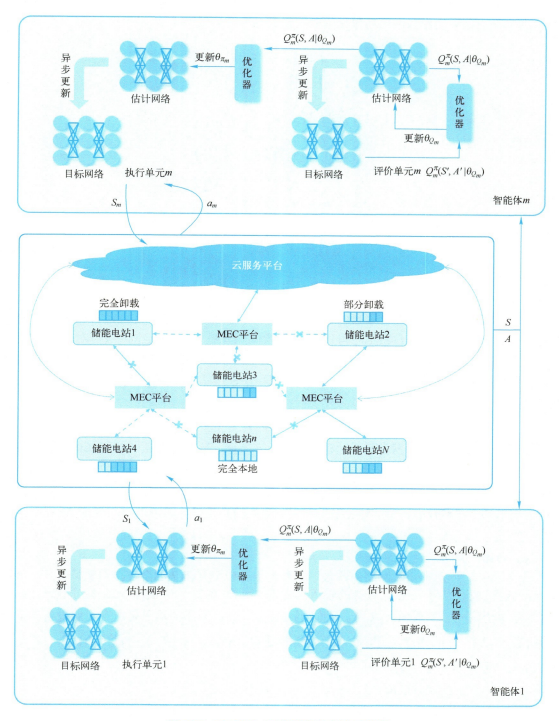

图 10.6　MADRL-RS 算法框架和学习过程

其中，$a_m^{\mathrm{rand}}(t)$ 表示随机探索动作；$a_m^{\mathrm{max}}(t)$ 表示利用具有最大价值的动作；ε_m 表示探索概率，用于平衡探索动作和利用动作之间的比例关系。

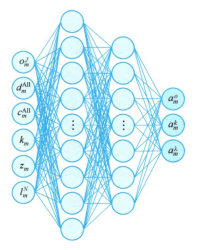

图 10.7　actor 网络结构

当 ε_m 取值较小时，智能体倾向于执行具有最大价值的动作；反之，智能体更倾向于随机探索。可以预见，较高的 ε_m 可以帮助智能体探索更多未知状态，增加对系统模型的认知。但是，若 ε_m 长时间保持较高数值，MADRL-RS 算法容易发生振荡，难以收敛。为了兼顾智能体对系统模型认知和维持 MADRL-RS 算法稳定，本章设计了步进 ε_m 机制，即

$$\varepsilon_m = \varepsilon_{m_0}(1-\delta_m)^I \qquad (10.20)$$

其中，$0<\varepsilon_m\leqslant 1$；$\varepsilon_{m_0}$ 为探索概率的初始数值；δ_m 为探索递减速率；I 为智能体与系统环境交互次数。具体来说，在交互初始阶段，由于智能体对系统模型的认知较少，ε_m 设置为较高数值，智能体能够探索更多的未知状态。随着交互次数的增加，智能体对系统模型的认知逐渐深刻，ε_m 逐渐减小，智能体更多地利用学习到的知识提升学习效率，维持 MADRL-RS 算法稳定。

2. critic 网络

如图 10.8 所示，critic 网络由输入层、具有 ReLU 激活函数的全连接层和具有一个节点的输出层组成。估计 critic 网络的输入是所有工业设备的当前状态和动作（记为 $S(t)$ 和 $A(t)$），输出是 $Q_m^{\pi}(S(t),A(t)|\theta_{Q_m})$。类似地，目标 critic 网络的输入是所有工业设备的下一个状态和动作（记为 $S'(t)$ 和 $A'(t)$），输出是 $Q_m^{\pi'}(S'(t),A'(t)|\theta'_{Q_m})$。$Q_m^{\pi}(S(t),A(t)|\theta_{Q_m})$ 由 Bellman 方程计算，表示为

$$
\begin{aligned}
Q_m^{\pi}(S(t),A(t)|\theta_{Q_m}) \leftarrow & Q_m^{\pi}(S(t),A(t)|\theta_{Q_m})+ \\
& \alpha(r_m(t)+\gamma \max Q_m^{\pi'}(S'(t),A'(t)|\theta'_{Q_m})-Q_m^{\pi}(S(t),A(t)|\theta_{Q_m}))
\end{aligned}
\qquad (10.21)
$$

其中，α 表示学习速率；$S(t)=\{s_1(t),\cdots,s_M(t)\}$，$A(t)=\{a_1(t),\cdots,a_M(t)\}$，$S'(t)=\{s_1(t+1),\cdots,s_M(t+1)\}$，$A'(t)=\{a_1(t+1),\cdots,a_M(t+1)\}$。

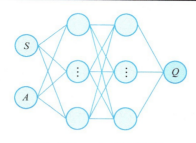

图 10.8　critic 网络结构

3. 参数更新

在多智能体与系统环境的交互过程中，估计 actor 网络和估计 critic 网络的参数是实时更新的。估计 actor 网络的参数 θ_{π_m} 利用 critic 网络产生的 Q 值进行更新，如下式所示：

$$\nabla_{\theta_{\pi_m}} J \approx E[\nabla_{\theta_{\pi_m}} \log \pi_m(a_m | \theta_{\pi_m}) Q_m^\pi(S, A | \theta_{Q_m})] \tag{10.22}$$

同时，估计 critic 网络的参数 θ_{Q_m} 利用 $Q_m^\pi(S, A | \theta_{Q_m})$ 和 $Q_m^{\pi'}(S', A' | \theta'_{Q_m})$ 更新，即

$$\nabla_{\theta_{Q_m}} \text{Loss} = E[2(Q_{\text{tar}} - Q_m^\pi(S, A | \theta_{Q_m})) \nabla_{\theta_{Q_m}} Q_m(S, A)] \tag{10.23}$$

其中，Loss 表示估计 critic 网络的损失函数 $\text{Loss}(\theta_{Q_m}) = E[(r(t) + \gamma \max Q_m^{\pi'}(S', A' | \theta'_{Q_m}) - Q_m^\pi(S, A | \theta_{Q_m}))^2]$。

为了兼顾训练稳定性与策略学习有效性，目标网络的参数是估计网络的历史参数，采用异步更新的方式逐步逐量地更新目标 actor 网络和目标 critic 网络的参数 θ'_{π_m} 和 θ'_{Q_m}，即

$$\theta'_{\pi_m} = \varphi \theta_{\pi_m} + (1 - \varphi) \theta'_{\pi_m} \tag{10.24}$$

$$\theta'_{Q_m} = \varphi \theta_{Q_m} + (1 - \varphi) \theta'_{Q_m} \tag{10.25}$$

10.4.2　多智能体经验回放

MADRL-RS 算法需要足够的训练数据才能学习到有效的资源调度策略，本章将智能体与系统模型长期交互获得的经验 E 作为 MADRL-RS 算法的训练数据。每个智能体都拥有经验池，存储自己所经历的历史经验。在时刻 t，储能电站 m 的经验包括当前状态、动作、奖励和下一状态，表示为

$$E_m(t) = \{s_m(t), a_m(t), r_m(t), s_m(t+1)\} \tag{10.26}$$

进一步地，在时刻 t，储能电站 m 智能体的经验池 $H_m(t)$ 表示为

$$H_m(t) = \{E_m(0), E_m(1), \cdots, E_m(t)\} \tag{10.27}$$

考虑到不同的经验对 MADRL-RS 算法的学习过程有着不同的贡献，将第 h 次经验的时分误差 δ_h 作为该经验的权重，即

$$y_h = |\delta_h| + \zeta \tag{10.28}$$

其中，ζ 表示一个接近于 0 的正实数，使得 $\delta_h = 0$ 的经验也能够被采样到。

对于储能电站 m，采用平均权重 $\bar{y}_m$ 来区分经验的权重，即

$$\overline{y}_m = \frac{\sum_{h=0}^{H} y_{m_h}}{H} \tag{10.29}$$

当 $y_{m_h} \geqslant \overline{y}_m$ 时，储能电站 m 的第 h 次经验标记为高权重经验；反之，标记为低权重经验。随着训练次数的增加，高权重经验的采样概率逐渐增加，而低权重经验的采样概率逐渐降低。

为保证经验的采样概率在权重上是单调的，且被采样数据之间是独立同分布的，储能电站 m 的第 h 次经验的采样概率表示为

$$Pb_{m_h} = \frac{y_{m_h}^{\beta}}{\sum_{h=0}^{H} y_{m_h}^{\beta}} \tag{10.30}$$

其中，β 表示贡献权重因子，用于调节经验的贡献权重占比。

10.4.3 MADRL-RS 算法训练过程

不同智能体经验池中的经验被随机抽取作为训练数据，$s_m(t)$ 输入估计 actor 网络，生成当前动作 $a_m(t)$；$S(t)$ 和 $A(t)$ 输入估计 critic 网络，生成 $Q_m^{\pi}(S(t),A(t)|\theta_{Q_m})$。同理，$s_m(t+1)$ 输入目标 actor 网络，生成下一个动作 $a_m(t+1)$。将 $S'(t)$ 和 $A'(t)$ 输入目标 critic 网络，生成 $Q_m^{\pi'}(S'(t),A'(t)|\theta'_{Q_m})$。根据式（10.22）～式（10.25），更新 actor 和 critic 网络的参数。同时，经验被更新并储存在经验池中。MADRL-RS 算法的训练过程伪代码如图 10.9 所示。

```
1:   for i = 0, 1, ⋯ , I:
2:       从经验池中采样 L 条经验作为训练数据；
3:       for m = 0, 1, ⋯ , M:
4:           将 s_m(t)输入估计 actor 网络，得到 a_m(t)；
5:           执行 a_m(t)，s_m(t)转移至 s_m(t+1)，获得奖励 r_m(t)；
6:           在经验池中存储更新{s_m(t), a_m(t), r_m(t), s_m(t+1)}；
7:           利用多智能体经验回放在经验池中采样训练数据；
8:           将 s_m(t+1)输入目标 actor 网络，得到 a_m(t+1)；
9:           将 S(t) 和 A(t) 输入估计 critic 网络，得到 Q_m^π(S(t),A(t)|θ_Q_m)；
10:          将 S'(t) 和 A'(t) 输入目标 critic 网络，得到 Q_m^π'(S'(t),A'(t)|θ'_Q_m)；
11:          利用 ▽_θ_π_m J ≈ E[▽_θ_π_m logπ_m(a_m|θ_π_m)Q_m^π(S,A|θ_Q_m)] 更新估计 actor 网络的参数 θ_π_m；
12:      end for；
13:      利用 ▽_θ_Q_m Loss = E[2(Q_tar - Q_m^π(S,A|θ_Q_m))▽_θ_Q_m Q_m(S,A)] 更新估计 critic 网络的参数 θ_Q_m；
14:      利用 θ'_π_m = φθ_π_m + (1-φ)θ'_π_m 和 θ'_Q_m = φθ_Q_m + (1-φ)θ'_Q_m 异步更新目标 actor 网络和目标 critic 网络的参数 θ'_π_m 和 θ'_Q_m；
15:  end for.
```

图 10.9 MADRL-RS 算法训练过程

特别地，在 MADRL-RS 算法的训练过程中，每个 actor 需要自身状态和对应的 critic 的 Q 值，而 critic 需要所有 actor 的状态和动作。训练过程完成后，在执行过程中只需要 actor

即可实现有效的资源调度。也就是说，在执行过程中，每个 actor 可以根据自身状态做出有效的资源调度决策。

10.4.4　MADRL-RS 算法计算复杂度

算法执行效率关乎储能电站的安全稳定运行，本章使用计算复杂度衡量 MADRL-RS 的执行效率。在离线训练和在线执行阶段，actor 网络和 critic 网络均使用 DNNs 实现 s_m 到 a_m、S 和 A 到 Q 值的映射，DNNs 的计算复杂度如下：

$$O(Y) = O\left(\sum_{f=1}^{F} d_f d_{f+1}\right) \tag{10.31}$$

其中，表示 F 表示神经网络层数；d_f 表示第 f 层神经网络的神经元数。actor 网络的计算复杂度表示为 $O_a(Y)$，critic 网络的计算复杂度表示为 $O_c(Y)$。

在离线训练中，对于 M 个智能体采样 L 条经验进行 I 次训练，actor 和 critic 网络的计算复杂度分别是 $O_a(YLI^M)$ 和 $O_c(YLI^M)$。MADRL-RS 算法仅在离线训练阶段需要昂贵计算开销，不会影响制造过程的实时执行。在完成离线训练后，MADRL-RS 算法只使用 actor 在线执行，计算复杂度为 $O_a(Y)$。

10.5　本章小结

本章将分布式储能电站视为具有自学习能力的智能体，通过多个智能体与系统环境的交互，能够较好地处理动态时变的多维资源协同调度问题。进一步地，本章提出 MADRL-RS 算法学习资源调度策略来最小化时延和能耗。此外，通过设置不同的时延权重因子，MADRL-RS 算法可以调整资源调度策略，以满足异构应用的时延、能耗需求。

第11章　多智能体技术及智慧储能的应用现状与发展趋势

近年来，多智能体技术已经越来越引起各个领域的研究人员重视，其主要原因是采用多智能体系统理论与技术实现的系统在很多方面具有明显的优势。本章主要介绍多智能体技术应用领域及方法现状，然后对多智能体技术未来发展趋势进行展望。

多智能体技术是人工智能技术的一次质的飞跃，通过智能体之间的协作和通信，可以开发新的规划或求解方法，用以处理不完全、不确定的知识，不仅可以改善每个智能体的基本能力，而且还可以从智能体的交互中进一步理解社会行为。如果说模拟人是单智能体的目标，那么模拟人类社会则是多智能体系统的最终目标。

多智能体系统具有自主性、分布性、协调性，并具有自组织能力、学习能力和推理能力。采用多智能体系统解决实际应用问题，具有很强的鲁棒性和可靠性，并具有较高的问题求解效率。多智能体技术打破了目前知识工程领域的一个限制，仅使用一个专家，即可完成大的复杂系统的作业任务。多智能体技术在表达实际系统时，通过各智能体间的通信、合作、互解、协调、调度、管理及控制来表达系统的结构、功能及行为特性。由于在同一个多智能体系统中各智能体可以异构，因此多智能体技术对于复杂系统具有无可比拟的表达力，它为各种实际系统提供了一种统一的模型，从而为各种实际系统的研究提供了一种统一的框架，其应用领域十分广阔，具有潜在的巨大市场。

11.1　多智能体技术在各个领域的应用

近些年来，由于生物学、计算机科学、人工智能、控制科学、社会学等多个学科交叉和渗透发展，多智能体系统越来越受到众多学者的广泛关注，已成为当前控制学科的热点问题。多智能体技术的主要应用领域有以下几个方面。

1. 专家系统

专家系统是人工智能中最重要的也是最活跃的一个应用领域，它实现了人工智能从理论研究走向实际应用、从一般推理策略探讨转向运用专门知识的重大突破。专家系统是早期人工智能的一个重要分支，它可以看作一类具有专门知识和经验的计算机智能程序系统，一般采用人工智能中的知识表示和知识推理技术来模拟通常由领域专家才能解决的复杂问题。对于复杂的问题，采用单个的专家系统往往不能满足要求，需要通过多个专家系统协作，共同解决问题。利用多智能体技术，可实现多专家系统的协调求解。

2. 柔性制造

随着柔性制造、定制化生产概念不断深入，生产调度愈发多样化和不确定，传统的企业级集中调度方法难以快速、灵活地调度生产流程，以满足客户需求的变化。利用多智能体系统的分布式求解能力，可以将生产调度过程中涉及的程序或者实体划分为具有特定功能的智能体，并通过智能体间的协商合作机制共同完成制造任务，能够降低集中调度系统的设计和求解复杂性，提高制造系统的冗余性和鲁棒性。Kim 等（2020）、Huang 等（2019）、任海英等（2010）将制造过程中位于不同系统层次的调度实体设计为智能体，应用基于强化学习、Arena 的多智能体技术实现了优于传统集中调度的实验效果。

柔性制造系统有众多资源，如柔性机床、运输工具等。从逻辑上看，它是一个分布式系统，因为在同一时刻，有多个任务在这个系统上被处理。多智能体技术应用在柔性制造领域，可表示制造系统，并为解决动态问题的复杂性和不确定性提供新的思路。多智能体技术可用于制造系统的调度、制造过程中的分布式控制。

3．分布式预测、监控及诊断

智能体具有一定的自主意图，利用多智能体的合作机制可实现联合行动，从而实现智能分布式预测与监控。例如，在光伏发电系统中，利用多智能体技术可实现光伏功率预测与光伏组件的实时监控。

4．网络自动化与智能化

通信系统中存在存储、计算、网络、功率等资源，不同用户之间的通信信令会按照服务质量（QoS）占用资源。传统的集中式资源管理需要获知系统内全部用户的 QoS 需求，建立全局最优的资源管理，难以实现用户的高移动性跟踪、高实时低功耗的信令处理。利用多智能体技术，将具有一定感知、传输、计算能力的用户设计为智能体，智能体观测局部信息，利用来自多智能体的众多局部信息间的共享博弈即可实现合理的网络资源管理。Liu 等（2022）、He 等（2022）利用基于多智能体深度强化学习的技术实现了计算、功率等资源管理。

5．网络化的办公自动化

人可作为一类智能体存在于多智能体系统中。采用多智能体技术可实现办公自动化系统的人机一体化，系统中各个智能体分别实现信息的采集、存储、交换、加工和决策。

11.2　多智能体技术在智慧储能中的应用趋势分析

为加快推进储能电站数字化、智能化转型，需要以多类型设备本体、多源异构数据、多模态模型、多场景应用服务全面贯通为框架，以信息、能量、控制等多流融合为纽带，以云计算、大数据、物联网、移动互联网、人工智能、区块链、边缘计算等先进数字科学技术为抓手，提升储能在发电侧、电网侧、用户侧的数字化智能化服务水平。储能电站数字化、智能化转型要求储能系统自身必须具备自感知、自计算、自决策和自优化等能力，通过感知、通信、控制的一体化协同，提升储能安全性、经济性、稳定性，助力能源绿色低碳转型。

（1）全景信息感知

储能电站运行状态的全面准确数字化表征是数智化转型的基础。构建以智能传感量测为数据来源、以多源资源协同感知为实现目标的储能电站全景感知体系，响应源自储能系统上下游的数据传感、资源协同、工况响应等需求，是打造可观、可测、可控的数智化储能电站的首要关键，具体包括以下内容。

智能传感量测：储能电站安全稳定运行依赖物理量、电气量、状态量、环境量、空间量、行为量等多源异构数据的传感量测，数据源覆盖储能电池、储能变流器、网络通信设备、云边计算设备、辅助设备等多类型设备本体。当前部署的传感设备大都仅支持获取单一设备本体的单一类型数据，难以通过一次量测获取多类传感数据，导致储能电站传感设备数量庞大、管控复杂。同时，目前传感设备的部署使用仍以"量测+传输+供能"组合集成为主，其严苛的安装环境、操作流程及应用要求限制了环境适应能力。因此，需要加强传感设备的多物理量集成量测及多数据融合传输技术研究，推动传感设备"量测+传输+供能"多模块的微型化集成与封装技术迭代发展，利用人工智能赋能提升传感设备的自感知、自调节、抗干扰能力，建设"传感网+电网"紧密联系的统一物理网络。

资源协同感知：海量部署的智能传感终端采集到的多源异构数据是原始的、未经处理的，蕴含着海量隐式规律。储能在源网荷侧的不同运行工况引发储能电站动态投退、并离网会导致通信拓扑、网络时延多变。因此需要实时准确感知源网荷储生产连接关系，明晰通信拓扑、通信状态、网络时延等因素的动态变化，充分保障链路冗余性、网络健壮性和通信可靠性。源网荷储互动催生海量数据对储能电站数据处理能力提出挑战，构建涵盖云计算、边缘算力及本地算力的多层异构算力资源池能够有效提升数据处理能力。云边端算力资源在分布方式、算力规模、硬件架构、软件算法等方面存在极大差异且相互耦合制约，必须精准感知与标识海量异构算力，建立标准化算力模型体系，支持算力透明感知、编排路由及协同调度，才能为不同储能应用场景按需调度算力资源，提供差异化服务。从电池单体到站级平台的工况特征各异且具有内在关联，需要设计合理的数据资源共享与多级工况协同运行机制，满足不同工况对数据资源的需求。同时，储能在源网荷侧运行特征交叉耦合，储能响应呈现非线性、非高斯、快速动态变化特性，传统的基于机理模型分析方法难以准确快速辨识工况，发展基于数据驱动的智能辨识方法，能够有效提高储能电站智能管控能力，支撑储能在源网荷侧的友好接入。

（2）泛在安全互联

储能设备全域泛在互联、信息安全传输是数智化转型的核心。全景感知到的数据、资源、工况信息需要泛在安全的信息流动渠道，多元储能业务的控制稳定性、鲁棒性、安全性要求储能电站提供强实时、确定性、广连接、高安全的互联功能，具体包括以下方面。

泛在网络融合：多方主体参与下的多类型网络通信协议并存决定了源网荷储各环节灵活互联必须支持多协议融合通信。多协议融合通信的主要挑战在于跨介质、跨协议通信以及广域授时同步。跨介质通信需要有线、无线网络融合，涉及电缆、光纤等有线介质与不同频段的电磁波等无线介质之间网络资源种类、数量、特性转换及映射。跨协议通信存在协议栈不对等、语法不一致、数据格式不统一、通信速率不匹配等问题，导致信息互通性差、实时性低。广域高精授时同步是支持储能在源网荷侧有序互动、安全稳定运行的重要基础。源网荷储各环节所涉及的调度系统、监控系统、保护系统以及数据采集、事件顺序记录、故障录波器等设备需要高精度授时实现全局同步。通信网络融合迫切需要从协议栈结构、语法机制、数据格式、传输策略等维度挖掘异构协议相关性，定量分析时延、可靠性、授时授频精度、吞吐量、缓存等特征指标，以协议识别、解析、互操作为基础，研究网络业务预测、异构资源互通、流量调度、时间同步等方法，建立异构协议的透明通道，实现自适应协议转换与适配。

高可信网络安全：全景感知与泛在通信强化了多类型储能设备以及储能电站与源网荷侧多主体的灵活协调、互联互通关系，同时也带来了网络安全风险。多样性交互主体的弱安全防护能力容易造成单点网络安全风险扩散；数据交互共享、协同利用需求剧增导致交互规模与隐私保护矛盾凸显；以虚拟电厂、共享储能为代表的网络化运营主体容易被攻击者恶意挟持群体性负荷或电源，引发重大网络安全事件。因此，需要研究基于区块链、零信任技术的多元设备安全可信接入技术，在接入源头应对终端设备的身份不确定性、访问权限动态变化问题，提高接入安全门槛，强化内生安全技术，研究适用于储能关键信息基础设施的安全操作系统、适用于分布式终端的嵌入式可信计算、适用于调度控制的量子通信密码、内生安全光通信等技术，可以从根本上保障储能业务应用安全可靠运行。多方主体接入的新型电力系统涉及海量多类数据的交互共享，数据安全是电力系统安全的关键核心，需要研究覆盖数据接入、传输、管理、销毁的全周期数据安全管理技术。考虑源网荷储物理资产、数据信息及应用场景的安全特殊性，常态化的安全监测及网络攻防演练是提升网络空间攻防能力的重要手段，需要开展智能化安全监测和风险评估，构建虚实结合的自对抗自优化攻防体系，提升主动安全防御水平。

（3）跨域智能融合

储能多要素协同、集群智能管控和信息物理社会能源融合是数智化转型的大脑。构筑云边端协同管控框架促进数据流、能源流、控制流全域融合，提升不同链条、不同层级的物理设备、数字设施、应用服务平台的群体智能，推动建立信息物理能源社会融合系统，实时推演储能在源网荷各环节运行控制，能够为储能系统安全稳定经济运行提供决策。

集群智能优化：储能在源网荷侧的多元应用催生具有不同动力学运行规律的储能主体，源网荷储聚合优化通常需要人工建立完整准确的优化模型，难以适应电力系统非线性、强不确定性的发展趋势。需要推动储能智能终端技术突破，赋予储能设备本体环境感知、状态监测和行为自治能力，打破现有终端设备能力限制，将智能引入储能系统末梢。在储能设备本体普遍智能化基础上，边缘侧和云端平台也应同步提高智能化水平，面向源网荷侧的差异化储能需求，结合全景信息感知和泛在网络通信，对储能设备本体、数据资源、应用场景进行精准建模计算，剖析设备本体、数据资源与应用场景三者之间的映射关系，实现工况、数据、资源等多要素解耦，合理编排调度网络、算力、电力电量。云边端资源属性各异，研究汇聚云边端多源异构数据的新型数据模型，开发安全可靠的数据同步管理、高效存储索引、安全隐私保护策略，是有效利用源网荷储多源异构数据的基础。多源异构数据经过云边端算力特征提取显隐式多维信息，需要研究多维信息的跨域统一映射和管理机制，梳理异构信息聚合优化机理，构建标准化、透明化信息通道，为规模化储能多场景应用提供关键信息支撑。云边端协同促使传统源网荷单向链式互动向源网荷储多方双向互动转型，研究多主体协调的精准响应、协同优化和服务执行机制，推动储能与源网荷侧不同主体的时序衔接、协同配合、集群调控，服务数据、资源、能量、控制多流互动。

信息物理能源社会融合：全景感知、泛在互联、智能协同等复杂特性使得传统基于单一物理域的机理建模难以满足储能在源网荷侧的建模分析、规划配置、运行控制及应用评价要求，综合考虑信息域的数据资源特征、物理域的机理动力学规律、能源域的电量发输配用关系、社会域的人机物协同演进的多要素融合系统，形成虚实融合、物数交互的多主体储能综合管理控制方法，是解决上述问题的一种可行途径。数字孪生虚拟电厂系统、数字孪生驱动的智慧微网系统、数字孪生能源互联网系统、元宇宙+电力的元电力、基于平行系统与元宇宙思想构建的平行电网系统 MetaGrid 等相关概念及架构相继提出，孪生系统的迭代进化离不开云计算、大数据、物联网、移动互联网、人工智能、区块链、边缘计算等先进理论技术工具的发展，构筑现实电网空间与虚拟数字空间双向映射、实时互动的平行孪生体系需要通过对现实电网空间内的物理实体的特征属性、行为演化和性能表现等建模描述，实现物理实体到虚拟数字空间的实时完整映射。在虚拟数字空间中开展时空变换、演化推导、计算控制，得出全域最优解决方案，反馈至现实电网空间内的物理实体，从而实现安全稳定运行。

11.3　多智能体技术发展趋势

从 20 世纪 70 年代出现分布式人工智能后，早期的研究人员主要将研究重心放在分布式问题求解（Distributed Problem-Solving Systems）中，试图在系统设计阶段便确定系统行为，对每个智能体预先设定各自的行为。20 世纪 80 年代，研究人员逐渐将重心转移到多智能体系统，在智能体分析建模上不再基于确定行为的假设，Rao 在 Bratman 的哲学思想的基础上提出了面向智能体的 BDI（Belief-Desire-Intention，信念—愿望—意图）模型，使用信念—愿望—意图哲学思想描述智能体的思维状态模型，刻画了最初的 MAS 系统智能体的行为分析，提高了智能体的推理和决策能力。与此同时，相关研究学者为了解决传统的分布式问题求解领域无法很好地对社会系统进行建模等相关问题，也将注意力集中在智能体社会群体属性上，从开放的分布式人工智能角度出发，重点研究多智能体的协商和规划方式。

伴随着多智能体技术在无线传感器滤波、生物医学、无人机编队控制等各领域的深入应用，该技术也遇到了诸多瓶颈，例如，对复杂系统建模规模的过程引入庞大的智能体数量而引起的通信代价过大、实时性不够等问题，而当系统本身的计算资源和存储资源极度受限的情况下，如何保证智能体之间的正常协作规划也是一个具有挑战的问题。近年来，为了克服这些局限，研究学者们在计算机软硬件发展的大趋势下，提出了大量的研究成果，取得了许多突破性的进展，主要体现在如下方面。

1. 多智能体一致性研究

在多智能体系统的研究里最重要的一个问题就是一致性问题。近些年来，关于多智能体系统的一致性问题研究一直是持续的热点。所谓一致性问题（Consensus Problem），就是指随着时间的推移，智能体之间通过局部的信息交互，仅仅依赖邻居的信息，来更新自己的状态，从而最终实现所有智能体状态趋于一致。一致性问题的关键在于设计恰当的分布式一致性同步算法，使得所有智能体趋于同一个状态。研究一致性问题时，收敛速率问题也尤为重要，因为不同的收敛速度在实际应用中的意义差别很大。

近十几年来，由于集群控制领域，如无人机控制领域、水下协同作业和机器人编队控制等相关领域的发展，一致性问题逐渐成为广泛学者的关注的重点，不同类型的多智能体一致性协议体现了多智能体技术在各领域应用中的不同需求。大量的学者针对不同的应用场景提出了许多衍生的一致性协议，逐渐成为多智能体研究的热点问题。

2. 分布式多智能体研究

近年来，在分布式共享存储、多核 CPU（如 Xeon Phi）、并行 GPU 等分布式硬件平台日趋成熟的基础上，研究人员将并行计算相关技术运用在多智能体仿真计算中，使多个智能体协同进行操作。这种结构的优点是增加了灵活性、稳定性，控制的瓶颈问题也能得到缓解，但仍有不足之处，因每个智能体的运作受限于局部和不完整的信息（如局部目标、局部规划），很难实现全局一致的行为。近年来，随着分布式多智能体系统的迅速发展，分布式协作控制成为控制领域研究的一个热点。多智能体协作控制研究的是大量只具简单功能的个体如何通过分布式的控制，相互合作，产生复杂的群体行为。

3．基于事件触发机制的控制策略

事件触发控制是相对于时间触发控制来说的，在时间触发控制方式中，触发时刻是周期性的遵循某种提前设定的特定的时间规律，这种控制方式既存在能源的浪费，又降低了系统的控制效率。在多智能体的协同控制中，智能体之间通常需要借助通信网络频繁地交换自身局部信息，传统的网络采样控制方法是基于时间的周期采样方式，而在事件触发控制中，触发时刻是由某些特定事件的发生而决定的。周期性采样方式采用类似轮询方式，控制器在某个间隔中交换自身的信息并更新相应的控制输出，对系统的计算和通信能力要求较高。但是在实际应用过程中，特别是在无线传感器网络控制、嵌入式无人机协同控制等领域，存在网络带宽和计算节点资源相对有限等问题，资源开销较小的事件触发机制相比于时间触发方式更能满足这类型应用的需求。

11.4　本章小结

多智能体系统的迅速发展一方面为复杂系统的研究提供了建模及分析方法，另一方面也为广泛的实际应用提供了理论依据。本章主要阐述了多智能体技术在各个领域中的应用，并以智慧储能为例，着重介绍了多智能体技术在储能数字化、智能化转型中的应用以及发展趋势。随着生物种群决策、计算机分布式应用、军事防卫、环境监测、工业制造、特殊地形救援等领域的实际需求日益提高，多智能体系统协同技术吸引了国内外学者越来越多的兴趣和关注。

目前，多智能体系统协同控制技术展现了巨大的发展潜力，它代表了当前的发展趋势。但是由于网络不确定性、通信不确定性，以及个体异构性等诸多复杂因素的存在，人们亟须找到精确可靠的分布式控制与数智化管理方案来实现工程应用。我们相信，在未来的几年里多智能体系统协同控制技术将会为智慧储能带来巨大的利益，为人类生活提供巨大的便捷。

参 考 文 献

[1] MINSKY M. Society of mind[M]. New York: Simon and Schuster, 1988.

[2] 史忠植. 智能主体及其应用[M]. 北京: 科学出版社, 2002.

[3] 李杨, 徐峰, 谢光强, 等. 多智能体技术发展及其应用综述[J]. 计算机工程与应用, 2018, 54(9): 13-21.

[4] 杜威, 丁世飞. 多智能体强化学习综述[J]. 计算机科学, 2019, 46(8): 1-8.

[5] 刘金琨, 尔联洁. 多智能体技术应用综述[J]. 控制与决策, 2001, 16(3): 133-141.

[6] 肖勃飞. 分布式人工智能与多智能体系统研究[J]. 信息与电脑, 2016(14): 113-114.

[7] 李相俊, 刘晓宇, 韩雪冰, 等. 电化学储能电站数字化智能化技术及其应用展望[J]. 供用电, 2023, 40(8): 3-12.

[8] 杨廷方, 曾植, 周力行, 等. 基于多 Agent 技术的分布式电气设备故障诊断系统的研究[J]. 供用电, 2018(10): 74-78.

[9] 胡汉梅, 郑红, 赵军磊, 等. 基于配电网自动化的多 Agent 技术在含分布式电源的配电网继电保护中的研究[J]. 电力系统保护与控制, 2011, 39(11): 101-105.

[10] 邓清唐, 胡丹尔, 蔡田田, 等. 基于多智能体深度强化学习的配电网无功优化策略[J]. 电工电能新技术, 2022, 41(2): 10-20.

[11] 张泽群, 朱海华, 唐敦兵, 等. 基于物联技术的多智能体制造系统[M]. 北京: 电子工业出版社, 2021.

[12] LI Y , LI X , JIA X, et al. Monitoring and control for hundreds megawatt scale battery energy storage station based on multi-agent: methodology and system design[C]// IEEE International Conference of Safety Produce Informatization, 2018: 765-769.

[13] LIU Z, WANG H, WEI H, et al. Prediction, planning, and coordination of thousand-warehousing-robot networks with motion and communication uncertainties[J]. IEEE transactions on automation science and engineering, 2020, 18(4): 1705-1717.

[14] LIU Z, CHEN W, WANG H, et al. A self-repairing algorithm with optimal repair path for maintaining motion synchronization of mobile robot network[J]. IEEE transactions on systems, man, and cybernetics: systems, 2017, 50(3): 815-828.

[15] 刘建伟, 高峰, 罗雄麟. 基于值函数和策略梯度的深度强化学习综述[J]. 计算机学报, 2019, 42(6): 1406-1438.

[16] KAELBLING L P, LITTMAN M L, Moore A W. Reinforcement learning: a survey[J]. Journal of artificial intelligence research, 1996, 4: 237-285.

[17] 刘全, 翟建伟, 章宗长, 等. 深度强化学习综述[J]. 计算机学报, 2018, 41(1): 1-27.

[18] 刘朝阳, 穆朝絮, 孙长银. 深度强化学习算法与应用研究现状综述[J]. 智能科学与技术学报, 2020, 2(4): 314-326.

[19] 宋鹏飞, 杨宁, 崔承刚, 等. 深度强化学习应用于电力系统控制研究综述[J]. 现代计算机, 2021(1): 39-44.

[20] 张自东, 邱才明, 张东霞, 等. 基于深度强化学习的微电网复合储能协调控制方法[J]. 电网技术, 2019, 43(6): 1914-1921.

[21] LIU X, XU C, YU H, et al. Deep reinforcement learning-based multi-channel access for industrial wireless networks with dynamic multi-user priority[J]. IEEE transactions on industrial informatics, 2021, 18(10): 7048-7058.

[22] LIU X, XU C, YU H, et al. Multi-agent deep reinforcement learning for end edge orchestrated resource allocation in industrial wireless networks[J]. Frontiers of information technology & electronic engineering, 2022, 23(1): 47-60.

[23] AMIRKHANI A, BARSHOOI A H. Consensus in multi-agent systems: a review[J]. Artificial intelligence review, 2022, 55(5): 3897-3935.

[24] 林志赟, 吴金泽, 陈亮名. 分布式多智能体网络定位的线性理论与算法综述[J]. 控制与决策, 2024, 39(2): 353-370.

[25] GRONAUER S, DIEPOLD V. Multi-agent deep reinforcement learning: a survey[J]. Artificial intelligence review, 2022, 55(2): 895-943.

[26] 王龙, 黄锋. 多智能体博弈、学习与控制[J]. 自动化学报, 2023, 49(3): 580-613.

[27] 林墨涵, 刘佳, 唐早, 等. 考虑多能耦合共享储能的微网多智能体混合博弈协调优化[J]. 电力系统自动化, 2024, 48(4): 132-141.

[28] QASEM M H, HUDAIB A, OBEID N, et al. Multi-agent systems for distributed data mining techniques: an overview[J]. Big data intelligence for smart applications, 2022: 57-92.

[29] 马煜文, 李贤伟, 李少远. 无控制器间通信的线性多智能体一致性的降阶协议[J]. 自动化学报, 2023, 49(9): 1836-1844.

[30] 张秋花, 薛惠锋, 吴介军, 等. 多智能体系统 MAS 及其应用[J]. 计算机仿真, 2007, 24(6): 133-137.

[31] GÓMEZ-MARÍN C G, MOSQUERA-TOBÓN J D, SERNA-URÁN C A. Integrating multi-agent system and microsimulation for dynamic modeling of urban freight transport[J]. Periodica polytechnica transportation engineering, 2023, 51(4): 409-416.

[32] POUAMOUN A N, KOCABAŞ İ. Multi-agent-based hybrid peer-to-peer system for distributed information retrieval[J]. Journal of information science, 2023, 49(2): 529-543.

[33] FATEN K, HAMDI E, HELA L, et al. Agent-based intelligent decision support systems: a systematic review[J]. IEEE transactions on cognitive and developmental systems, 2022, 14(1): 20-34.

[34] SIATRAS V, BAKOPOULOS E, MAVROTHALASSITIS P, et al. On the use of asset administration shell for modeling and deploying production scheduling agents within a multi-agent system[J]. Applied sciences, 2023, 13(17): 1-20.

[35] SILVA R A, BRAGA R T V. Simulating systems-of-systems with agent-based modeling: a systematic literature review[J]. IEEE systems journal, 2020, 14(3): 3609-3617.

[36] 赵号, 原云周, 徐德树, 等. 基于多代理技术的多区域综合能源管理系统架构设计[J]. 电力需求侧管理, 2022, 24(4): 47-52.

[37] SU C J, WU C Y. JADE implemented mobile multi-agent based, distributed information platform for pervasive health care monitoring[J]. Applied soft computing, 2011, 11(1): 315-325.

[38] ALSEYAT A, PARK J D. Multi-agent system using JADE for distributed DC microgrid system control[C]//IEEE North American Power Symposium (NAPS), Wichita, 2019: 1-5.

[39] 李波, 田纯, 倪广魁, 等. 基于 JADE 平台的智能配电网自愈系统设计[J]. 智慧电力, 2020, 48(2): 9-16.

[40] 何飀绯, 万加富. 基于 JADE 的数据库自适应负载控制分析[J]. 现代电子技术, 2017, 40(16): 50-52.

[41] BELLIFEMINE F, CAIRE G, POGGI A, et al. JADE: a software framework for developing multi-agent applications. Lessons learned[J]. Information and software technology, 2008, 50(1-2): 10-21.

[42] 何世坦. 基于多智能体的主动配电网无功控制方法[J]. 电气应用, 2018, 37(17): 53-57, 81.

[43] LU Q, GAO Q, LI J, et al. Distributed cyber-physical intrusion detection using stacking learning for wide-area protection system[J]. Computer communications, 2024, 215: 91-102.

[44] MENDES A H D, ROSA M J F, MAROTTA M A, et al. MAS-Cloud+: a novel multi-agent architecture with reasoning models for resource management in multiple providers[J]. Future generation computer systems, 2024, 154: 16-34.

[45] HUSSAIN A, BUI V-H, KIM H-M. An effort-based reward approach for allocating load shedding amount in networked microgrids using multiagent system[J]. IEEE transactions on industrial informatics, 2020, 16(4): 2268-2279.

[46] CARRASCO A, HERNÁNDEZ M D, ROMERO-TERNERO M C, et al. PeMMAS: a tool for studying the performance of multiagent systems developed in JADE[J]. IEEE transactions on human-machine systems, 2014, 44(2): 180-189.

[47] SANDITA A V, POPIRLAN C I. Developing a multi-agent system in JADE for information management in educational competence domains[J]. Procedia economics and finance, 2015, 23: 478-486.

[48] VITABILE S, CONTI V, MILITELLO C, et al. An extended JADE-S based framework for developing secure multi-agent systems[J]. Computer standards & interfaces, 2009, 31(5): 913-930.

[49] WANG L, AN X, XU H, et al. Multi-agent-based collaborative regulation optimization for microgrid economic dispatch under a time-based price mechanism[J]. Electric power systems research, 2022, 213: 1-10.

[50] 李平均, 刘康平, 王萌, 等. 基于多智能体的电力现货市场模拟系统设计[J]. 自动化技术与应用, 2020, 39(6): 155-158.

[51] MANSOUR A M, OBEIDAT M A, HAWASHIN B. A novel multi agent recommender system for user interests extraction[J]. Cluster computing, 2023, 26(2): 1353-1362.

[52] AZEROUAL M, BOUJOUDAR Y, ALJARBOUH A, et al. Advanced energy management and frequency control of distributed microgrid using multi-agent systems[J]. International journal of emerging electric power systems, 2022, 23(5): 755-766.

[53] POUAMOUN A N, KOCABAŞ İ. Multi-agent-based hybrid peer-to-peer system for distributed information retrieval[J]. Journal of information science, 2023, 49(2): 529-543.

[54] HAMIDI M, RAIHANI A, YOUSSFI M, et al. A new modular nanogrid energy management system based on multi-agent architecture[J]. International Journal of power electronics and drive systems, 2022, 13(1): 178-190.

[55] SUTTON R S, BARTO A G. Reinforcement learning: an introduction[M]. Cambridge: MIT Press, 1998.

[56] MITCHELL T M. Machine learning[M]. Maidenhead: McGraw-Hill, 1997.

[57] WATKINS C J C H, DAYAN P. Q-learning[J]. Machine learning, 1992, 8(3): 279-292.

[58] ZHAO D B, ZHANG Z, DAI Y J. Self-teaching adaptive dynamic programming for Gomoku[J]. Neurocomputing, 2012, 78: 23-29.

[59] BUSONIU L, BABUSKA R, DE SCHUTTER B. A comprehensive survey of multi-agent reinforcement learning[J]. IEEE transactions on systems, man and cybernetics. Part C. Applications and reviews, 2008,

38(2): 156-172.

[60] TUYLS K, VERBEECK K, LENAERTS T. A selection-mutation model for Q-learning in multiagent systems[C]//Proceedings. of the 2nd International Joint Conference on Autonomous Agents and Multi Agent Systems (AAMAS-03), Melbourne, 2003: 693-700.

[61] KIANERCY A, GALSTYAN A. Dynamics of Boltzmann Q-learning in two-player two-action games[J]. Physical review E, 2012. 85(4): 1145–1154.

[62] BOWLING M, VELOSO M. Multiagent learning using a variable learning rate[J]. Artificial intelligence, 2002, 136(2): 215-250.

[63] ZHANG Z, ZHAO D, GAO J, et al. FMRQ: a multiagent reinforcement learning algorithm for fully cooperative tasks[J]. IEEE transactions on cybernetics, 2017, 47(6): 1367-1379.

[64] ZHANG Z, WANG D. Adaptive individual Q-learning: a multiagent reinforcement learning method for coordination optimization[J]. IEEE transactions on neural networks and learning systems, 2024.

[65] ZHANG Z, WANG D, GAO J. Learning automata-based multiagent reinforcement learning for optimization of cooperative tasks[J]. IEEE transactions on neural networks and learning systems, 2021, 32(10): 4639-4652.

[66] ZHANG Z, ONG Y, WANG D, et al. A collaborative multiagent reinforcement learning method based on policy gradient potential[J]. IEEE transactions on cybernetics, 2021, 51(2): 1015-1027.

[67] BAB A, BRAFMAN R I. Multi-agent reinforcement learning in common interest and fixed sum stochastic games: an experimental study[J]. Journal of machine learning research, 2008, 9(12): 2635-2675.

[68] TAN K K, TANG K Z. Vehicle dispatching system based on Taguchi-tuned fuzzy rules[J]. European journal of operational research, 2001, 128 (3): 545-557.

[69] 韦燊, 刘晓东. 集装箱自动化码头 AGV 带时间约束的路径规划研究[J]. 新型工业化, 2016, 6(2): 41-45.

[70] JO H-C, BYEON G, KIM J-Y, et al. Optimal scheduling for a zero net energy community microgrid with customer-owned energy storage systems[J]. IEEE transactions on power systems, 2021, 36(3): 2273-2280.

[71] 郑伟, 胡长斌, 丁丽, 等. 基于多智能体系统微电网分布式控制研究[J]. 高压电器, 2019 (3): 177-184.

[72] 陈池瑶, 苗世洪, 姚福星, 等. 基于多智能体算法的多微电网-配电网分层协同调度策略[J]. 电力系统自动化, 2023, 47(10): 57-65.

[73] ZADEH M M, REZAYI P M A, GHAFOURI S, et al. IoT-based stochastic EMS using multi-agent system for coordination of grid-connected multi-microgrids[J]. International journal of electrical power & energy systems, 2023, 151: 109-191.

[74] LI B, JIA X, CHI X, et al. Consensus for second-order multiagent systems under two types of sampling mechanisms: a time-varying gain observer method[J]. IEEE transactions on cybernetics, 2021, 52(8): 8061-8072.

[75] 马苗苗, 董利鹏, 刘向杰. 基于 Q-learning 算法的多智能体微电网能量管理策略[J]. 系统仿真学报, 2023, 35(7): 1487-1496.

[76] 王振刚, 陈渊睿, 曾君, 等. 面向完全分布式控制的微电网信息物理系统建模与可靠性评估[J]. 电网技术, 2019, 43(7): 2413-2421.

[77] MAHELA O P, KHOSRAVY M, GUPTA N, et al. Comprehensive overview of multi-agent systems for controlling smart grids[J]. CSEE journal of power and energy systems, 2020, 8(1): 115-131.

[78] TREVIÑO J, CONDE A, FERNÁNDEZ E, et al. Tuning interconnection relays using a multi-agent system to

detect weak infeed conditions[J]. Electric power systems research, 2019, 169: 139-149.

[79] 孟明, 马辰南. 基于多代理的区域综合能源系统能量协调方法研究[J]. 华北电力大学学报（自然科学版）, 2020, 47(6): 20-31.

[80] 丁明, 罗魁, 毕锐. 孤岛模式下基于多代理系统的微电网能量协调控制策略[J]. 电力系统自动化, 2013, 37(5): 1-8, 43.

[81] LI X J, ZHANG D. Coordinated control and energy management strategies for hundred megawatt-level battery energy storage stations based on multi-agent theory[C]//2018 International Conference on Advanced Mechatronic Systems (ICAMechS), Zhengzhou, 2018: 1-5.

[82] LI Y, LI X J, JIA X C, et al. Monitoring and control for hundreds megawatt scale battery energy storage station based on multi-agent: methodology and system design[C]//2018 IEEE International Conference of Safety Produce Informatization (IICSPI), Chongqing, 2018: 765-769.

[83] 李相俊, 孙楠, 王上行, 等. 一种储能电站的控制方法及系统: ZL201810149306. 1[P]. 2023-01-24.

[84] 李相俊, 张栋, 惠东, 等. 一种基于多代理的大规模电池储能电站监控系统和方法: ZL 201611246106. 5[P]. 2023-05-23.

[85] 李相俊, 孙楠, 李逦璐, 等. 一种基于多智能体的电池储能电站分区控制方法及系统: ZL 201810149296. 1[P]. 2022-07-26.

[86] 李相俊, 张栋, 惠东, 等. 一种基于多代理的百兆瓦级电池储能系统控制方法及系统: ZL 201611247846. 0[P]. 2023-01-24.

[87] 李相俊, 张栋, 惠东, 等. 一种基于多代理的储能电站跟踪发电计划控制系统和方法: ZL201611246153[P]. 2023-05-23.

[88] 刘晓宇, 李相俊, 贾学翠, 等. 基于云边端协同的大规模储能电站资源分配方法及系统: CN202211714441. 9[P]. 2022-12-30.

[89] 刘晓宇, 李相俊, 方保民, 等. 一种大规模储能电站时延优化方法及系统: CN202211714445.7[P]. 2022-12-30.

[90] LIU X, XU C, YU H, et al. Multi-agent deep reinforcement learning for end-edge orchestrated resource allocation in industrial wireless networks[J]. Frontiers of information technology & electronic engineering, 2022, 23(1): 47-60.

[91] LOWE R, WU Y I, TAMAR A, et al. Multi-agent actor-critic for mixed cooperative-competitive environments[C]. Proceedings of the 31st International Conference on Neural Information Processing System, 2017: 6382-6393.

[92] LIU X Y, XU C, YU H B, et al. Deep reinforcement learning-based multichannel access for industrial wireless networks with dynamic multiuser priority[J]. IEEE transactions on industrial informatics, 2021, 18(10): 7048-7058.

[93] SHI W, CAO J, ZHANG Q, et al. Edge computing: vision and challenges[J]. IEEE internet of things journal, 2016, 3(5): 637-646.

[94] CAO K, LIU Y, MENG G, et al. An overview on edge computing research[J]. IEEE access, 2020, 8: 85714-85728.

[95] SINGH M P. Multi-agent system: a theoretical framework for intentions, know-how, and communications[M]. Berlin: Springer-Verlag, 1994.

[96] KIM Y G, LEE S, SON J, et al. Multi-agent system and reinforcement learning approach for distributed intelligence in a flexible smart manufacturing system[J]. Journal of manufacturing systems, 2020, 57: 440-450.

[97] HUANG Z, KIM J, SADRI A, et al. Industry 4. 0: development of a multi-agent system for dynamic value stream mapping in SMEs[J]. Journal of manufacturing systems, 2019, 52: 1-12.

[98] 任海英, 孙宏玲. 一种基于多智能体的柔性车间调度系统研究[J]. 机械设计与制造, 2010 (5): 88-90.

[99] LIU X, XU C, YU H, et al. Multi-agent deep reinforcement learning for end-edge orchestrated resource allocation in industrial wireless networks[J]. Frontiers of information technology & electronic engineering, 2022, 23(1): 47-60.

[100] HE G, CUI S, DAI Y, et al. Learning task-oriented channel allocation for multi-agent communication[J]. IEEE transactions on vehicular technology, 2022, 71(11): 12016-12029.

[101] 孙秋野, 杨凌霄, 张化光. 智慧能源: 人工智能技术在电力系统中的应用与展望[J]. 控制与决策, 2018, 33(5): 938-949.

[102] 贺廷柱, 胡琳. 多智能体系统在电力行业中的应用[J]. 科技与创新, 2017(9): 5-6.

[103] 郝然, 艾芊, 朱宇超. 基于多智能体一致性的能源互联网协同优化控制[J]. 电力系统自动化, 2017, 41(15): 10-17, 57.

[104] 束洪春, 唐岚, 董俊. 多智能体技术在电力系统中的应用展望[J]. 电网技术, 2005(6): 27-31.

[105] 张学强, 牛智勇, 杨永, 等. 多智能体技术在电力设备在线监测中的应用[J]. 宁夏电力, 2015(2): 14-18, 36.

[106] 王凌云, 徐嘉阳, 丁梦. 基于混沌的多智能体粒子群算法在微电网并网调度中的优化研究[J]. 电网与清洁能源, 2017, 33(8): 1-7.

[107] 蒋国平, 周映江. 基于收敛速率的多智能体系统一致性研究综述[J]. 南京邮电大学学报（自然科学版）, 2017, 37(3): 15-25.

[108] 张怀品. 多智能体系统的分布式一致性控制及优化问题研究[D]. 武汉: 华中科技大学, 2017.